EL CEREBRO IDIOTA

DEAN BURNETT

EL CEREBRO IDIOTA

Un neurocientífico nos explica las
imperfecciones de nuestra materia gris

Traducción de Albino Santos Mosquera

temas 'de hoy.

Obra editada en colaboración con Editorial Planeta – España

Título original: The Idiot Brain

Diseño de portada: © Faber & Faber Limited
Ilustraciones de portada: © Steven Appleby
Fotografía del autor: © Sarah Breese

© 2016, Dean Burnett
© 2016, Albino Santos Mosquera, por la traducción
© 2016, Editorial Planeta, S. A. – Barcelona, España
Ediciones Temas de Hoy, sello editorial de Editorial Planeta, S.A.

Derechos reservados

© 2017, Editorial Planeta Mexicana, S.A. de C.V.
Bajo el sello editorial TEMAS DE HOY M.R.
Avenida Presidente Masarik núm. 111, Piso 2
Colonia Polanco V Sección
Delegación Miguel Hidalgo
C.P. 11560, Ciudad de México
www.planetadelibros.com.mx

Primera edición impresa en España: abril de 2016
ISBN: 978-84-9998-540-4

Primera edición impresa en México: febrero de 2017
ISBN: 978-607-07-3840-1

Impreso en los talleres de Litográfica Ingramex, S.A. de C.V.
Centeno núm. 162-1, colonia Granjas Esmeralda, Ciudad de México
Impreso en México – *Printed in Mexico*

Dedicado a todos los seres humanos con cerebro.
No es fácil aguantarlo, así que ¡les felicito!

ÍNDICE

INTRODUCCIÓN

Este libro comienza del mismo modo que casi todas mis interacciones sociales: con una serie de pormenorizadas y exhaustivas disculpas.

En primer lugar, pido perdón si, cuando terminen ustedes de leerlo, no les ha gustado. Es imposible producir algo que guste a todo el mundo. Si pudiera hacer algo así, a estas alturas sería ya el líder supremo mundial por elección democrática mayoritaria. O Dolly Parton.

Personalmente, los temas abarcados en este libro, centrados en los extraños y peculiares procesos internos del cerebro y los comportamientos ilógicos a que dan lugar, siempre me han resultado fascinantes. Por ejemplo, ¿sabían ustedes que su memoria es egotista? Tal vez piensen que en su cerebro tienen un registro preciso de las cosas que les han ocurrido o que han aprendido, pero no es cierto. Su memoria tiende a retocar y ajustar la información que almacena para hacer que ustedes tengan una mejor imagen de sí mismos: es como si fuera una madre amantísima que destaca lo maravilloso que su hijo Timmy estuvo en la obra de teatro del colegio, aun cuando el pequeñín se limitara en realidad a quedarse de pie como un pasmarote sobre el escenario, sin hacer otra cosa que hurgarse la nariz con el dedo.

¿Y qué decir del hecho de que el estrés puede *mejorar* el rendimiento de una persona a la hora de realizar una tarea? No, no son simples habladurías: es un proceso neurológico contrastado. Las fechas u horas límite de entrega son uno de los métodos más habituales de inducir ese estrés con el objeto de incrementar nuestro rendimiento. Si notan que la calidad del libro mejora insospechadamente a medida que se acerca a las páginas finales, ahora ya saben por qué.

En segundo lugar, aunque técnicamente hablando este es un libro de ciencia, si lo que esperan encontrar en él es un análisis serio y pormenorizado del cerebro y su funcionamiento, también me disculpo. No es eso lo que pretendo ofrecerles aquí. No provengo de un entorno científico «tradicional». Fui el primero de mi familia que pensó en ir a la universidad, estudiar en ella, quedarme allí luego más tiempo y obtener un doctorado. Fueron esas extrañas inclinaciones por lo académico, tan discordantes con las de mis parientes más cercanos, las que propiciaron mi aproximación inicial a la neurociencia y a la psicología, pues no podía parar de preguntarme «¿por qué soy así?». Nunca llegué a hallar una respuesta realmente satisfactoria a esa pregunta, pero sí desarrollé un profundo interés por el cerebro y su funcionamiento, así como por la ciencia en general.

La ciencia es una labor humana. En general, las personas somos criaturas desordenadas, caóticas e ilógicas (en gran medida, por culpa de cómo funciona nuestro cerebro), y gran parte de la ciencia es buen reflejo de ello. Alguien decidió hace mucho tiempo que los escritos científicos debían ser graves y solemnes, y esa es la idea que parece haber triunfado. Yo he dedicado la mayor parte de mi vida profesional a cuestionarla y este libro es la manifestación más reciente de ello.

En tercer lugar, me gustaría pedir perdón a los lectores que, usando este libro como referencia, pierdan a partir de ahora algún debate sobre el tema con un neurocientífico. En el mundo de las ciencias del cerebro, nuestros conocimientos cambian continuamente. Es probable que, para cada hipótesis o afirmación expuesta en este libro, puedan ustedes encontrar algún novedoso estudio en el que se presenten argumentos refutándola. Pero sepan los recién llegados a la lectura de textos científicos que esto casi siempre es así en cualquier área de la ciencia moderna.

En cuarto lugar, si tienen ustedes la sensación de que el cerebro es un objeto misterioso e inefable, una especie de concepto ideal que bordea lo místico, un puente entre la experiencia humana y el reino de lo desconocido, etcétera, entonces, sintiéndolo mucho, les diré que este libro no les va a gustar.

No me malinterpreten: es cierto que no hay nada tan desconcertante como el cerebro humano y que este es increíblemente interesante. Pero existe también la estrambótica y bastante extendida impresión de que el cerebro es algo «especial» —un ente exento de toda crítica, privilegiado en cierto sentido— y que nuestro conocimiento del mismo es tan limitado que apenas si hemos comenzado a escarbar con una cuchara en las insondables profundidades de su verdadero potencial. Con el debido respeto, eso es un disparate.

El cerebro no deja de ser un órgano interno del cuerpo humano y, como tal, es una enmarañada madeja de hábitos, rasgos, procesos anticuados y sistemas ineficientes. En muchos sentidos, el cerebro es una víctima de su propio éxito; ha evolucionado a lo largo de millones de años hasta alcanzar el nivel de complejidad que exhibe actualmente, pero, como resultado, ha acumulado también un buen montón de basura y trastos viejos por el camino, que lastran su funcionamiento como ocurre con los restos de programas informáticos antiguos y descargas obsoletas esparcidos por un disco duro que no hacen sino interrumpir los procesos básicos de un ordenador; o como esas malditas ventanas emergentes con publicidad de cosméticos de oferta (de sitios web ya desaparecidos desde hace tiempo) que nos demoran innecesariamente a la hora de leer un correo electrónico.

En definitiva, el cerebro es falible. Puede que sea el lugar donde habita la conciencia y que sea asimismo el motor que impulsa toda la experiencia humana, pero, pese a tan venerables funciones, su desorden y su desorganización no conocen límites. Basta con mirarlo por fuera para hacerse una muy buena idea de lo ridículo que es: recuerda a una castaña mutante, una especie de «manjar blanco» lovecraftiano, un guante de boxeo ajado u otras imágenes por el estilo. Es impresionante, eso no se puede negar, pero dista mucho de ser perfecto, y *esas imperfecciones suyas influyen en todo lo que los seres humanos decimos, hacemos y experimentamos.*

Así pues, no hay que minimizar (ni, menos aún, ignorar) todas esas propiedades más absurdamente incoherentes e irregulares de nuestro cerebro: son dignas de énfasis, cuando no de elogio. Este libro aborda las cosas sencillamente risibles que el cerebro hace y cómo nos afectan. También examina ciertas ideas populares sobre el funcionamiento del cerebro que están muy alejadas de la realidad. Quien lea este libro terminará teniendo una mejor noción, y más tranquilizadora —o, al menos, así lo espero—, de por qué la gente (y ustedes, amados lectores, también son gente) hace y dice cosas extrañas de forma habitual, y serán más capaces asimismo de mirar con escepticismo la creciente cantidad de «neurocháchara» carente de sentido que, referida al cerebro, se cuenta y se difunde en nuestro mundo moderno. Si algún tema o propósito de conjunto pudiera predicarse solemnemente del presente libro, sería precisamente ese.

Y mi última petición de disculpas es porque, una vez, un antiguo colega me dijo que me publicarían un libro «cuando el infierno se hiele», como reza la conocida expresión inglesa. Pues pido perdón a Satanás: ¡qué incómodo debe de estar siendo esto para usted!

Dean Burnett, doctor en neurociencias

(sí, lo digo en serio)

1

CONTROLES MENTALES

De cómo el cerebro regula nuestro cuerpo y, muchas veces, «lía» las cosas

La mecánica que nos permite pensar, razonar y contemplar no existía hace millones de años. El primer pez que comenzó a reptar por el suelo eones atrás no vivía atormentado por la falta de confianza en sí mismo: no iba pisando aquella marisma pensando «¿por qué estoy haciendo esto?, si aquí no puedo respirar y ni siquiera tengo patas (sean lo que sean); es la última vez que juego a "verdad o acción" con Gary». No, hasta fecha relativamente reciente, el cerebro tenía una finalidad mucho más clara y simple: mantener el cuerpo con vida por cualquier medio.

Es obvio que el cerebro humano primitivo funcionó muy bien porque nuestra especie ha perdurado y ahora somos la forma de vida dominante sobre la Tierra. Pero las funciones del cerebro primitivo original no desaparecieron con las complejas capacidades cognitivas que en él evolucionaron posteriormente. Si acaso, adquirieron aún más importancia. Y es que de poco nos servirían las habilidades lingüísticas y de razonamiento, por ejemplo, si luego nos muriéramos de cosas tan simples como olvidarnos de comer o caminar despreocupadamente por los bordes de los abismos y los acantilados.

El cerebro necesita el cuerpo para sustentarse y el cuerpo necesita el cerebro para que lo controle y lo obligue a hacer cosas necesarias. (En realidad, están mucho más interconectados todavía, pero de momento conformémonos con esta descripción). De ahí que buena parte del cerebro esté dedicada a procesos fisiológicos básicos, a la supervisión de funciones internas, a la coordinación de respuestas a los problemas, a hacer limpieza y volver a poner las cosas en su sitio. A labores de mantenimiento, en resumidas cuentas. Las regiones que controlan esos aspectos fundamentales —el tallo cerebral y el cerebelo— se engloban a veces bajo la denominación de cerebro «reptiliano» para destacar su naturaleza primitiva, porque se dedican a hacer lo mismo que el cerebro hacía cuando éramos reptiles, en la noche de los tiempos. (Los mamíferos fueron una adición posterior al reparto estelar completo de la superproducción «La vida sobre la Tierra»). Sin embargo, todas esas otras facultades más avanzadas de las que disfrutamos los humanos modernos —la conciencia, la atención, la percepción, el raciocinio— se localizan en el neocórtex (el córtex es la corteza cerebral, y «neo» significa precisamente eso: «nuevo»). La configuración real es mucho más compleja de lo que esas etiquetas dan a entender, pero tomémoslas aquí como un útil atajo conceptual.

Usted seguramente supone que esas partes diferentes —el cerebro reptiliano y el neocórtex— funcionan de forma conjunta y armoniosa, o que, cuando menos, la una no influye en la otra. Pero eso es mucho suponer. Si alguna vez ha trabajado para un jefe controlador y obsesionado por «microgestionarlo» todo, sabrá cuán ineficiente puede ser una distribución de tareas como esa. Tener a alguien menos experimentado (pero de rango técnico superior) todo el rato encima, dando órdenes poco fundamentadas y haciendo preguntas estúpidas, solo sirve para dificultar las cosas. Pues bien, el neocórtex hace eso continuamente con el cerebro reptiliano.

Ahora bien, no es una intromisión exclusivamente unidireccional. El neocórtex es flexible y receptivo; el cerebro reptiliano es un animal de costumbres fijas y no es nada dado a cambiarlas. Todos hemos conocido a personas que piensan que saben más porque son mayores o porque llevan más años haciendo una misma cosa. Trabajar con ellas puede ser una pesadilla, como intentar programar ordenadores junto a alguien que insiste en usar una máquina de escribir para tal menester porque «así es como se ha hecho toda la vida». El cerebro reptiliano puede tener una incidencia análoga a esa, desbaratando con su intervención cosas potencialmente muy útiles. Este capítulo examina cómo el cerebro frustra muchas veces el desempeño de ciertas funciones corporales más básicas.

¡PAREN EL LIBRO, QUE ME QUIERO BAJAR!
(De cómo el cerebro es la causa de que nos mareemos al viajar)

Los humanos modernos pasamos sentados mucho más tiempo que nunca antes en la historia de nuestra especie. Gran parte de los trabajos de tipo manual han sido sustituidos por empleos de oficina. Los automóviles y otros medios de transporte nos permiten viajar cómodamente instalados en un asiento. Internet hace posible que casi nunca tengamos que levantarnos para hacer gestiones, gracias a servicios como el teletrabajo y la banca y el comercio electrónicos.

Esto tiene sus inconvenientes. Hoy se gastan escandalosas sumas de dinero en sillas y sillones de trabajo de diseño ergonómico que ahorren daños o lesiones a quienes se sientan en ellos durante periodos de tiempo tan excesivos. Permanecer sentado en un avión durante un rato demasiado largo puede resultar incluso fatal por culpa de una trombosis venosa profunda. Puede parecer raro, pero moverse tan poco es dañino para nosotros.

Y es que el movimiento es importante. Los seres humanos sabemos movernos bastante bien y lo hacemos a menudo, como lo prueba el hecho de que nuestra especie se haya extendido por la práctica totalidad de la superficie terrestre e incluso haya viajado a la Luna. Se ha publicado que caminar unos tres kilómetros diarios es bueno para el cerebro, aunque probablemente lo sea también para todas las partes de nuestro cuerpo[1]. Nuestros esqueletos han evolucionado para posibilitar largos periodos andando, pues la disposición y las propiedades de nuestros pies, piernas, caderas y forma general del cuerpo son idóneas para la ambulación frecuente. Pero no se trata solamente de la estructura de nuestros cuerpos; es como si estuviéramos «programados» para andar sin ni siquiera implicar a nuestro cerebro en ello.

Hay grupos nerviosos en nuestras médulas espinales que ayudan a controlar nuestra locomoción sin participación consciente alguna[2]. Estos racimos de nervios se llaman generadores de patrones locomotores y se encuentran en las partes inferiores de la médula, en el sistema nervioso central. Dichos generadores estimulan los músculos y los tendones de las piernas para que se muevan conforme a unos patrones específicos (de ahí su nombre) y produzcan así el movimiento ambulatorio. También reciben la información que les llega de vuelta de los músculos, los tendones, la piel y las articulaciones —por ejemplo, aquella con la que detectan si estamos bajando una cuesta— para que podamos retocar y ajustar la manera de movernos con el fin de adaptarla a la nueva situación. Tal vez así se explique por qué puede una persona inconsciente deambular como si estuviera despierta, como sucede en el fenómeno del sonambulismo, al que nos referiremos más adelante en este mismo capítulo.

La facultad de desplazarse fácilmente y sin pensar en ello —tanto para huir de entornos peligrosos como para hallar fuentes de alimento, perseguir presas o dejar atrás a potenciales depredadores— aseguró la supervivencia de nuestra especie. Toda la vida terrestre que respira aire deriva de aquellos primeros organismos que abandonaron el mar y colonizaron tierra firme; estos nunca habrían podido hacer algo así si se hubieran quedado quietos en su lugar de siempre.

Pero entonces surge una pregunta: si movernos es un componente integral de nuestro bienestar y de nuestra supervivencia, y si somos en realidad sistemas biológicos sofisticados que han evolucionado para procurar que ese movimiento se produzca con la máxima frecuencia y facilidad posibles, ¿por qué a veces nos revuelve el estómago hasta inducirnos al vómito? Me refiero al fenómeno conocido como cinetosis: ese mareo que podemos sentir al movernos o al viajar. A veces (a menudo sin venir a cuento), el acto de desplazarnos en un medio de transporte cualquiera puede hacernos desembuchar el desayuno, regurgitar un refrigerio o expulsar cualquier otra comida.

En realidad, el responsable de ello no es ni el estómago ni la tripa (por muy grande que sea el malestar que sintamos ahí en ese momento), sino el cerebro. ¿Qué motivo podrían tener nuestros sesos para concluir, contra el criterio de eones enteros de evolución, que ir de A a B es una causa válida para vomitar? Lo cierto es que, cuando obra así, nuestro cerebro no está desafiando en modo alguno las tendencias que la evolución ha engastado en nosotros. Son los numerosos sistemas y mecanismos de que disponemos para facilitar el movimiento los causantes del problema. La cinetosis ocurre solamente cuando viajamos a bordo de medios artificiales: es decir, cuando vamos subidos a un vehículo. Y he aquí por qué.

Los seres humanos tenemos un sofisticado conjunto de sentidos y mecanismos neurológicos que hacen posible la propiocepción: es decir, la facultad de percibir cómo está dispuesto el cuerpo en cada momento y hacia qué lugar se están dirigiendo unas partes u otras del mismo. Coloque la mano tras la espalda y podrá seguir sintiendo la mano, saber dónde está y qué gesto obsceno está haciendo ahora con ella sin que, en realidad, la haya visto en ningún momento. Eso es la propiocepción.

También estamos dotados del llamado sistema vestibular, localizado en el oído interno. Consiste en un puñado de canales (o, más bien, «tubitos» óseos) llenos de líquido que detectan

21

nuestro equilibrio y nuestra posición. Los canales disponen de suficiente espacio interior para que el fluido que contienen se mueva por ellos en respuesta a la acción de la gravedad. Hay terminaciones nerviosas por todo el recorrido que pueden detectar la ubicación y la distribución del líquido. Si este se encuentra en la parte superior de los tubos, significa que estamos cabeza abajo, lo que, muy probablemente, sea una situación no ideal que deberíamos corregir lo antes posible.

El movimiento humano (andar, correr, incluso reptar o saltar) produce un conjunto muy específico de señales. Ahí están, por ejemplo, el movimiento balanceante constante, arriba y abajo, inherente a nuestro caminar bípedo, o la velocidad general y las fuerzas externas (como el movimiento del aire cuando lo atravesamos) y el movimiento de nuestros fluidos internos que ese andar genera. Todas esas señales son detectadas por la propiocepción y el sistema vestibular.

La imagen que llega a nuestros ojos es la del mundo exterior que pasa a nuestro lado. La misma imagen percibiremos tanto si somos nosotros quienes nos movemos como si permanecemos quietos y es el mundo de fuera el que se desplaza a nuestro lado. En esencia, ambas serían interpretaciones válidas de lo que le está sucediendo. ¿Cómo distingue el cerebro cuál es la correcta? Recibe la información visual, la combina con la que le llega del sistema de fluidos del oído, dictamina que «el cuerpo se mueve y esto es normal», y luego vuelve a sus cosas: a pensar en sexo, o en venganzas, o en Pokémon, o en aquello en lo que estuviera pensando justo antes. Nuestros ojos y nuestros sistemas internos trabajan juntos para explicar qué ocurre.

Cuando viajamos en un vehículo, el movimiento produce un conjunto diferente de sensaciones. Los coches no generan ese característico movimiento rítmico de balanceo que nuestros cerebros asocian con el caminar (a menos que la suspensión del vehículo esté realmente hecha trizas), como tampoco lo generan los aviones ni los trenes ni los barcos. Cuando nos transportan, nosotros no somos quienes de verdad «efectuamos» el movimiento, sino que simplemente nos limitamos a estar ahí sentados haciendo otra cosa para pasar el tiempo (como, por ejemplo, esforzarnos por no vomitar). Nuestra propiocepción no está produciendo todas esas inteligentes señales de las que se sirve el cerebro para comprender qué está sucediendo. En ausencia de señales, nada está actuando en ese momento sobre el cerebro reptiliano, y esa inacción se ve reforzada por el hecho de que, por otro lado, nuestros ojos nos dicen que no nos estamos moviendo. Pero la realidad es que sí nos movemos y que el ya mencionado líquido del oído interno, en respuesta a las fuerzas causadas por el movimiento a gran velocidad y por la aceleración, no deja de enviar señales al cerebro que le indican que estamos viajando, y muy rápido, además.

Lo que ocurre en ese momento es que el cerebro recibe señales opuestas de un sistema calibrado con mucha precisión y especializado en la detección del movimiento. Nuestro cerebro consciente puede manejar esa información contradictoria con bastante facilidad, pero los sistemas subconscientes más profundos y elementales que regulan nuestros cuerpos no saben realmente cómo lidiar con problemas internos de ese tipo, y no tienen ni idea de cuál puede ser la causa de esa disfunción. Al final, en lo que al cerebro reptiliano respecta, solo puede haber una respuesta posible a lo que está sucediendo: un veneno. En la naturaleza, ese es el único factor mínimamente probable que puede afectar tan profundamente a nuestro funcionamiento interno y confundirlo hasta tal punto.

El veneno es malo y, si el cerebro cree que nuestro cuerpo está envenenado, no encuentra más que una respuesta razonable a tal situación: deshacerse de la toxina, activar el reflejo vomitorio, y cuanto antes. Puede que las regiones más avanzadas del cerebro conozcan mejor la situación real, pero se necesita un esfuerzo considerable para modificar las acciones de las regiones más elementales cuando ya se han puesto en marcha. Son de «costumbres fijas», casi por definición.

Este es un fenómeno que todavía no conocemos del todo. ¿Por qué no sentimos mareo por movimiento continuamente? ¿Por qué hay personas que nunca lo padecen? Es muy posible que existan factores externos o personales —como la naturaleza concreta del vehículo en el que viajamos, o como cierta predisposición neurológica a ser más sensibles a ciertas formas de movimiento— que contribuyan a la cinetosis, pero en esta sección he resumido la teoría actualmente más popular al respecto. Una explicación alternativa es la llamada «hipótesis del nistagmo»[3], según la cual, el estiramiento involuntario de los músculos extraoculares (los que fijan y mueven los ojos) provocado por el movimiento del cuerpo causa una extraña excitación del nervio vago (uno de los nervios principales que controlan la cara y la cabeza) que se traduce en un episodio de cinetosis. En cualquier caso, nos mareamos al viajar porque nuestro cerebro se confunde con facilidad y tiene opciones limitadas cuando se trata de arreglar problemas potenciales, como un gerente a quien han ascendido a un nivel para el que no está suficientemente cualificado y que no reacciona más que con frases hechas y ataques de llanto cuando le piden que haga algo.

Los mareos en los viajes por mar son los que con más fuerza parecen afectar a las personas. En tierra, son muchos los elementos del paisaje en los que nuestra vista puede fijarse para revelarle al cerebro nuestros movimientos (por ejemplo, los árboles que vamos viendo al pasar); en un barco, sin embargo, lo normal es que solo haya mar y cosas que están demasiado lejos como para que nos resulten útiles en ese sentido, por lo que es más fácil todavía que el sistema visual informe que no se está produciendo movimiento alguno. Viajar por mar añade además un imprevisible vaivén hacia arriba y hacia abajo que hace que los fluidos auditivos disparen más señales aún hacia un cerebro cada vez más confundido. En el libro de memorias de guerra de Spike Milligan titulado *Adolf Hitler: My Part in His Downfall* («Adolf Hitler: mi papel en su caída»), leemos que Spike fue trasladado en barco a

África durante la Segunda Guerra Mundial y fue uno de los pocos soldados de su pelotón que no se mareó. Cuando le preguntaron cuál era el mejor modo de combatir el mareo, simplemente respondió: «Sentarse bajo un árbol». No hay investigaciones que lo avalen todavía, pero estoy bastante convencido de que ese método también funcionaría para prevenir el mareo en los viajes aéreos.

¿QUEDA ALGO DE SITIO PARA EL PASTEL?
(El complejo y confuso control del cerebro sobre la dieta y lo que comemos)

La comida es nuestro combustible. Cuando el cuerpo necesita energía, comemos. Cuando no la necesita, nos abstenemos de ingerir alimentos. No hay ni que pensárselo, ¿verdad? Pues ese es precisamente el problema: los humanos, tan mayorcitos e inteligentes que nos creemos, podemos pensárnoslo mucho y, de hecho, lo hacemos. Y eso introduce en nuestra vida toda clase de problemas y neurosis.

El cerebro ejerce un nivel de control sobre el comer y sobre el apetito que tal vez sorprenda a la mayoría de las personas *.

---

* Tampoco en este caso podemos decir que sea una relación totalmente unidireccional. El cerebro no solo influye en qué alimentos comemos, sino que, al parecer, también los alimentos que comemos tienen (o han tenido) una considerable influencia en cómo funcionan nuestros cerebros[4]. Hay indicios que sugieren que, cuando los humanos aprendimos a cocinar, obtuvimos de pronto un nivel de nutrición mucho mayor de nuestra comida. Tal vez un humano de los tiempos prehistóricos se tropezara un día y el filete de mamut que llevaba en la mano cayera sobre la fogata comunitaria. Puede que aquella persona primitiva se valiera de un palo para pinchar su filete y lo acercara al fuego y se diera cuenta entonces de que la carne resultaba así más apetitosa y agradable al paladar. El caso es que, cuando se cocina, la carne cruda se vuelve más fácil de comer y de digerir. Sus largas y densas moléculas se descomponen o

25

Ustedes igual piensan que está todo controlado por el estómago o los intestinos, quizá con cierta intervención del hígado o de las reservas de grasa, es decir, de aquellos lugares del cuerpo donde se procesa y/o se almacena la materia digerida. Y lo cierto es que desempeñan un papel, pero este no es tan dominante como puede parecer.

Comencemos por el estómago. La mayoría de las personas dicen que se sienten «llenas» cuando han comido suficiente. El estómago es el primer gran espacio corporal al que va a parar el alimento que ingerimos. El órgano se expande cuando se llena. Esa expansión es detectada por sus terminaciones nerviosas, que envían señales al cerebro para inhibir el apetito a fin de que la persona deje de comer. Todo eso es perfectamente lógico. Es el mecanismo que aprovechan esos batidos dietéticos que muchas personas que buscan perder peso beben como ingesta sustitutiva de una comida[5]. Los batidos contienen materia densa que llena el estómago enseguida y hace así que se expanda y envíe al cerebro mensajes diciéndole que está saciado sin necesidad de atiborrarse a tartas y pasteles.

No obstante, no son más que una solución a corto plazo. Muchas personas dicen que tienen hambre menos de veinte minutos después de haber bebido uno de esos batidos y eso se debe principalmente a que las señales de expansión del estómago cons-

---

se desnaturalizan, lo que permite que nuestros dientes, nuestros estómagos y nuestros intestinos aprovechen mejor los nutrientes potenciales de la comida. Parece que esa más provechosa nutrición se tradujo en una rápida expansión del desarrollo cerebral. El cerebro humano es un órgano tremendamente exigente en cuanto a consumo de recursos corporales, pero el cocinar los alimentos nos permitió satisfacer mejor sus necesidades. Ese desarrollo cerebral potenciado supuso que nos hiciéramos más inteligentes e inventáramos así formas más eficaces de cazar, y auténticos métodos agrícolas y ganaderos, etcétera. La comida nos proporcionó unos cerebros más grandes y el aumento del tamaño de nuestro cerebro nos proporcionó más comida, dando así lugar a una virtuosa dinámica de retroalimentación (en sentido literal, incluso).

tituyen solamente una pequeña parte del control de la dieta y el apetito. Son el escalón más bajo de una larga escalera que, en su parte superior, llega hasta los elementos más complejos del cerebro. Y hablamos de una escalera que, en ocasiones, zigzaguea o, incluso, describe bucles en su trayectoria ascendente[6].

No son solo los nervios del estómago los que influyen en nuestro apetito; también intervienen ciertas hormonas. La leptina es una de ellas: la secretan las células de la grasa (los adipocitos del tejido adiposo) y reduce el apetito. La ghrelina, por su parte, es secretada por el estómago y aumenta el apetito. Cuantas más reservas de grasa tenemos, más hormona de la que sacia el apetito secreta nuestro cuerpo; si nuestro estómago siente un vacío persistente, secreta su particular hormona para incrementar las ganas de comer. Simple, ¿verdad? Pues, por desgracia, no. Las personas podemos tener niveles aumentados de esas hormonas dependiendo de nuestros requerimientos alimenticios, pero el cerebro puede acostumbrarse rápidamente a dichos niveles e ignorarlos en la práctica si se mantienen durante demasiado tiempo. Una de las habilidades más destacadas del cerebro es su capacidad para ignorar todo aquello que se vuelve predecible en exceso, por importante que sea (lo que explica por qué los soldados consiguen dormir incluso en plena zona de combate).

¿Han notado ustedes que siempre les queda «espacio para el postre»? Igual se han comido ya más de media vaca, o suficiente pasta con queso como para hundir una góndola, pero, aun así, encuentran el modo de zamparse ese suculento bizcocho de chocolate con nueces y caramelo, o ese *sundae* de helado de tres bolas. ¿Por qué? ¿Cómo? Si su estómago está lleno, ¿cómo les resulta físicamente posible comer más? Pues, básicamente, porque su cerebro toma una decisión drástica y decreta que no están ustedes llenos, que aún les queda sitio. El sabor dulce de los postres es una recompensa tangible que el cerebro reconoce y desea (véase el capítulo 8), así que no admite que el estómago le diga en ese momento «aquí ya no queda hueco para nada». A diferencia de lo que sucede con la cinetosis, en este caso es el neocórtex el que se impone al cerebro reptiliano invalidando el criterio de este.

El porqué exacto de que eso suceda no está claro. Puede que se deba a que los seres humanos *necesitamos* una dieta bastante compleja para mantenernos en excelente estado, por lo que, en lugar de confiar únicamente en nuestros sistemas metabólicos básicos y comer lo que haya en cada momento, el cerebro intervenga y pruebe a regular mejor nuestra dieta. Y eso estaría bien si fuera lo único que hace el cerebro en esos casos. Pero no lo es. Así que no, no está bien que lo haga.

Las asociaciones aprendidas son mecanismos increíblemente poderosos en lo que a comer respecta. Cualquiera de ustedes puede ser muy aficionado a algo como, por ejemplo, los pasteles. Puede llevar años comiéndolos sin que nunca le hayan sentado mal hasta que, un día, uno le hace vomitar. Tal vez sea porque la nata que contenía se había agriado, o porque llevaba un ingrediente al que es usted alérgico. O simplemente podría tratarse (y esta es la posibilidad que más rabia da) de *algo completamente distinto que comió justo después del pastel y que fue lo que de verdad le sentó mal*. Pero, desde ese momento, su cerebro ha establecido ya una conexión y pasa a considerar el pastel como algo inaceptable; puede que, a partir de entonces, solo con verlo de nuevo se desencadene en usted el reflejo de la náusea. La asociación de la repugnancia es especialmente potente. Evolucionó en nosotros para impedir que ingiriéramos veneno o focos de enfermedades, y puede ser muy difícil de borrar. Da igual que su cuerpo haya consumido una cosa decenas de veces antes sin problema alguno: el cerebro dice «¡no!» y ya está. Y poco puede hacer entonces al respecto.

Pero no hace falta llegar a los extremos de la reacción del vómito. El cerebro interfiere en casi todas las decisiones sobre nuestra comida. Ya habrá oído aquello de que nos gusta comer con los ojos. No es de extrañar: gran parte de nuestro cerebro (hasta un 65 % del mismo) está relacionado con la vista, en vez de con el gusto[7]. Aunque la naturaleza y la función de las conexiones son asombrosamente diversas, dan ciertamente a entender que la visual es, sin duda, la información a la que el cerebro humano recurre de primeras. El gusto, sin embargo, es casi vergonzosamente endeble, como veremos en el capítulo 5. Con los ojos vendados y la nariz tapada, una persona normal puede confundir fácilmente una manzana con una patata[8]. Está claro que los ojos tienen una influencia mucho mayor que la lengua en lo que percibimos, así que el aspecto de la comida influye acusadamente en nuestro disfrute de la misma: por eso, en los restaurantes lujosos ponen tanto esmero en la presentación de los platos.

La rutina también puede incidir de forma drástica en nuestros hábitos alimenticios. Para demostrarlo, pensemos un momento en la expresión «hora del almuerzo». ¿Cuándo es hora de almorzar? La mayoría de británicos dirán que entre las doce del mediodía y las dos de la tarde. ¿Por qué? Si necesitamos la comida para reponer energía, ¿por qué se comen el almuerzo a más o menos la misma hora todos los habitantes de un país, desde trabajadores que realizan grandes esfuerzos físicos (peones agrícolas o leñadores, por ejemplo) hasta personas sedentarias como los escritores y los programadores informáticos? Pues porque nos pusimos de acuerdo hace tiempo en que esa era la hora de almorzar y hoy casi nadie lo cuestiona. En cuanto entramos en esa rutina, nuestro cerebro se acostumbra enseguida a esperar que esta se mantenga y sentimos hambre *porque es la hora de comer,* en lugar de *saber que es la hora de comer* porque sentimos hambre. Al parecer, el cerebro opina que la lógica es un recurso precioso que solo debe usarse con cicatera mesura.

Los hábitos constituyen una parte considerable de nuestro régimen alimenticio y, en cuanto el cerebro comienza a esperar cosas, nuestro cuerpo rápidamente le sigue el juego. Sí, es muy fácil decirle a alguien con sobrepeso que tiene que ser más disciplinado y comer menos, pero más difícil es hacerlo. Muchos factores pueden haber llevado a esa persona a ingerir alimentos en exceso, entre ellos, el comer para calmar tensiones emocionales. Si una persona está triste o deprimida, su cerebro envía señales al cuerpo indicándole que está cansada y agotada. Y si uno está cansado y agotado, ¿qué necesita? Energía. ¿Y de dónde saca la energía? ¡De la comida! Los alimentos de elevado contenido calórico también pueden activar los circuitos de la recompensa y el placer en nuestros cerebros[9]. Eso explica, a su vez, por qué resulta raro que alguien coma ensalada para consolarse o tranquilizarse.

Pero cuando el cerebro y el cuerpo se adaptan a una cierta ingesta de calorías, puede ser muy difícil reducirla. ¿Han visto alguna vez a velocistas o a corredores de maratón nada más terminar una carrera, hechos polvo y respirando con dificultad, como con ansia de aire? ¿Se los han figurado en algún momento como unos meros glotones insaciables de oxígeno? Nunca verá a nadie reprocharles su falta de disciplina, ni tacharlos de perezosos o avariciosos. Y, sin embargo, un efecto muy similar (aunque menos saludable) es el que se produce con el comer, pues el cuerpo cambia y espera entonces esa ingesta de alimentos incrementada, ingesta aumentada que, a raíz de tal incremento, resulta más difícil de detener. Los motivos exactos por los que alguien acaba comiendo más de lo que necesita y se acostumbra a ello son imposibles de determinar —¡son tantas las posibilidades!—, pero sí puede decirse que es una dinámica inevitable cuando ponemos interminables cantidades de alimentos a disposición de una especie que ha evolucionado para tomar toda la comida que pueda siempre que pueda.

Y si aún necesitan ustedes una prueba adicional de que el cerebro controla nuestro comer, piensen un momento en la existencia de trastornos alimenticios como la anorexia o la bulimia. El cerebro consigue convencer al cuerpo de que la imagen física es más importante que la alimentación y de que, por tanto, ¡ya no necesita comida! Es como si convenciéramos a un coche de que

30

ya no le hace falta gasolina para funcionar. No es lógico ni sano, pero ocurre con preocupante regularidad. Moverse y comer, dos necesidades básicas, se vuelven innecesariamente complicadas por culpa de la intromisión de nuestro cerebro en el proceso. De todos modos, hay que reconocer que comer es uno de los grandes placeres de la vida y que, si lo tratáramos simplemente como quien mete carbón a paladas en una caldera, quizás nuestra existencia sería mucho más gris. Quién sabe: tal vez el cerebro sepa lo que se hace, después de todo.

«DORMIR, TAL VEZ SOÑAR...», O TENER ESPASMOS, O ASFIXIARSE, O CAMINAR DORMIDOS
(El cerebro y las complejas propiedades del sueño)

Dormir supone no hacer nada, literalmente: tumbarse y perder la conciencia. ¿Qué complicación podría tener algo así?

Mucha. Dormir —el funcionamiento real del sueño, el cómo se produce y el qué sucede mientras se produce— es algo en lo que la gente no piensa muy a menudo, que digamos. Como es lógico, resulta muy difícil pensar en el sueño cuando dormimos (por aquello de estar inconscientes y tal). Es una lástima, porque es algo que ha desconcertado a muchos científicos y, si más personas pudiéramos reflexionar sobre ello, a lo mejor seríamos capaces de hallarle antes una buena explicación.

Por aquello de clarificar las cosas por adelantado, digamos que *todavía no sabemos* para qué sirve el sueño. Lo hemos observado (si lo entendemos en su sentido más amplio) en casi todos los demás tipos de animales, incluso en los más simples, como los nematodos (un gusano platelminto parasítico muy básico y común)[10]. Algunos animales —las medusas y las esponjas, por ejemplo— no dan señal alguna de dormir en ningún momento, pero también es verdad que carecen de cerebro, por lo que no podemos pedirles que hagan gran cosa en ningún sentido. Pero

31

dormir, o cuando menos, pasar ciertos periodos regulares de inactividad, es un hábito observable en una amplia variedad de especies radicalmente diferentes. Está claro, además, que es importante y que tiene unos orígenes evolutivos profundos. Los mamíferos acuáticos han desarrollado métodos para dormir con solo una mitad del cerebro en cada momento porque, si se durmieran por completo, dejarían de nadar y se hundirían y se ahogarían. El sueño es tan importante que supera en jerarquía al hecho de «no ahogarse» y todavía desconocemos el porqué.

Son muchas las teorías propuestas al respecto. Una de ellas es la que le atribuye propiedades curativas. Se ha demostrado que cuando privamos del sueño a ratas de laboratorio, estas se recuperan mucho más lentamente de heridas o lesiones previas y, por lo general, no viven tanto tiempo como aquellos otros congéneres suyos que sí duermen lo suficiente[11]. Otra teoría alternativa es la que atribuye al sueño la capacidad de reducir la intensidad de señal de las conexiones neurológicas débiles, lo que hace que estas sean más fáciles de eliminar[12]. Y también está la que justifica la existencia del sueño porque facilita la atenuación de las emociones negativas[13].

Una de las hipótesis más singulares es aquella en la que se supone que dormir evolucionó como un modo de protegernos de los depredadores[14]. Muchos predadores están activos por la noche y los seres humanos no precisamos de veinticuatro horas de actividad diaria para sustentarnos, por lo que el sueño nos proporciona periodos prolongados durante los cuales las personas se mantienen esencialmente inertes y, de ese modo, no emiten señales ni pistas que, de otro modo, podrían servir a algún depredador nocturno para detectarlas.

Habrá quien se ría de lo despistados que andan los científicos modernos con este tema, porque entienda que dormir sirve fundamentalmente para descansar: es un momento en el que damos a nuestro cuerpo y a nuestro cerebro un margen de tiempo para recuperarse y para recargar pilas tras los esfuerzos de toda una jornada. Y sí, si hemos estado haciendo algo especialmente extenuante, un periodo prolongado de inactividad ayuda a que nuestros sistemas se recuperen y repongan/reconstruyan lo que sea necesario.

Pero si dormir es para descansar, ¿por qué casi siempre dormimos *una cantidad de tiempo parecida,* hayamos pasado el día cargando ladrillos o sentados en pijama en el sofá viendo dibujos animados? Es evidente que uno y otro ejercicio no requieren de un tiempo de recuperación equivalente. Y la actividad metabólica del cuerpo durante las horas de sueño disminuye solamente entre un 5 y un 10 %. Poco «relajante» podemos considerar una reducción como esa: tan poco útil como nos parecería bajar la velocidad de un coche de ochenta kilómetros por hora a solo setenta porque le empieza a salir humo del motor.

La extenuación no dicta nuestras pautas de sueño. De ahí que casi nadie se quede dormido cuando está corriendo una maratón. El momento y la duración del sueño vienen determinados más bien por los ritmos circadianos de nuestro organismo, marcados a su vez por mecanismos internos específicos. La glándula pineal del cerebro regula nuestras pautas de sueño por medio de la secreción de la hormona llamada melatonina, que induce en nosotros relajación y somnolencia. La glándula pineal reacciona a los niveles de luminosidad. Las retinas de nuestros ojos detectan la luz y envían señales a la pineal, y cuantas más señales recibe esta, menos melatonina libera (aunque continúa produciéndola a niveles más bajos). Los niveles de melatonina de nuestro cuerpo aumentan gradualmente a lo largo del día y se incrementan más rápidamente desde el momento en que se pone el sol. Y es que nuestros ritmos circadianos están ligados a los periodos de luz solar: por eso, solemos estar más despiertos y alerta por la mañana, y más cansados por la noche.

Es ese, precisamente, el mecanismo que explica la existencia del llamado *jet lag.* Viajar a otra zona horaria implica pasar de pronto a experimentar un horario de luz solar completamente diferente, por el que podemos estar recibiendo los niveles lumínicos de las once de la mañana cuando nuestro cerebro cree que son las ocho de la tarde. Nuestros ciclos de sueño están afinados con suma precisión y ese desbarajuste en nuestros niveles de melatonina los trastoca. Y es más difícil «ponerse al día» de nuestras horas de sueño de lo que podríamos creer: nuestro cerebro y nuestro cuerpo están ligados al ritmo circadiano, por lo que resulta complicado (que no imposible) forzar el sueño a una hora en la que no se espera que se produzca. Hay que someterlos durante unos días al nuevo horario lumínico para que sus ritmos se reajusten realmente.

Tal vez se pregunten ustedes que, si su ciclo del sueño es tan sensible a la luz, por qué no le afecta también la luz artificial. Y la respuesta es que sí le afecta. Todo parece indicar que las pautas de sueño de las personas han cambiado exageradamente durante los últimos siglos, con la generalización de la luz artificial, y que los patrones de sueño difieren según las culturas[15]. Aquellas culturas en las que ha habido menor acceso a fuentes de luz artificial o en las que los patrones de luz diurna son diferentes (por ejemplo, en latitudes más elevadas) evidencian pautas de sueño adaptadas a sus circunstancias.

La temperatura corporal interna varía también con arreglo a unos ritmos similares y oscila entre los treinta y siete grados y los treinta y seis (lo que es una variación bastante grande para un mamífero). Su máximo suele alcanzarse por la tarde y luego desciende a medida que se acerca la noche. Es cuando se sitúa en puntos intermedios entre los máximos y los mínimos diarios cuando solemos irnos a dormir y, de hecho, mientras estamos durmiendo nuestra temperatura corporal es más baja, lo que seguramente explica la tendencia humana a buscar un mayor aislamiento térmico con mantas durante las horas de sueño: estamos más fríos entonces que cuando estamos despiertos.

Para poner más en entredicho aún la suposición de que dormimos básicamente para descansar y conservar energía, se sabe también (porque así se ha observado) que el sueño es algo que se da incluso en animales en hibernación[16], es decir, en animales que están ya inconscientes antes de empezar a dormir. La hibernación no es lo mismo que el sueño: el metabolismo y la temperatura corporal bajan mucho más cuando se está hibernando; la hibernación dura más tiempo; es algo más próximo a un coma, a decir verdad. Pero los animales que hibernan siguen entrando regularmente en un estado de sueño, lo que significa que ¡consumen más energía para poder quedarse dormidos! Quien piense que dormir solo sirve para descansar se está quedando únicamente con una pequeña parte de toda esta historia.

Fijémonos, si no, en el cerebro, que evidencia una serie de complejas conductas durante las horas de sueño. Resumiendo, cuatro son las fases del sueño que conocemos actualmente: una es la del llamado sueño paradójico (durante la que los ojos se mueven rápidamente: de ahí su nombre en inglés, REM) y las otras tres son fases no-REM (que, en un raro ejemplo de simplificación terminológica en nuestro campo, los neurocientíficos conocemos por los nombres de fase no-REM 1, fase no-REM 2 y fase no-REM 3). Las tres fases no-REM se diferencian por el tipo de actividad que el cerebro evidencia durante cada una de ellas.

A menudo, las distintas áreas del cerebro sincronizan sus pautas de actividad, lo que da lugar a la aparición de lo que podríamos denominar «ondas cerebrales». Si los cerebros de otras personas comenzaran a sincronizarse con el nuestro también, entonces diríamos más bien que están haciendo una «ola» cerebral, cual animado público espectador de un campo de fútbol neuronal*. Existen varios tipos de ondas cerebrales y en cada fase no-REM se producen unas específicas.

En la fase no-REM 1, el cerebro manifiesta principalmente ondas «alfa»; la fase no-REM 2 presenta unas pautas extrañas llamadas «husos» del sueño, y las de la fase no-REM 3 son predo-

---

* No lo digo en serio, solo es una broma..., a día de hoy, al menos.

minantemente ondas «delta». El cerebro reduce gradualmente su actividad a medida que va pasando por las sucesivas fases del sueño: cuanto más avanzando está en esa sucesión, más difícil resulta despertar a la persona. Durante la fase no-REM 3 —la del sueño «profundo»—, un individuo reacciona mucho menos a estímulos externos —como las voces de alguien que le esté gritando en ese momento «¡despierta, que la casa está en llamas!»— que durante la fase no-REM 1. Pero el cerebro nunca se apaga del todo, en parte porque cumple diversas funciones de mantenimiento del estado del sueño en sí, pero principalmente porque, si se apagara por completo, nos moriríamos.

Por su parte, en el momento del sueño REM, el cerebro está igual de activo (si no más) que cuando estamos despiertos y alerta. Una interesante (o, según el momento, aterradora) característica del sueño REM es la que se conoce como atonía REM. Esta se da cuando, en esencia, se apaga la capacidad del cerebro para controlar el movimiento del cuerpo mediante las neuronas motoras y quedamos incapacitados para movernos. El modo exacto en que eso sucede no está claro: podría deberse a que unas neuronas específicas inhiben la actividad en el córtex motor, o a que se reduce la sensibilidad de las áreas del control motor, lo que dificulta considerablemente la activación de movimientos. Pero sea como sea que ocurra, el caso es que ocurre.

Y está bien que suceda, no nos engañemos. El sueño REM es el momento en que soñamos (es decir, en que tenemos *sueños*, en plural), o sea que, si el sistema motor continuase estando plenamente operativo, la persona se movería tratando de repetir lo que estuviera haciendo en sus sueños en cada instante. Si ustedes son capaces de recordar algunas de las cosas que estaban haciendo en sus sueños, probablemente entenderán por qué eso es algo que nos conviene evitar. Sacudirse y soltar mamporros mientras seguimos dormidos e inconscientes de lo que nos rodea es una práctica potencialmente muy peligrosa, tanto para quien esté soñando como para el desdichado o la desdichada que duerma a su lado.

Por supuesto, el cerebro no es fiable al cien por cien, por lo que a veces se producen casos de trastornos conductuales durante la fase REM en los que la parálisis motora no es efectiva: son casos en los que las personas sí copian con sus movimientos corporales lo que sueñan que están haciendo en esos momentos. Trastornos como el sonambulismo (del que hablaremos en breve) son consecuencia de esa ineficaz (y potencialmente peligrosa) parálisis motora.

Hay también otros aparentes «fallos» técnicos, más sutiles, con los que probablemente estemos familiarizados la gran mayoría de personas. Uno de ellos es el espasmo mioclónico, ese tic o tirón súbito que sentimos inesperadamente cuando nos estamos quedando dormidos. En ese momento, sentimos como si, de repente, nos cayéramos aun cuando estemos cómodamente acostados en la cama, lo que se traduce en un movimiento espasmódico de una o más de nuestras extremidades. Es más frecuente en niños y tiende a desaparecer paulatinamente a medida que avanzamos en edad. Se ha relacionado la aparición de espasmos mioclónicos con factores como la ansiedad, el estrés, los trastornos del sueño, etcétera, pero, en general, parecen ser mayormente aleatorios. En algunas teorías, se especula con la posibilidad de que se deba a que, en ese momento, el cerebro confunde el hecho de que nos estemos quedando dormidos con el de que nos estemos «muriendo» y que, por ello, intente urgentemente despertarnos. Pero esa es una idea que no tiene mucho sentido, pues el cerebro es un cómplice y colaborador necesario a la hora de quedarnos dormidos. Otra teoría atribuye estos espasmos a un residuo evolutivo de una época en la que nuestros antepasados dormían en los árboles y en la que cualquier sensación de oscilación o inclinación súbitas podía indicarnos que estábamos a punto de caernos desde una rama, por lo que el cerebro entraba en pánico y nos despertaba para evitarlo. Pero lo cierto es que podría deberse a algo completamente distinto. No lo sabemos. El motivo por el que tiene mayor incidencia en niños probablemente sea que, a esas edades, el cerebro se encuentra todavía en fase de desarrollo: aún se están creando y «cableando» las conexiones interiores y todavía se están puliendo procesos y funciones cerebrales. Y, en muchos sentidos, nunca nos libramos realmente de *todos* esos defectillos o errores en sistemas tan complejos como los usados por nuestros cerebros, por lo que los espasmos mioclónicos continúan manifestándose también durante la edad adulta. Pero, por lo general, se trata simplemente de una curiosidad básicamente inofensiva[17].

Otra cosa que también es mayormente inocua, aun cuando no la sintamos así, es la parálisis del sueño. Por alguna razón, el cerebro se olvida a veces de volver a encender el sistema motor cuando recuperamos la conciencia. Exactamente cómo y por qué sucede eso es algo que aún no hemos podido confirmar, pero las teorías dominantes vinculan tales episodios a una alteración de la esmerada organización de los estados de sueño. Cada fase del sueño está regulada por diferentes tipos de actividad neuronal y estos están regulados a su vez por diferentes conjuntos de neuronas. Puede suceder que los cambios de actividad neuronal no fluyan con soltura y que, por culpa de ello, las señales neuronales que reactivan el sistema motor sean demasiado débiles, o que las que lo apagan sean demasiado intensas o duren demasiado tiempo, y que, de resultas de cualquiera de esas combinaciones, recobremos la conciencia sin haber recuperado el control motor. Sea lo que sea que apaga el movimiento durante el sueño REM, lo cierto es que, en esos casos, sigue ahí aun después de habernos despertado por completo y hace que seamos incapaces de movernos[18]. Lo normal es que esa situación no se prolongue durante mucho rato, pues, en cuanto nos despertamos, el resto de la actividad cerebral reasume sus niveles conscientes normales y anula así las señales del sistema del sueño. Pero mientras nos pasa, puede hacernos sentir verdadero pavor.

Dicho pavor guarda también relación con lo que sucede en esos momentos: la impotencia y la vulnerabilidad de la parálisis del sueño desencadena una potente reacción de miedo. Del mecanismo de dicha respuesta se hablará más a fondo en la sección siguiente de este capítulo, pero digamos ya que puede ser lo suficientemente intenso como para provocar alucinaciones de peligro y despertar así la sensación de otra presencia en la misma estancia, lo que se cree que es la causa raíz de fantasías como las abducciones alienígenas y el mito de los súcubos. La mayoría de las personas que experimentan parálisis del sueño solo la sienten durante muy breves periodos de tiempo y en muy raras ocasiones, pero en algunos casos, pueden constituir una preocupación crónica y persistente. Se las ha vinculado también con la depresión y otros trastornos semejantes, lo que daría a entender la presencia de algún problema subyacente en el procesamiento cerebral.

Más complejo aún, pero probablemente relacionado con la parálisis del sueño, es el fenómeno del sonambulismo. Se ha descubierto que también los orígenes de este se remontan al sistema que apaga el control motor del cerebro durante las horas de sueño, solo que, en el caso de las personas sonámbulas, sucede justo lo contrario: es decir, que el sistema no es lo suficientemente potente o coordinado. El sonambulismo es más habitual en niños y, por eso, algunos científicos manejan la hipótesis de que quienes lo padecen todavía no tienen el sistema de la inhibición motora desarrollado del todo. Hay estudios que apuntan a ciertos signos de subdesarrollo en el sistema nervioso central como indicio de que esa sea la causa probable (o, cuando menos, un factor coadyuvante)[19]. Se ha apreciado una heredabilidad y una incidencia mayores del sonambulismo en ciertas familias, lo que indica la posibilidad de que sea un componente genético el que subyazca a la mencionada inmadurez del sistema nervioso central. Pero lo cierto es que el sonambulismo puede presentarse también en personas adultas que se encuentren bajo la influencia del estrés, el alcohol, algunas medicaciones u otros factores por el estilo que también podrían afectar a ese sistema de la inhibición motora. Hay científicos que defienden que el sonambulismo es una variación o una expresión de la epilepsia, que, como es sobradamente conocido, es la consecuencia de una actividad cerebral caótica o descontrolada, una tesis que puede parecer lógica en este caso. Comoquiera que se exprese, la realidad es que nunca deja de ser alarmante que el cerebro desordene y mezcle las funciones del sueño y el control motor.

De todos modos, ese problema no existiría si el cerebro humano no estuviera tan activo durante las horas del sueño. Entonces, ¿por qué lo está? ¿Qué andará haciendo en esos momentos?

A la activísima fase REM del sueño se le atribuyen varias funciones posibles. Uno de los papeles principales tiene que ver con la memoria. Una teoría bastante repetida es la de quienes sostienen que, durante el sueño REM, el cerebro se dedica a reforzar, organizar y mantener nuestros recuerdos. Los recuerdos antiguos se conectan entonces con los nuevos; estos se activan para reforzarlos más y volverlos más accesibles; se estimulan los más remotos para procurar que sus conexiones no se pierdan por completo; y así sucesivamente. Este proceso tiene lugar mientras dormimos, posiblemente porque es un momento durante el que no llega información externa al cerebro que pueda confundir o complicar su funcionamiento. Nadie repavimenta calles o carreteras sin antes cerrar al tráfico rodado los carriles afectados: la misma lógica se seguiría —según esa teoría— en el caso del cerebro durante las horas de sueño.

Pero la activación y el mantenimiento de los recuerdos hacen que los «revivamos» en nuestra cabeza. Se entremezclan entonces experiencias muy antiguas con imaginaciones más recientes. No existen un orden o una estructura lógica específicos en la secuencia de experiencias a que esa combinación da lugar. De ahí que los sueños tengan siempre ese aire ultraterrenal y extraño. También se ha propuesto como teoría explicativa de los sueños que las regiones frontales del cerebro responsables de la atención y la lógica intentan entonces imponer cierto orden en esas estrambóticas secuencias de acontecimientos oníricos, lo que explica por qué tenemos de todos modos la sensación de que los sueños son reales mientras los experimentamos y por qué tan inverosímiles vivencias no nos parecen tan imposibles en esos instantes.

A pesar de la naturaleza disparatada e imprevisible de los sueños, algunos de ellos pueden volverse recurrentes. En ese caso, es muy probable que delaten algún tipo de problema subyacente. De hecho, si algún aspecto de la vida nos está estresando muy especialmente en un momento determinado (quién sabe, quizá la proximidad de la fecha límite de entrega de un libro que nos comprometimos a escribir...), es inevitable que pensemos mucho en ello. Por consiguiente, se formarán en nuestro cerebro un buen número de recuerdos nuevos relacionados que este tendrá que organizar, por lo que se presentarán con mayor frecuencia en nuestros sueños, aflorarán más a menudo y, quién sabe, igual terminamos soñando noche tras noche que prendemos fuego a las oficinas de una editorial.

Otra teoría sobre el sueño REM es la que apunta a que se trata de una fase especialmente importante para los niños pequeños, pues, más allá de los recuerdos y el apuntalamiento de todas las conexiones internas del cerebro, ayuda al desarrollo neurológico en sí. Esto explicaría por qué los bebés y los niños de muy corta edad tienen que dormir mucho más que las personas adultas (a menudo, más de la mitad del día) y pasan mucho más tiempo durmiendo un sueño REM (aproximadamente un 80 % de las horas que pasan dormidos, frente al 20 % característico como promedio entre los adultos). Los seres humanos adultos conservamos el sueño REM, pero a niveles más bajos por razones de eficiencia cerebral.

Otra teoría más al respecto es aquella en la que se postula que el sueño es esencial para limpiar los productos de desecho del cerebro. Los procesos celulares complejos que continuamente tienen lugar en dicho órgano originan una gran diversidad de subproductos que hay que retirar y algunos estudios han demostrado que esa labor de recogida y eliminación de residuos se lleva a cabo a mayor ritmo durante el sueño, por lo que este podría ser al cerebro lo que el cierre de las puertas de un restaurante entre el final de la hora de la comida y el comienzo de la de la cena: dentro todo el personal sigue estando igual de ocupado, solo que haciendo cosas diferentes.

Cualquiera que sea el verdadero motivo de su existencia, lo cierto es que el sueño es imprescindible para un funcionamiento cerebral normal. Las personas a las que se priva del mismo —sobre todo, si se las priva del sueño REM— evidencian enseguida un descenso grave de la concentración cognitiva, la atención y las aptitudes para la resolución de problemas, así como un incremento de los niveles de estrés, un bajón del estado de ánimo, una mayor irritabilidad y una caída general en el rendimiento a la hora de realizar tareas varias. Entre los desastres que se han relacionado en mayor o menor medida con un agotamiento mental semejante de los ingenieros que estaban a cargo del funcionamiento de las instalaciones o las misiones afectadas están los accidentes nucleares de Chernóbil y Three Mile Island, o el del transbordador espacial *Challenger,* y será mejor que no nos adentremos en el muy doloroso terreno de las consecuencias a largo plazo de las decisiones tomadas por los médicos durante su tercer turno sucesivo de doce horas en dos días[20]. Si pasamos demasiado tiempo sin dormir, nuestro cerebro comienza a echarse «microsueños»: pequeñas «cabezaditas» de apenas minutos o incluso segundos cada una. Pero nuestra evolución nos ha convertido en seres que esperan disfrutar de (y aprovechar) prolongados periodos de inconsciencia con regularidad, por lo que no podemos arreglarnos simplemente con migajas sueltas. Aun si lográramos superar todos los problemas cognitivos causados por la insuficiencia de horas de sueño, difícilmente podríamos sobrevivir mucho tiempo a los otros perjuicios asociados: la disminución de la capacidad del sistema inmune, la obesidad, el estrés y los problemas cardiacos.

Así que si, por casualidad, le vence el sueño mientras lee este libro, sepa que no es que estas páginas sean aburridas: es que son medicinales.

Es una bata vieja o un asesino con hacha sediento de sangre
(El cerebro y la respuesta de «lucha o huida»)

Como seres humanos vivos que somos, nuestra supervivencia depende de que satisfagamos nuestros requerimientos biológicos: dormir, comer, movernos. Pero estas no son las únicas cosas imprescindibles para nuestra existencia. Existen sobrados peligros al acecho en el mundo en general, aguardando el momento oportuno para dejarnos fuera de combate. Por fortuna, millones de años de evolución previa nos han dotado de un sistema sofisticado y fiable de medidas defensivas con las que responder a cualquier amenaza potencial, coordinadas con admirable celeridad y eficiencia por nuestros maravillosos cerebros. Contamos incluso con una emoción dedicada al reconocimiento de (y la atención particularizada a) las amenazas: el miedo. Esto tiene también un inconveniente, y es que nuestros cerebros tienden inherentemente a priorizar el principio del «más vale prevenir», lo que implica que muchas veces sintamos miedo en situaciones donde no está realmente justificado.

La mayoría de las personas conocen bien de lo que hablo. Puede que alguno de ustedes estuviera alguna vez acostado despierto en una habitación a oscuras y las sombras proyectadas por las ramas de un árbol muerto del jardín en una pared de la estancia se le figuraran cada vez más como los brazos esqueléticos estirados de algún monstruo horrendo... hasta que finalmente «vio» aquella figura encapuchada junto a la puerta.

No le cupo duda entonces de que aquel era el asesino del hacha del que le había hablado un amigo suyo. Y le invadió un pánico terrible. Pero el asesino del hacha no se movía. No podía moverse. Porque no era el asesino del hacha, sino una bata de estar por casa: la suya propia que usted había colgado un rato antes del perchero que hay junto a la entrada del cuarto.

No tiene lógica alguna. Entonces, ¿por qué demonios nos invaden unas reacciones de miedo tan intensas a cosas que son claramente tan inofensivas? Pues porque nuestro cerebro no está tan convencido de que lo sean (inofensivas, digo). Podríamos vivir todos en burbujas esterilizadas y desprovistas de cualquier arista, que, en lo que al cerebro respecta, la muerte podría seguir acechándonos detrás del rincón más cercano y en cualquier momento. Para nuestro cerebro, la vida diaria es como caminar sobre un cable extendido por encima de un gran foso rebosante de cocodrilos y grandes vidrios rotos puntiagudos: un paso en falso y podemos terminar convertidos en un amasijo de carne indescriptiblemente adolorida.

Esa es una tendencia comprensible hasta cierto punto. Los seres humanos evolucionamos en un entorno hostil y salvaje lleno de peligros a la vuelta de cualquier esquina. Aquellos humanos que presentaban unos niveles de paranoia saludables y que se asustaban hasta de las sombras (que, en aquellos momentos, bien podrían haber tenido dientes de verdad) sobrevivían el tiempo suficiente para transmitir sus genes a la generación siguiente. Como consecuencia de ello, ante la presencia de cualquier amenaza o peligro mínimamente concebible como tal, el humano moderno evidencia un arsenal de mecanismos de respuesta (mayormente inconscientes) que le permiten reaccionar de forma refleja y, así, lidiar mejor con dicha amenaza. Y esa reacción refleja sigue muy viva en nosotros (como también seguimos nosotros vivos gracias a ella). Dicho reflejo es lo que se conoce como la respuesta de «lucha o huida», un gran nombre que resume de manera tan concisa como precisa la función de la misma. Ante una amenaza, las personas podemos luchar contra ella o huir de ella.

La respuesta de lucha o huida comienza en el cerebro, como ya se habrán imaginado. La información que llega a dicho órgano desde los sentidos penetra en el tálamo, que es, en esencia, una especie de centro de recepción del propio cerebro. Si el cerebro fuera una ciudad, el tálamo sería como la estación principal a la que llega todo antes de ser enviado adonde corresponda[21]. El tálamo está conectado tanto con las partes conscientes avanzadas del cerebro en la corteza como con las regiones «reptilianas» más primitivas en el mesencéfalo (o cerebro medio) y el tallo cerebral. Es, pues, un área importante.

A veces, llega al tálamo una información sensorial preocupante. Puede tratarse de algo que no nos resulte familiar, o que, aun siendo ya conocido para nosotros, pueda inquietarnos según el contexto. Si usted se encuentra perdido en el bosque y escucha un gruñido, la sensación le resultará poco familiar. Si usted está en su propia casa y oye unos pasos inesperados procedentes de la planta superior, estará percibiendo un sonido familiar, pero en un contexto en el que no le encaja. En cualquier caso, la información sensorial que llega así al cerebro viene marcada con la etiqueta «algo no va bien». En el córtex, donde esa información se procesa de forma más elaborada, la parte más analítica del cerebro la examina y se pregunta si hay motivos para preocuparse, al tiempo que revisa la memoria para comprobar si ya ha pasado antes algo similar. Si no encuentra suficiente información para determinar que aquello que estamos experimentando es seguro, puede desencadenar una respuesta de lucha o huida.

Sin embargo, además de al córtex, la información sensorial se transmite también a la amígdala, la parte del cerebro responsable del procesamiento de las emociones fuertes (y del miedo, en particular). La amígdala no se anda con sutilezas: siente que algo podría estar mal y enciende una alerta roja de inmediato. La suya es una respuesta mucho más rápida que ninguno de los análisis complejos que puedan llevarse a cabo en el córtex. Eso explica por qué una sensación de miedo —un globo que estalla sin que nos lo esperáramos, por ejemplo— produce una reacción de susto casi instantánea, antes de que podamos haberla procesado lo suficiente como para caer en la cuenta de que su desencadenante era inofensivo[22].

Es el hipotálamo el que recibe una señal entonces. El hipotálamo es la región que se localiza justo por debajo del tálamo (de ahí su nombre) y que es responsable en buena medida de hacer que «las cosas funcionen» en el organismo. Ampliando mi metáfora anterior, diría que, si el tálamo es la estación central, el hipotálamo es la parada de los taxis que aguardan a la puerta de aquella y que trasladan a los recién llegados importantes a sus diversos destinos en la ciudad, donde llevan a cabo las funciones que les corresponden. Uno de los papeles de los que se encarga el hipotálamo es el de la activación de la respuesta de lucha o huida. Esto lo consigue haciendo que el sistema nervioso simpático llame a todas las partes del cuerpo a situarse en sus «puestos de combate».

Es aquí donde tal vez se pregunten «¿y qué es el sistema nervioso simpático?». Buena pregunta.

El sistema nervioso, es decir, la red de nervios y neuronas que se extiende por todo el organismo humano, hace posible que el cerebro controle el cuerpo y que el cuerpo se comunique con el cerebro e influya en él. El sistema nervioso central —formado por el cerebro y la médula espinal— es donde se toman las grandes decisiones y, por eso, estas zonas están protegidas por una robusta capa ósea (el cráneo y la columna vertebral). Pero de esas estructuras nacen otros muchos nervios importantes que, a su vez, se subdividen y se extienden más allá hasta inervar (el término técnico con el que se conoce el hecho de que los nervios alcancen a órganos y tejidos) todo el resto del organismo. Estos nervios y ramificaciones que se extienden mucho más allá del cerebro y la médula espinal forman lo que se conoce como el sistema nervioso periférico.

El sistema nervioso periférico tiene dos grandes componentes. Por un lado, está el sistema nervioso somático, también llamado sistema nervioso voluntario, que enlaza el cerebro con nuestro sistema musculoesquelético y posibilita así el movimiento consciente. Pero también está el sistema nervioso autónomo, que controla todos los procesos inconscientes que nos mantienen en funcionamiento y que, por tanto, está principalmente conectado con los órganos internos.

Ahora bien, para complicar un poco más las cosas, resulta que el sistema nervioso autónomo tiene, a su vez, otros dos componentes: los sistemas nerviosos simpático y parasimpático. El sistema nervioso parasimpático es el responsable de mantener los procesos más pausados de nuestro organismo, como la digestión paulatina de los alimentos después de comer o la regulación de la expulsión de los desechos. Si alguien se propusiera realizar una serie cómica de televisión protagonizada por las diferentes partes del cuerpo humano, el sistema nervioso parasimpático vendría a ser el característico personaje despreocupado y relajado que siempre anda diciéndoles a los demás que se tranquilicen, y que rara vez se levanta del sofá.

El sistema nervioso simpático, sin embargo, es muy excitable. Sería el agitado amigo paranoico que siempre anda envolviéndose en papel de aluminio y despotricando contra la CIA ante cualquiera que quiera escuchar sus historias. El sistema nervioso simpático es también denominado a menudo «sistema de lucha o huida» porque es el que causa las diversas respuestas que emplea el cuerpo para lidiar con las amenazas. Es el sistema nervioso simpático el que nos dilata las pupilas para que nos entre más luz en los ojos a fin de que podamos divisar mejor los peligros. Es también el que incrementa nuestro ritmo cardiaco y manda la sangre desde las áreas periféricas y los órganos y sistemas no esenciales (incluidos los de la digestión y los de la salivación; de ahí que sintamos la boca seca cuando estamos asustados) hacia los músculos para procurar que dispongamos de la máxima energía posible para correr o para combatir (y nos sintamos bastante tensos como consecuencia de ello).

Los sistemas simpático y parasimpático están constantemente activos y suelen equilibrarse mutuamente para lograr un funcionamiento normal de nuestros sistemas fisiológicos. Pero en situaciones de emergencia, el sistema nervioso simpático asume el mando y adapta nuestro cuerpo para la lucha o para la huida (literales o metafóricas). La respuesta de lucha o huida dispara también la médula adrenal (situada justo por encima de cada riñón) y riega así nuestro organismo de adrenalina, que propicia a su vez otras muchas de las reacciones conocidas ante una amenaza: tensión, mariposas en el estómago, respiración agitada para una mayor oxigenación, incluso relajación de los intestinos (porque no nos interesará llevar «peso» innecesario encima cuando arranquemos a correr para salvar la vida).

También aumenta nuestra consciencia, lo que nos vuelve extremadamente sensibles a los peligros potenciales y reduce nuestra capacidad para concentrarnos en todos aquellos temas menores que ocupaban nuestra atención antes de que acaeciera el hecho temible. He ahí la consecuencia tanto del hecho de que el cerebro esté siempre alerta ante el peligro como de que la adrenalina comience a afectarlo de pronto y potencie ciertas formas de actividad limitando otras al mismo tiempo[23].

El procesamiento cerebral de emociones también pisa entonces el acelerador[24], sobre todo, porque interviene la amígdala. En el momento de tratar con una amenaza, tenemos que estar motivados para hacerle frente o huir de ella lo antes posible, así que nuestro miedo o nuestra ira crecen muy rápido y muy intensamente, lo que hace que centremos aún más nuestra atención en la amenaza y no perdamos el tiempo con tediosos «razonamientos».

Cuando nos enfrentamos a una amenaza potencial, tanto el cerebro como el cuerpo entran casi instantáneamente en un estado de consciencia aumentada y de más favorable disposición física para lidiar con ella. Pero el problema de toda esta reacción es su carácter «potencial». La respuesta de lucha o huida se presenta en nosotros *antes* de que sepamos con certeza si es realmente necesaria.

Tiene lógica: el humano primitivo que huía de algo que *podría* ser un tigre tenía más probabilidades de sobrevivir y reproducirse que el que se decía a sí mismo «voy a esperar hasta estar seguro de que lo sea». El primero de esos dos humanos volvía con la tribu sano y salvo, mientras que el segundo terminaba convertido en desayuno para el gran felino de turno.

Estamos hablando, pues, de una exitosa estrategia de supervivencia en la naturaleza. Eso no evita, sin embargo, que para el humano moderno pueda tener consecuencias muy perjudiciales. La respuesta de lucha o huida implica numerosos procesos físicos reales y muy exigentes para nuestro organismo, cuyos efectos no se disipan de inmediato en el momento que la percepción de amenaza desaparece. La adrenalina tarda un rato en retirarse del torrente sanguíneo hasta recuperar sus niveles normales, por ejemplo. Así que el hecho de que nuestros organismos entren en modo de combate cada vez que un globo estalla inesperadamente puede resultar muy poco conveniente para nosotros[25]. Podemos soportar toda la tensión y la preparación previa requerida para una respuesta de lucha y huida para, acto seguido, darnos cuenta de que no hacía falta. Pero eso no impide que continuemos teniendo durante un buen rato los músculos tensos, el ritmo cardiaco acelerado, etcétera, y el hecho de que no demos salida a esa tensión arrancando a correr como desesperados o forcejeando enérgicamente con un intruso puede provocarnos calambres, agarrotamientos musculares, temblores y otras muchas consecuencias desagradables de una acumulación excesiva de tensión.

Y no podemos olvidar el acrecentamiento de la sensación emocional. Alguien que ha sido preparado por su propio organismo para estar aterrado o irritado no puede desactivar ese estado al instante, por lo que, a menudo, termina descargándolo en destinatarios mucho menos merecedores de semejante reacción. Dígale, si no, a una persona que esté sumamente tensa que se «relaje» y verá qué pasa.

El exigente aspecto físico de la respuesta de lucha o huida solo es una parte del problema. El hecho de que el cerebro esté tan adaptado a detectar peligros y amenazas y a centrar la atención en ellos entraña problemas potencialmente crecientes para nosotros. Para empezar, el cerebro puede tomar nota de la situación presente y volverse más atento al peligro. Así, si nos encontramos en un dormitorio a oscuras, el cerebro adquiere conciencia de que no podemos ver y se adapta para percibir cualquier ruido sospechoso. Y como sabemos que, de noche, normalmente reina el silencio, cualquier sonido que oigamos en ese momento recibe mucha mayor atención y tiene muchas más probabilidades de activar nuestros sistemas de alarma. Además, la complejidad de nuestro cerebro hace que los humanos actuales dispongamos de la capacidad de prever, racionalizar e imaginar, lo que nos permite asustarnos de cosas que no han sucedido aún o que ni siquiera están ahí, como la bata de estar por casa transformada en asesino del hacha.

El capítulo 3 está dedicado a los extraños modos que tiene el cerebro de usar y procesar el miedo en nuestras vidas cotidianas. Cuando no se dedican a supervisar (y, a menudo, a perturbar) el funcionamiento de los procesos fundamentales que necesitamos para mantenernos con vida, nuestros cerebros conscientes son excepcionalmente buenos imaginando fuentes potenciales de daño para nosotros. Y ni siquiera tiene por qué ser un daño físico: puede tratarse de perjuicios intangibles como la vergüenza o la tristeza, es decir, cosas que son inocuas desde el punto de vista físico, pero que realmente preferiríamos ahorrarnos, por lo que la mera posibilidad de que las sintamos es suficiente para disparar en nosotros una respuesta de lucha o huida.

2

La memoria es un regalo de la naturaleza (pero no tiren la factura de compra)

*El sistema de los recuerdos humanos y
sus extrañas características*

«Memoria» es una palabra que se escucha mucho en nuestros días, aunque en su acepción más tecnológica. La «memoria» de un ordenador, por ejemplo, es un concepto corriente que todos entendemos: es el espacio del que ese aparato dispone para el almacenamiento de información. Hablamos también de la memoria de un teléfono o la de un iPod. Incluso una unidad *flash* externa de USB se conoce también como un «lápiz de memoria». Y no hay muchas cosas que sean más simples que un lápiz. Así que es perdonable que la gente piense que la memoria de un ordenador y la de una persona sean más o menos idénticas en lo que a su funcionamiento se refiere. La información entra por algún lado, el cerebro la registra y luego accedemos a ella cuando la necesitamos. ¿No es así?

Pues no. En la memoria de un ordenador, los datos y la información entran y permanecen el tiempo que sea necesario, y, salvo que lo impida algún fallo técnico, pueden recuperarse en exactamente el mismo estado en que fueron almacenados inicialmente. Hasta aquí, todo parece perfectamente lógico.

Pero imaginen ahora un ordenador decidiendo que una parte de la información contenida en su memoria es más importante que otra, y por razones que nunca se aclararan del todo. O figúrense que hubiera un ordenador que archivara información siguiendo un criterio carente de todo sentido lógico y les obligara a buscar hasta los datos más básicos entre carpetas y unidades aleatoriamente dispuestas. O un ordenador que estuviese abriendo continuamente los archivos más personales y embarazosos para ustedes (esos en los que guardan cómics eróticos protagonizados por los Osos Amorosos, por ejemplo) sin preguntárselo antes y en momentos elegidos totalmente al azar. O un ordenador que decidiera que en realidad no le gusta la información que ustedes han guardado en él y, para ajustarla mejor a sus propias preferencias, la modificara sin pedirles permiso.

Imagínense un ordenador que hiciera *todo* eso y en *todo momento*. Un aparato así no duraría ni media hora en sus despachos antes de que ustedes mismos lo arrojaran por la ventana hartos de él para que tuviera un encuentro urgente y terminal con el suelo de cemento del aparcamiento de tres pisos más abajo.

Pero nuestro cerebro hace *todas esas cosas* con su memoria y las hace todo el tiempo. Y mientras que, cuando de ordenadores se trata, siempre podemos comprarnos un modelo más nuevo o llevar el que no funciona a la tienda para cantarle las cuarenta al dependiente que nos lo recomendó, en el caso de nuestro cerebro, básicamente tenemos que aguantarnos. Ni siquiera podemos apagarlo y encenderlo para reiniciar el sistema (dormir no cuenta, como ya hemos visto en el capítulo anterior).

Este es solo un ejemplo de por qué lo de que «el cerebro es como un ordenador» es algo que solo deberíamos decir a un neurocientífico moderno si disfrutamos viendo a alguien temblar de indignación contenida. Y es que se trata de una comparación muy simplista y engañosa, y el sistema memorístico ilustra a la perfección por qué. Este capítulo examina algunas de las más desconcertantes y fascinantes propiedades del sistema de la memoria cerebral, propiedades que yo mismo calificaría incluso de «memorables», si no fuera porque no hay modo de garantizar que lo sean, dado lo enrevesado que puede ser el sistema memorístico.

¿A QUÉ HABÍA VENIDO YO AQUÍ?
(La división entre la memoria a largo plazo y la memoria a corto plazo)

A todos nos ha pasado en uno u otro momento. Estamos haciendo algo en una de las habitaciones de su casa cuando, de pronto, se nos ocurre que tenemos que ir a otra a buscar algo. Por el camino, algo nos distrae: puede ser una canción que ponen en ese momento en la radio, alguien que nos dice algo gracioso al pasar, o una revelación repentina que nos hace entender por fin a qué venía aquel giro argumental de nuestra serie de televisión favorita y que nos tenía obsesionados desde hacía meses. Sea por lo que fuere, al llegar a nuestro destino, nos damos cuenta de que ya no tenemos ni idea de por qué habíamos decidido ir allí. Es frustrante, da rabia, menuda pérdida de tiempo, pensamos: esa es una de las muchas peculiaridades a que da lugar la forma tan sorprendentemente compleja que tiene el cerebro de procesar la memoria.

Para la mayoría de las personas, la división más conocida entre apartados de la memoria humana es aquella que distingue entre una memoria a corto plazo y otra a largo plazo. Una y otra difieren considerablemente, pero no por ello dejan de ser interdependientes. La terminología es muy certera: los recuerdos a corto plazo duran aproximadamente un minuto como máximo, mientras que los recuerdos a largo plazo pueden permanecer (y permanecen) toda la vida. Quien diga que algo que recuerda de un día o, incluso, de unas pocas horas antes es un recuerdo de su «memoria a corto plazo» comete una incorrección: eso pertenece a la memoria a largo plazo.

La memoria a corto plazo no dura mucho, pero está implicada en el manejo consciente real de información: básicamente, en aquello en lo que pensamos en el momento presente. Podemos pensar en las cosas actuales porque están en nuestra memoria a corto plazo; para eso sirve esta. La memoria a largo plazo proporciona un copioso volumen de datos que nos ayuda a pensar, pero es la memoria a corto plazo la que realmente se encarga de pensar. (Por esa razón, algunos neurocientíficos prefieren hablar de memoria «de trabajo», que, en esencia, consiste en la memoria a corto plazo más unos cuantos procesos adicionales, como veremos más adelante).

Muchos se sorprenderán de que les diga aquí que la capacidad de la memoria a corto plazo es tan pequeña. Las investigaciones más actuales sugieren que la memoria media a corto plazo puede retener un máximo de cuatro «ítems» en cualquier momento dado[1]. Para que nos entendamos, si pedimos a una persona que memorice una lista de palabras cualquiera, lo normal es que sea capaz de recordar no más de cuatro. Esta afirmación se basa en los resultados de numerosos experimentos en los que se pidió a los sujetos participantes que recordaran palabras o ítems de una lista que se les había enseñado con anterioridad, y de las que, como promedio, lograban recordar solamente cuatro con un mínimo de certeza. Durante muchos años, se creyó que esa capacidad era más elevada: en torno a unos siete ítems (dos arriba o dos abajo). A esa cifra se la llamó el «número mágico» o la «ley de Miller», pues se había obtenido a partir de unos experimentos realizados en la década de 1950 por George Miller[2]. Sin embargo, gracias al perfeccionamiento y la reexaminación tanto del concepto de lo que se entiende por una *recuperación* válida de un recuerdo como de los métodos experimentales, se han podido obtener desde entonces datos más fiables que muestran que la capacidad real se aproxima más bien a cuatro ítems.

El hecho de que utilice un término tan poco preciso como «ítem» no obedece a una falta de esmero investigador por mi parte (o, cuando menos, no obedece solo a eso), sino a la considerable variedad de elementos que se pueden considerar ítems en la memoria a corto plazo. Los seres humanos hemos desarrollado estrategias para hacer frente a nuestra limitada capacidad de memoria de trabajo y para aprovechar al máximo el espacio de almacenamiento disponible. Una de ellas es un proceso denominado agrupación significativa o *chunking,* por el que la persona reúne varias cosas en un solo ítem (o *chunk,* traducible como «trozo grande») para utilizar mejor su capacidad de memoria a corto plazo[3]. Si les pidieran a ustedes que memorizaran las palabras «huele», «mamá», «queso», «a» y «tu», tendrían que recordar cinco ítems. Sin embargo, si les pidieran que se acordaran de la frase «tu mamá huele a queso», sería solamente un ítem el que tendrían que memorizar..., no sin antes recriminarle cierto mal gusto al experimentador.

Desconocemos, sin embargo, el límite máximo de la capacidad de memoria a largo plazo, pues nadie ha vivido lo suficiente como para alcanzarlo, pero no cabe duda de que es escandalosamente espaciosa. Entonces, ¿por qué es tan restringida la memoria a corto plazo? En parte, porque está constantemente en uso. Experimentamos y pensamos cosas en todos los instantes en que estamos despiertos (e incluso cuando dormimos), lo que significa que la información está entrando y saliendo continuamente a un ritmo de vértigo. Ese no parece ser el ámbito idóneo para una labor de almacenamiento a largo plazo, que requiere más bien de estabilidad y orden: sería como dejar todas nuestras cajas y archivos en las puertas de entrada de la terminal de un aeropuerto con mucho movimiento de mercancías y pasajeros.

Otro factor a tener en cuenta es que los recuerdos a corto plazo carecen de una base «física»: las memorias a corto plazo se almacenan en unos patrones específicos de actividad en las neuronas. A modo de aclaración, digamos que «neurona» es el nombre oficial de cada una de las células cerebrales o «nerviosas», que son las que constituyen la base del conjunto del sistema nervioso.

Cada una es, en esencia, un procesador biológico diminuto, capaz de recibir y generar información en forma de actividad eléctrica que atraviesa las membranas que dan estructura a la célula, y capaz también de formar conexiones complejas con otras neuronas. Así pues, la memoria a corto plazo reside en la actividad neuronal que tiene lugar en las regiones del cerebro especializadas en ese tipo de memoria, como el córtex prefrontal dorsolateral del lóbulo frontal[4]. Sabemos por los escáneres cerebrales que gran parte de la actividad más sofisticada, «pensadora» si se quiere, se produce en el lóbulo frontal.

Almacenar la información en unos patrones de actividad neuronal puede resultar un poco peliagudo. Se parece en cierto sentido a tratar de escribir la lista de la compra en la espuma de su capuchino matinal: técnicamente, es posible (la espuma guarda durante unos instantes el trazo de las palabras marcadas en ella), pero no tiene longevidad alguna y, por consiguiente, no puede usarse para almacenar nada en sentido práctico. La memoria a corto plazo sirve para el procesamiento y el manejo rápidos de información y, como esta afluye constantemente al cerebro, descarta la que no parece tener importancia y sobreescribe enseguida (o deja que olvidemos) el resto.

Ahora bien, ese no es un sistema inalterable. Ocurre a menudo que ciertas cosas importantes son expulsadas de la memoria a corto plazo antes de que puedan ser tratadas apropiadamente, lo que se traduce en escenarios como el ya mencionado del «¿a qué había venido yo aquí?». Además, es fácil que la memoria a corto plazo se sature y no sea capaz de centrarse en nada concreto mientras se la bombardea con nueva información y nuevos requerimientos. ¿No han visto nunca a alguien que, en medio de un alboroto (una fiesta infantil, por ejemplo, o una ajetreadísima reunión de trabajo) y tras pedir reiteradas veces que le escuchen, exclama de pronto algo así como «¡no puedo ni pensar con tanto jaleo!»? Pues se está expresando de forma muy literal, porque su memoria a corto plazo no está equipada para soportar tanta carga de trabajo.

Es lógico que nos preguntemos entonces: si la memoria a corto plazo, aquella con la que pensamos, tiene tan escasa capacidad, ¿cómo demonios conseguimos llevar a cabo las cosas que llevamos a cabo? ¿Por qué no estamos todos parados sin saber qué hacer, tratando infructuosamente de contarnos los dedos de la mano? Pues porque, por fortuna, la memoria a corto plazo está conectada con la memoria a largo plazo, que le quita mucha presión de encima.

Pongamos el caso de un traductor intérprete profesional: alguien que se dedica a escuchar un largo y detallado discurso hablado en un idioma y a traducirlo simultáneamente a otra lengua. Eso es más de lo que la memoria a corto plazo puede soportar, ¿no? Pues la verdad es que no. Si le pidiéramos a alguien que tradujera de un idioma en tiempo real *mientras lo estuviera aprendiendo,* entonces sí que eso sería mucho pedir. Pero el intérprete avezado tiene ya almacenadas en su memoria a largo plazo las palabras y la estructura de las lenguas (pensemos que el cerebro incluso tiene regiones específicamente dedicadas al lenguaje, como las áreas de Broca y de Wernicke, de las que hablaremos cuando llegue el momento). La memoria a corto plazo tiene que encargarse del orden de las palabras y del significado de las frases, pero eso es algo que puede aprender a hacer perfectamente, sobre todo a base de práctica. Y esa interacción entre memoria a corto y a largo plazo es la misma para todas las personas: usted no tiene que aprender qué es un sándwich cada vez que se le apetece uno, pero sí puede habérsele olvidado que quería uno cuando llegue a la cocina.

Varias son las vías por las que la información puede terminar convertida en memoria a largo plazo. A nivel consciente, podemos contribuir a que los recuerdos a corto plazo pasen a serlo a largo recitando en voz alta (o para nuestros adentros) la información relevante, como, por ejemplo, el número de teléfono de alguien importante. Nos lo repetimos a nosotros mismos para facilitar recordarlo. Y esa repetición es necesaria en este caso, porque los recuerdos a largo plazo —a diferencia de lo que sucede con la memoria a corto plazo— residen en nuevas conexiones que se van formando entre neuronas, ayudadas por las sinapsis. Y esa formación de conexiones nuevas puede ser estimulada haciendo algo tan básico como repetirnos las cosas concretas que queremos recordar.

Las neuronas conducen señales —conocidas como «potenciales de acción»— a lo largo de sí mismas con el fin de transmitir información del cuerpo al cerebro y viceversa: son como cables eléctricos sorprendentemente blanduchos y húmedos. Normalmente, los nervios están formados por muchas neuronas conectadas en cadena y conducen señales de un punto a otro. Eso significa que dichas señales tienen que viajar de una neurona a la siguiente para llegar a alguna parte. El enlace entre dos neuronas (o más incluso) es una sinapsis. No se trata de una conexión física directa, sino más bien de un finísimo hueco entre el extremo final de una neurona y el comienzo de otra (y pensemos que muchas neuronas cuentan con múltiples puntos iniciales y finales; no, si ¡el caso es no facilitarnos las cosas!). Cuando un potencial de acción llega a una sinapsis, la neurona de origen arroja a la sinapsis un chorro de sustancias químicas llamadas neurotransmisores. Estos cruzan el espacio sináptico e interactúan con la membrana de la neurona de destino a través de los receptores de esta. En cuanto un neurotransmisor logra interactuar con un receptor, induce un nuevo potencial de acción en esta segunda neurona que viaja a través de ella hasta la sinapsis siguiente, y así sucesivamente. Existen muchos tipos diferentes de neurotransmisores, como veremos; son el sostén químico de prácticamente toda la actividad del cerebro y cada tipo de neurotransmisor tiene unos papeles y funciones específicos. También les corresponden unos receptores particulares que los reconocen e interactúan con ellos, de forma muy parecida a como una puerta dotada de un sistema especial de seguridad reacciona únicamente a la llave, el código, la huella dactilar o la imagen de escaneo retinal capaz de abrirla.

Se cree que es en las sinapsis donde se «retiene» la información que verdaderamente almacena el cerebro; igual que una determinada secuencia de unos y ceros en un disco duro representa un archivo concreto, un conjunto específico de sinapsis en un lugar particular representa un recuerdo, el cual experimentamos cada vez que se activan dichas sinapsis. Así pues, estas vienen a ser la forma física de los recuerdos concretos. Del mismo modo que ciertos trazos de tinta sobre un papel se convierten, cuando los vemos, en palabras que tienen sentido en un lenguaje que reconocemos, cuando una sinapsis (o varias) se activa, el cerebro lo interpreta como un recuerdo.

Esta creación de recuerdos a largo plazo mediante la formación de las mencionadas sinapsis es lo que llamamos «codificación»: ese es el proceso por el que un recuerdo se almacena realmente en el cerebro.

La codificación es algo que el cerebro puede llevar a cabo con bastante rapidez, pero no de forma inmediata: de ahí que la memoria a corto plazo recurra a patrones menos permanentes (aunque más veloces) de actividad para almacenar información. No forma nuevas sinapsis, sino que simplemente activa un puñado de otras ya existentes y que tienen finalidades múltiples. Ensayar algo (recitándolo, por ejemplo) en la memoria a corto plazo lo mantiene «activo» el tiempo suficiente como para dar a la memoria a largo plazo la oportunidad de codificarlo.

Pero este método consistente en «ensayar algo hasta memorizarlo» no es el único modo que tenemos de recordar cosas y es evidente que no es el que empleamos para todo aquello que somos capaces de rememorar. No tenemos por qué. Existen indicios bastante contundentes de que casi todo lo que experimentamos se almacena en la memoria a largo plazo de algún modo.

Toda la información procedente de nuestros sentidos y los aspectos emocionales y cognitivos asociados a ella son transmitidos al hipocampo, en el lóbulo temporal. El hipocampo es una región cerebral muy activa que combina constantemente los interminables flujos de información sensorial que recibe formando recuerdos «individuales». Según indican muchas de las pruebas obtenidas por vía experimental, el hipocampo es el lugar en el que se produce la verdadera codificación. Las personas con lesiones en esa zona del cerebro parecen incapaces de codificar nuevos recuerdos; quienes están obligados a aprender y memorizar continuamente nueva información desarrollan hipocampos sorprendentemente grandes (es el caso de muchos taxistas, que tienen regiones hipocampales hipertrofiadas con las que procesan los recuerdos espaciales y las direcciones para llegar a muchos destinos, como veremos más adelante), lo que da a entender que dependen más de esa región de sus cerebros y la mantienen activa con mayor frecuencia. Algunos experimentos han llegado incluso a «etiquetar» recuerdos recién formados (un complejo proceso consistente en inyectar versiones detectables de algunas de las proteínas implicadas en la formación de neuronas) y han descubierto que estos se concentran en el hipocampo[5]. Y ni siquiera estoy haciendo referencia a los experimentos más recientes, realizados con escáneres que permiten investigar la actividad hipocampal en tiempo real.

El hipocampo asienta los recuerdos nuevos y estos se van desplazando paulatinamente hacia la corteza cerebral a medida que otros más nuevos aún se forman «tras» ellos y van empujando a los anteriores muy poco a poco hacia fuera. Este refuerzo y apuntalamiento gradual de recuerdos codificados es lo que se denomina «consolidación». Así pues, la vía de la memoria a corto plazo para memorizar algo a largo plazo a base de repetirlo con frecuencia no es *imprescindible* para la formación de nuevos recuerdos a largo plazo, pero sí resulta a menudo crucial para asegurar la codificación de *una disposición específica de la información*.

Supongamos que hablo de un número de teléfono. Este no es más que una secuencia de cifras que se encuentran ya en la memoria a largo plazo del individuo. ¿Para qué codificarlas todas allí de nuevo? Lo que se resalta entonces, cuando se repite el número de teléfono para aprenderlo, es la importancia de esa *secuencia* particular de cifras y la necesidad de dedicarle un recuerdo específico para retener el número completo a largo plazo. La repetición es el modo que tiene la memoria a corto plazo de tomar una información, pegarle una etiqueta con el mensaje «¡urgente!» y enviarla al departamento encargado de archivarla.

Ahora bien, si la memoria a largo plazo lo recuerda todo, ¿cómo es que terminamos olvidándonos de las cosas? Buena pregunta.

El consenso general sobre ese tema es que, técnicamente, los recuerdos a largo plazo que olvidamos siguen estando ahí, en el cerebro, salvo que hayamos padecido algún traumatismo que los haya destruido físicamente (en cuyo caso, que no seamos capaces de recordar el cumpleaños de algún amigo será seguramente la menor de nuestras preocupaciones). Pero los recuerdos a largo plazo tienen que superar tres fases para ser útiles: tienen que formarse (codificarse), tienen que ser almacenados realmente (en el hipocampo y, luego, en el córtex) y tienen que ser recuperados cuando llegue el momento. Si no podemos recuperar un recuerdo, no vale nada. Es como cuando no podemos encontrar los guantes: seguimos teniendo guantes, todavía existen, pero eso no va a calentarnos las manos.

Algunos recuerdos son fáciles de recuperar porque están más destacados (son más prominentes, relevantes o intensos). Por ejemplo, los recuerdos de algo por lo que sentimos un elevado grado de apego emocional, como el día de nuestra boda, o el primer beso, o aquella vez en que la máquina expendedora nos dio dos bolsas de patatas fritas cuando solo habíamos pagado una: son episodios que, por lo general, rememoramos con bastante facilidad. Además del recuerdo del hecho en sí, intervienen también toda la emoción, todos los pensamientos y todas las sensaciones que asociamos a aquel. Todos esos elementos crean cada vez más enlaces con ese recuerdo concreto en el cerebro, lo que significa que el proceso de consolidación le asigna mucha más importancia y le añade más conexiones, convirtiéndolo en mucho más fácil de recuperar. Por el contrario, los recuerdos que conllevan asociaciones escasas o poco importantes (como, por ejemplo, la mañana número 473 que fuimos en coche a nuestro trabajo sin incidente alguno) reciben el mínimo de consolidación, por lo que resultan mucho más difíciles de recuperar.

El cerebro llega incluso a usar eso como una estrategia de supervivencia, aun cuando sea bastante angustiante para nosotros. Así, las víctimas de sucesos traumáticos suelen sufrir recuerdos «destello» *(flashbulb)* recurrentes: imágenes vívidas del accidente de coche o del horrible crimen del que fueron objeto que continúan acudiendo a su memoria mucho después de que el hecho desencadenante tuviera lugar (véase el capítulo 8). Las sensaciones en el momento del trauma fueron tan intensas —pues la adrenalina que empapaba el cerebro y el cuerpo en aquellos instantes agudizó los sentidos y la consciencia— que el recuerdo se implanta con fuerza en el cerebro y permanece allí en toda su crudeza y visceralidad. Es como si el cerebro hubiese tomado nota del horror que ocurrió entonces y dijera: «Esto que estás volviendo a ver ahora, esto, es terrible: no lo olvides, no queremos que vuelvas a pasar por nada parecido nunca más». El problema es que el recuerdo en cuestión puede ser tan gráfico e intenso que se convierta en perturbador y negativo para la persona.

De todos modos, ningún recuerdo se forma de manera aislada, así que, incluso en escenarios más triviales, el contexto en que se adquirió el recuerdo puede ser usado también como «desencadenante» que ayude a recuperarlo, según han revelado algunos estudios singulares al respecto.

En uno de ellos, los científicos hicieron que dos grupos distintos de sujetos participantes aprendieran una información. Un grupo la aprendió en una sala convencional; las personas que componían el otro la aprendieron mientras se hallaban sumergidas en el agua vistiendo unos equipos de submarinismo completos.[6] Posteriormente, se les preguntó en unos exámenes por la información que se les había pedido que aprendieran: algunas personas hicieron esos exámenes sometidas a las mismas condiciones en que habían tenido que aprender la información y otras los hicieron sometidas a las condiciones alternativas a aquellas en las que se les había enseñado lo que tenían que aprender. Pues, bien, quienes estudiaron y fueron examinados en la misma situación obtuvieron resultados significativamente mejores que quienes estudiaron y se examinaron en escenarios diferentes. Y quienes estudiaron y se examinaron bajo el agua puntuaron mucho mejor que quienes estudiaron bajo el agua pero se examinaron en una sala normal.

El hecho de estar sumergidos no tenía relación alguna con la información que estaban aprendiendo, pero lo que sí es cierto es que ese había sido el *contexto* en el que esas personas habían aprendido dicha información y eso les sirvió de gran ayuda a la hora de acceder a los recuerdos almacenados en su memoria. Buena parte de los recuerdos en los que se aprende una información implican también el contexto del momento del aprendizaje, por lo que colocar a la persona en ese mismo contexto contribuye en esencia a «activar» parte del recuerdo, lo que, de paso, facilita su recuperación completa: es como si nos revelaran varias letras de una palabra oculta en un juego del ahorcado.

Llegados a este punto, es importante señalar que los recuerdos de cosas que nos suceden no son los únicos que podemos tener, sino que representan únicamente los recuerdos episódicos o «autobiográficos», un adjetivo que se explica por sí solo. Pero también tenemos recuerdos «semánticos», que son información memorizada sin contexto: recordamos así, por ejemplo, que la luz viaja más rápido que el sonido, pero no la clase de física concreta en la que aprendimos tal cosa. Que usted se acuerde de que la capital de Francia es París es un recuerdo semántico; que usted se acuerde de aquella vez en que echó hasta la primera papilla desde lo alto de la Torre Eiffel es un recuerdo episódico.

Y esos solo son los recuerdos a largo plazo que somos conscientes que tenemos. Hay toda una serie de otros recuerdos a largo plazo de los que *no necesitamos ser conscientes*, como ciertas habilidades que ponemos en práctica sin pensar (conducir un coche o montar en bicicleta son buenos ejemplos). Son los que llamamos recuerdos «procedimentales» y no nos extenderemos más al respecto porque, si no, usted empezará a pensar en ellos y eso podría ponerle las cosas más difíciles a la hora de usarlos.

En resumen, la memoria a corto plazo es rápida, manipulativa y fugaz, mientras que la memoria a largo plazo es persistente, duradera y holgadísima en cuanto a su capacidad. Por eso, puede suceder que recordemos para siempre algo gracioso que ocurrió cuando estudiábamos en el colegio y, sin embargo, olvidemos qué habíamos ido a buscar a la habitación del final del pasillo porque algo nos distrajo (levemente incluso) en el camino desde la cocina hasta allí.

¡PERO, HOMBRE, SI ERES... TÚ! SÍ, DE AQUELLA VEZ QUE... YA SABES
(Los mecanismos del por qué recordamos caras antes que nombres)

—¿Sabes la chica aquella con la que ibas al colegio?

—¿Podrías ser más concreta?

—Sí, hombre, aquella chica alta. Pelo largo y rubio, aunque, si te digo la verdad, creo que se lo teñía. Vivía en la calle de al lado de la nuestra, pero sus padres se divorciaron y su madre se mudó al piso en el que vivían los Jones cuando aún no se habían trasladado a Australia. Su hermana era amiga de tu prima antes de que cayera embarazada de aquel chico del pueblo, menudo escándalo fue. Siempre llevaba un abrigo rojo y la verdad es que no le quedaba nada bien. ¿Sabes de quién te hablo?

—¿Cómo se llama?

—Ni idea.

Yo he tenido innumerables conversaciones como esta con mi madre, con mi abuela o con otros familiares. Es evidente que no le pasa nada a su memoria ni a su capacidad para captar los detalles; pueden proporcionarnos tantos datos personales de ese alguien que darían para llenar varias páginas de la Wikipedia. Pero son muchas las personas que en diálogos así dicen tener problemas para recordar nombres, incluso cuando están mirando directamente a la persona de cuyo nombre tratan de acordarse en aquel mismo momento. A mí me ha pasado. Puede arruinarle una ceremonia de boda a cualquiera.

¿Por qué sucede? ¿Por qué podemos reconocer el rostro de una persona sin que nos venga su nombre a la mente? ¿No son ambas maneras igualmente válidas de identificar a alguien? Necesitamos ahondar un poco más en el funcionamiento de la memoria humana para comprender mejor qué es lo que realmente ocurre en situaciones como esas.

En primer lugar, las caras dan mucha información. Las expresiones, el contacto con las miradas, los movimientos de las bocas: todas esas son formas fundamentales de comunicación entre los seres humanos[7]. Los rasgos faciales revelan mucho acerca de una persona: el color de sus ojos o de su pelo, su estructura ósea, su dentadura... todos ellos son detalles que pueden usarse para reconocer a un individuo. Tanto es así que el cerebro humano parece haber adquirido a lo largo de la evolución ciertas características que le ayudan en el reconocimiento y el procesamiento de los rostros, por ejemplo, reconociendo más fácilmente patrones de ese tipo y mostrando una predisposición general a identificar caras en cualquier imagen formada al azar, como veremos en el capítulo 5.

Comparado con algo así, ¿qué puede ofrecernos el nombre de una persona? Potencialmente, algunas pistas en cuanto a sus orígenes sociales o culturales, pero, en general, no consiste más que en un par de palabras, una secuencia de sílabas arbitrarias, una breve serie de ruidos que, según se nos informa, pertenecen a un rostro específico. Pero ¿y qué?

Como ya hemos visto, para que una información consciente cualquiera pase de ser un recuerdo a corto plazo a uno a largo plazo, normalmente tiene que ser repetida y ensayada. Sin embargo, hay ocasiones en las que podemos saltarnos ese paso, sobre todo, si la información está adscrita a algo sumamente importante o estimulante, lo que implica que se forme un recuerdo episódico. Si usted conoce a alguien y es la persona más bella que jamás ha visto y se enamora al instante de ella, se pasará semanas murmurándose a sí mismo (o a sí misma) el nombre del recién conocido objeto de sus afectos.

Eso no es algo que ocurra a menudo cuando conocemos a alguien (menos mal), así que lo normal es que, si queremos aprendernos el nombre de una persona, la única forma garantizada de recordarlo sea repitiéndonoslo a nosotros mismos cuando aún está en nuestra memoria a corto plazo. El problema es que ese método lleva tiempo y utiliza recursos mentales. Y como ya vimos con el ejemplo del «¿a qué había venido yo aquí?», cualquier cosa que estemos pensando en un momento dado puede ser fácilmente sobreescrita o reemplazada por la siguiente que nos encontremos y tengamos que procesar. Cuando nos presentan a alguien a quien no conocíamos, muy raro será que esa persona nos diga su nombre y nada más. Es casi inevitable que mantengamos con ella una conversación sobre cuál es su lugar de procedencia, a qué se dedica, cuáles son sus aficiones, en fin, esa clase de cosas. El protocolo social nos obliga a intercambiar las cortesías de rigor con otra persona en un primer encuentro (aun si ninguno de los dos interlocutores está realmente interesado en hablar con el otro), pero cada línea adicional de diálogo incrementa la probabilidad de que el nombre de la persona con la que estamos hablando sea expulsado de la memoria a largo plazo antes de que podamos codificarlo como recuerdo.

La mayoría de las personas conocemos docenas de nombres y no nos parece que aprender uno más suponga ningún esfuerzo considerable. Esto es así porque nuestra memoria asocia el nombre que oímos con la persona con la que interactuamos y, de ese modo, se forma una conexión en nuestro cerebro entre persona y nombre. A medida que esa interacción se amplía, crece también el número de conexiones entre persona y nombre que se van creando, con lo que ya no se necesita ninguna repetición consciente: el enlace se refuerza a un nivel más subconsciente, debido a nuestra más prolongada experiencia de contacto con aquel ser humano.

El cerebro es capaz de desplegar múltiples estrategias para sacar el máximo partido a la memoria a corto plazo. Una de ellas es la tendencia de los sistemas memorísticos del cerebro a recordar solo el primero y el último de los detalles de una lista cuando nos cuentan muchos de un tirón: son los efectos llamados «de primera impresión» (*primacy effect*) y «de importancia de lo más reciente» (*recency effect*)[8]. Eso significa que el nombre de una persona pesará más en lo que recordemos de ella cuando nos la presentan y nos enteramos de diversos aspectos de su vida si es lo primero que oímos sobre ella (como suele ser el caso).

Hay más. Una de las diferencias entre la memoria a corto plazo y la memoria a largo plazo de las que no he hablado todavía es que ambas pueden evidenciar distintas preferencias generales en cuanto al *tipo* de información que procesan. La memoria a corto plazo es mayormente *auditiva* y se centra en procesar información en forma de palabras y sonidos específicos. De ahí que normalmente mantengamos monólogos interiores y que pensemos usando frases y elementos lingüísticos en vez de manejar series de imágenes como en las películas, por ejemplo. El nombre de una persona es un buen ejemplo de información auditiva: oímos las palabras y las pensamos en términos de los sonidos que las forman.

La memoria a largo plazo, por su parte, depende además (y en gran medida) de las cualidades visuales y semánticas: es decir, del *significado* de las palabras, más que de los sonidos que las forman[9]. Así, es más probable que recordemos a largo plazo un rico estímulo visual (el rostro de alguien, por ejemplo) que un estímulo auditivo tomado al azar (un nombre desconocido para nosotros hasta entonces, por ejemplo).

Desde un punto de vista puramente objetivo, lo normal es que la cara y el nombre de una persona no guarden relación. Es posible que alguien diga «sí que tienes pinta de Martin» después de saber que la persona a quien acaba de conocer se llama Martin, pero, en realidad, es prácticamente imposible predecir con un mínimo de precisión el nombre de una persona solo con mirarle la cara..., salvo que lo lleve tatuado en la frente, claro está (un impactante detalle visual que sería ciertamente difícil de olvidar).

En cualquier caso, supongamos que tanto el nombre como el rostro de alguien se nos han quedado almacenados en la memoria a largo plazo. Perfecto, bien hecho. De todos modos, hasta ahí no estará ejecutado más que la mitad del trabajo, porque, a partir de ese momento, lo importante será que accedamos a esa información cada vez que la necesitemos. Y eso, desgraciadamente, puede resultar más difícil de lo que imaginamos.

El cerebro es una maraña terriblemente compleja de conexiones y enlaces, como un universo de adornos luminosos de árbol de Navidad encerrado en una esfera de reducidas dimensiones. Los recuerdos a largo plazo están formados por esas conexiones, esas sinapsis. Una sola neurona puede tener decenas de miles de sinapsis con otras neuronas, pero esas sinapsis significan que existe un nexo entre un recuerdo específico y las áreas más «ejecutivas» del cerebro (aquellas dedicadas a la racionalización y la toma de decisiones), como es el caso del córtex frontal que precisa de la información almacenada en la memoria. Estos nexos son lo que permite que las partes del cerebro que piensan «accedan a» los recuerdos, por así decirlo.

Cuantas más conexiones tiene un recuerdo concreto, y más «fuerte» (activa) es la sinapsis, más fácil resulta acceder a él, del mismo modo que es más fácil desplazarse hasta cualquier lugar que esté bien comunicado por múltiples carreteras y líneas de transporte público que a un granero abandonado en medio del campo. El nombre y la cara del compañero o la compañera sentimental con quien compartimos nuestra vida, por ejemplo, aparecerá probablemente en un gran número de recuerdos, por lo que siempre estará en un primer plano de nuestra mente. Otras personas no recibirán un trato tan privilegiado de nuestro cerebro (salvo que en nuestras relaciones tendamos a ser más bien atípicos), por lo que recordar cómo se llaman siempre nos resultará más difícil.

Pero si el cerebro ya ha almacenado la cara y el nombre de alguien, ¿por qué luego nos acordamos de una cosa pero no de la otra? Pues porque, cuando de recuperar recuerdos se trata, en el cerebro funciona un sistema de memoria que podríamos describir como de doble capa, y eso da lugar a una sensación tan común como enervante: la de reconocer a alguien pero no ser capaces de recordar cómo ni por qué, ni menos aún cómo se llama. Esto ocurre porque el cerebro distingue entre familiaridad y *recuperación*[10]. Por aclarar las cosas, digamos que la familiaridad (o el reconocimiento) es lo que percibimos cuando nos encontramos con alguien (o con algo) y nos damos cuenta de que ya nos habíamos encontrado con esa persona (o esa cosa o situación) en algún otro momento anterior. Pero más allá de esa sensación, no tenemos nada: lo único que somos capaces de decir en ese momento es que esa persona o cosa forma parte de nuestros recuerdos. La recuperación es lo que hacemos cuando podemos acceder al recuerdo original de cómo y por qué conocemos a esa persona; el reconocimiento no es más que la señal de aviso de que ese recuerdo existe.

El cerebro dispone de varias vías y medios de disparar un recuerdo, pero no hace falta «activarlo» para saber que está ahí. ¿No les ha sucedido nunca que han tratado de guardar un archivo en su ordenador y ha saltado un mensaje indicándoles que «el archivo ya existe»? Pues es algo parecido. Lo único que sabemos en ese caso es que la información existe, pero todavía no podemos llegar a ella.

Es fácil ver en qué sentido un sistema así puede suponer una ventaja: nos libera de la necesidad de dedicar demasiada de nuestra preciosa potencia cerebral a averiguar si ya nos hemos encontrado antes con una situación igual. Y, en las duras condiciones del mundo natural, cualquier cosa que resulta familiar al cerebro de un individuo es algo que no lo mató en su momento, lo que le permite concentrarse en otras cosas (nuevas) que sí podrían matarlo. Hay una lógica evolutiva, pues, para que el cerebro se comporte de ese modo. Y, dado que un rostro proporciona más información que un nombre, es más probable que las caras nos resulten «familiares».

Pero ello no impide que esa sea para nosotros, humanos modernos (y, como tales, seres que a menudo tenemos que conversar sobre temas triviales con personas que sabemos con certeza que conocemos, pero cuyo nombre no podemos recordar en ese preciso instante), una sensación profundamente molesta. En cualquier caso, la mayoría de las personas conoce perfectamente lo que se siente cuando el reconocimiento deja de ser tal y se convierte en la plena recuperación de un recuerdo. Algunos científicos lo llaman precisamente «umbral de recuperación»[11]: algo nos va resultando más y más familiar hasta que llega un punto crucial a partir del cual se activa en nosotros el recuerdo original. El recuerdo al que deseamos acceder tiene otros interconectados con él y estos van disparándose y ocasionando una especie de estimulación periférica (o de bajo nivel) del recuerdo diana, como si una casa a oscuras se iluminara de pronto por la luz del espectáculo de fuegos artificiales del vecino de al lado. Pero el recuerdo diana no se activará realmente hasta que lo estimulemos más allá de un nivel (un «umbral») determinado.

Habrán oído la expresión «los recuerdos se agolparon en mi memoria», o, cuando menos, reconocerán la sensación de tener la respuesta a la pregunta de un concurso «en la punta de la lengua» hasta que por fin les viene de repente a la memoria. Pues a eso me estoy refiriendo aquí. Llega un momento en que el recuerdo que causó todo ese reconocimiento recibió una estimulación suficiente y se activó por fin: los fuegos artificiales del vecino han despertado a quienes viven en la casa contigua y estos han encendido todas las luces. La información asociada pasa así a estar disponible. Nuestra memoria ha sido así oficialmente «refrescada» y la punta de nuestra lengua puede retomar sus quehaceres normales, que son los de saborear cosas en vez de proporcionar un inverosímil espacio de almacenaje para respuestas banales que no se atreven a salir afuera.

Por lo general, las caras son más memorables que los nombres porque resultan más «tangibles», mientras que, para evocar el nombre de alguien es más probable que necesitemos una recuperación plena del recuerdo concreto y que no baste con un simple reconocimiento. Espero que esta información le deje bien claro, señor lector o señora lectora, que, si volvemos a encontrarnos en una segunda ocasión y yo no me acuerdo de cómo se llama, no es por mala educación.

Aunque, bueno, sí, puede que si se diera una situación así, en lo que al protocolo social respecta, podría decirse que, técnicamente, yo me estaría comportando como un perfecto grosero. Pero ahora, por lo menos, ya sabe por qué.

UN VASO DE VINO PARA REFRESCARLE LA MEMORIA
(De cómo el alcohol puede ayudarnos a recordar algunas cosas)

A la gente le gusta el alcohol. Tanto que los problemas relacionados con esa sustancia son una lacra persistente para muchas sociedades. Pueden ser tan generalizados y constantes que tratar de solucionarlos nos cueste miles de millones[12]. Entonces, ¿cómo puede ser que algo tan dañino sea también tan popular?

Probablemente porque el alcohol es divertido. Aparte de que induce la secreción de dopamina en las áreas del cerebro especializadas en la recompensa y el placer (véase el capítulo 8), causando con ello esa sensación de «entonarse» que los bebedores sociales tanto agradecen, su consumo está muy marcado por la convención cultural: es casi un obligado elemento de celebración, de vinculación colectiva o, simplemente, de esparcimiento general. Eso explica por qué solemos pasar por alto tan alegremente otros efectos más perjudiciales del alcohol. Sí, nadie duda de que las resacas son malas, pero bien que hacemos amigos comparando lo intensas que han llegado a ser las nuestras y riéndonos de ello. Y la ridícula forma de comportarse de las personas ebrias nos parecería muy alarmante en otros muchos contextos (por ejemplo, en un colegio a las diez de la mañana), pero cuando todos los demás miembros del grupo de amigos lo hacen, no es más que una diversión, ¿verdad? Una especie de necesaria liberación temporal de la seriedad y la observación de unas normas de conducta que la sociedad moderna exige de nosotros. Así que, sí, quienes disfrutan del alcohol consideran que los aspectos negativos de este son un precio que bien vale la pena pagar por él.

Uno de esos aspectos negativos es la pérdida de memoria. Alcohol y pérdida de memoria: dos amigos que van de la mano (y dando tumbos). Es un recurso cómico habitual en las series televisivas, en los chistes de los humoristas y hasta en las anécdotas personales que más nos gusta contar, aquellas que tienen como protagonista a alguien que se despierta después de una noche de borrachera y descubre que está en una situación inesperada, rodeado de conos de tráfico, uniformes desconocidos, extraños que roncan, cisnes furiosos y otros elementos singulares que, en circunstancias normales, ninguna persona tendría en su dormitorio al despertarse.

Entonces, ¿cómo puede ser que el alcohol *ayude* a nuestra memoria según sugiere el título de la presente sección? Para entenderlo, será preciso repasar por qué el alcohol afecta al sistema memorístico del cerebro. A fin de cuentas, ingerimos innumerables productos y sustancias químicas cada vez que comemos cualquier cosa, así que ¿por qué no hacen estas que arrastremos las palabras o que vayamos por ahí buscando pelea con las farolas?

Pues por las propiedades químicas específicas del alcohol. El cuerpo y el cerebro cuentan con varios niveles de defensa para impedir que las sustancias potencialmente perjudiciales se introduzcan en nuestros sistemas (ácidos estomacales, recubrimientos intestinales complejos, barreras especializadas en impedir que entren cosas en el cerebro, etcétera), pero el alcohol (y, para ser más precisos, el etanol, que es el alcohol que bebemos) se disuelve en el agua y es suficientemente pequeño como para penetrar en todas esas defensas. De ahí que el alcohol que bebemos termine propagado por todos nuestros sistemas corporales a través del torrente sanguíneo. Y cuando se acumula en el cerebro, pone muchos palos (haces de ellos incluso) en las ruedas de algunos de los mecanismos más importantes de ese órgano.

El alcohol es un depresor[13]. Y no porque nos haga sentir fatal y deprimidos a la mañana siguiente (que bien sabe Dios que sí), sino porque, literalmente, deprime la actividad en los nervios del cerebro: la reduce como quien baja el volumen en un equipo de sonido. Pero ¿por qué eso hace que las personas se comporten de un modo *más* ridículo? Después de todo, si se reduce la actividad cerebral, ¿no deberían las personas ebrias quedarse en un rincón, inmóviles y babeando?

Sí, hay personas que, cuando están borrachas, hacen precisamente eso, pero recordemos que, para que el cerebro humano lleve a cabo los innumerables procesos que realiza en todo momento en que se mantiene en un estado de vigilia, no se necesita solamente que pasen cosas, sino también hace falta *impedir* que sucedan otras que no deben suceder. El cerebro controla prácticamente todo lo que hacemos, pero como no podemos hacerlo todo a la vez, buena parte del cerebro se dedica a inhibir y a detener la activación de ciertas áreas cerebrales. Imaginémoslo como el control del tráfico en una gran ciudad: es una labor compleja para la que se necesitan también señales de «stop» y semáforos en rojo. Sin estos, la ciudad se colapsaría en cuestión de minutos. Pues, bien, el cerebro tiene infinidad de áreas que desempeñan funciones importantes y esenciales, pero *solo cuando se necesitan*. Por ejemplo, la parte del cerebro de una persona que mueve su pierna derecha es muy importante, pero no cuando ese individuo está tratando de permanecer sentado en una reunión: en ese momento, necesita que otra parte del cerebro le diga a aquella otra (la que se dedica a controlar la pierna) «ahora no, amiga».

Bajo los efectos del alcohol, podría decirse que disminuye la intensidad luminosa de los «semáforos en rojo» (cuando no se apagan por completo) en aquellas regiones cerebrales que normalmente controlan o reprimen el atolondramiento, la euforia y la ira. El alcohol también desconecta las áreas responsables de la claridad del habla o de la coordinación locomotriz[14].

Vale la pena señalar que nuestros sistemas más simples y fundamentales, los que controlan cosas como el ritmo cardiaco, dan muestras de un afianzamiento y una robustez considerables, mientras que son otros procesos más sofisticados, aparecidos en épocas posteriores de nuestra evolución, los más fácilmente alterados o perjudicados por el alcohol. En ese sentido, podemos apreciar ciertos paralelismos y similitudes con la tecnología moderna: un Walkman de los años ochenta podía seguir funcionando aun después de que se nos hubiera caído por las escaleras, pero si su actual teléfono móvil inteligente se da un golpecito contra la esquina de una mesa es probable que se le rompa y tenga que arreglarlo y pagar el correspondiente «facturón». Diríase que la sofisticación acarrea vulnerabilidad.

Igualmente, cuando se mezclan cerebro y alcohol, las funciones «superiores» del primero son las primeras en verse afectadas. Me refiero a cosas como la compostura, la vergüenza y esas vocecitas en el interior de nuestras cabezas que, cuando llega el momento, nos dicen «esto no parece buena idea». El alcohol silencia todo eso enseguida. Cuando una persona se emborracha, es mucho más probable que diga lo que se le ocurra en ese momento o que asuma un riesgo descabellado solo por arrancar una risa de la concurrencia (por ejemplo, accediendo a escribir un libro entero dedicado al cerebro)[15].

Lo último que el alcohol altera (y tiene que ser mucho alcohol para llegar a ese punto) es lo relacionado con los procesos fisiológicos básicos, como el ritmo cardiaco y la respiración. Si alguien está tan ebrio como para llegar a ese estado, probablemente carecerá ya de la función cerebral suficiente como para tener siquiera la capacidad de sentirse preocupado por ello, pero sin duda debería estarlo, ¡y mucho![16].

Entre esos dos extremos se sitúa el sistema de la memoria, que, técnicamente hablando, es fundamental y complejo al mismo tiempo. El alcohol tiene al parecer una tendencia muy particular a perturbar el funcionamiento del hipocampo, la principal región de formación y codificación de los recuerdos. Puede limitar también nuestra memoria a corto plazo, pero es la alteración de la memoria a largo plazo a través de su incidencia en el hipocampo la que causa esos inquietantes vacíos memorísticos al despertarnos al día siguiente. No se trata de una paralización completa, claro está: lo normal es que sigan formándose recuerdos durante esos momentos, pero la recuperación posterior de los mismos es mucho menos eficiente y bastante más irregular[17].

Hagamos un interesante aparte: para la mayoría de las personas, beber hasta bloquear por completo la formación de recuerdos (de manera que se produzcan «lagunas» mentales por amnesia alcohólica) supondría estar tan intoxicadas que apenas sí podrían hablar o tenerse en pie. El caso de los alcohólicos, sin embargo, es diferente. Llevan tanto tiempo bebiendo mucho que sus cuerpos y sus cerebros se han adaptado en realidad a lidiar con la ingesta regular de alcohol (hasta el punto incluso de requerirla). Por eso pueden mantenerse erguidos y hasta hablar de un modo (más o menos) coherente aun después de consumir mucho más alcohol del que la persona media podría resistir (véase el capítulo 8).

No obstante, el alcohol que las personas con alcoholismo han consumido no deja de tener un efecto en su sistema de la memoria, y si hay suficientes niveles del mismo encharcados en su cabeza, puede provocar un «cierre» total de la formación de recuerdos *aun cuando ellas continúen hablando y comportándose de manera normal* gracias a la tolerancia que han adquirido. No mostrarán ningún síntoma externo de estar sufriendo problema alguno, pero, diez minutos después, no recordarán nada de lo que estaban diciendo o haciendo diez minutos antes. Es como si se hubieran dejado los controles de un videojuego sobre el sofá y otra persona hubiera venido y los hubiera tomado en su lugar: a cualquiera que estuviera viendo la pantalla del juego le parecerá que este continúa igual y sin interrupciones, pero el jugador original no tendrá ni idea de qué ha pasado con su partida mientras él estaba en el baño.[18]

De manera que sí, el alcohol altera el sistema memorístico. Pero, en circunstancias muy determinadas, puede incluso *ayudarnos* a rememorar cosas. Me refiero al fenómeno conocido como recuperación (de recuerdos) «dependiente de estado».

Ya nos hemos referido a cómo el contexto externo puede ayudarnos a rememorar un recuerdo, pues más capaces seremos de evocar este si nos hallamos en el mismo entorno en el que fue adquirido originalmente. Pero —y ahí radica lo realmente ingenioso del caso— esto también es válido para el contexto *interior,* el «estado» de la persona en aquel momento (de ahí que digamos que es una memoria «dependiente de estado»)[19]. Dicho en términos muy simples, sustancias como el alcohol o los estimulantes o cualquiera otra que altera la actividad cerebral, causan un estado neurológico específico. Cuando el cerebro tiene que soportar de pronto dosis excesivas de una sustancia atosigadora para él, se halla en una situación que no le pasa inadvertida, como tampoco se nos pasaría por alto a nosotros que la habitación en la que dormimos se llenase de repente de humo.

76

Lo mismo puede decirse del estado de ánimo: si aprendimos algo cuando estábamos de mal humor, es más probable que lo recordemos después si volvemos a estar de malas que si estamos de buenas. Simplificaríamos mucho (muchísimo) las cosas si describiéramos los estados de ánimo y sus trastornos en términos de meros «desequilibrios químicos» del cerebro (a pesar de que eso es lo que hacen muchos entendidos en el tema), pero lo cierto es que los niveles globales de actividad química y electroquímica que son causa y efecto de un estado de ánimo concreto representan algo que el cerebro puede reconocer... y que reconoce. De ahí que el contexto en el *interior* de nuestra cabeza sea potencialmente igual de útil que el del *exterior* a la hora de despertar recuerdos.

El alcohol perturba los recuerdos, pero solo a partir de cierto punto; es perfectamente posible «entonarse» con unas pocas cervezas o copas de vino, y acordarse de todo al día siguiente. Pero si nos contaran algún chisme o alguna información útil tras un par de copas de vino, nuestro cerebro codificaría ese estado de ligera embriaguez como una parte más del recuerdo, por lo que sería más capaz de recuperarlo en otro momento (de una noche diferente, quiero decir) en el que hubiéramos bebido también un número parecido de copas.

Les ruego que no interpreten esto como si estuviera extendiendo un aval científico a la práctica de beber generosamente cuando estudien para un examen o para una prueba memorística. Presentarse borracho a un examen bastará por sí solo para contrarrestar cualquier mínima ventaja memorística que eso pudiera concederles por otro lado, sobre todo, si hablamos del examen para obtener el carnet de conducir.

Pero queda aún alguna esperanza para los estudiantes desesperados: la cafeína afecta al cerebro y produce un estado interior específico que puede ayudar a despertar recuerdos, y, de hecho, muchos estudiantes se pasan noches enteras «empollando» para sus exámenes manteniéndose insomnes a base de cafeína. Pues sepan que, en ese caso, si se presentan en el examen en cuestión estimulados en parecida medida por un exceso de cafeína, podrían ayudarse a sí mismos a recordar algunos de los detalles más importantes de sus apuntes.

No se puede decir que existan pruebas irrefutables que sostengan esa tesis, pero reconozco que yo mismo empleé en una ocasión esa táctica (aun sin saberlo) cuando estudiaba en la universidad y me quedé despierto toda una noche repasando para un examen que me tenía especialmente preocupado. Necesité mucho café para aguantar en vela; luego, me bebí también una taza extragrande justo antes de empezar el examen para asegurarme de que me mantendría consciente todo el rato. Al final, terminé sacando una nota de 73 sobre 100, una de las más altas de mi curso.

De todos modos, yo no recomendaría ese método como técnica para afrontar exámenes. Sí, obtuve una buena nota, pero también tuve unas ganas locas de ir al baño todo el tiempo, llamé al examinador «papá» cuando le pedí más hojas para completar mis respuestas, y en el camino de vuelta a casa tuve una enfurecida riña... con una paloma.

PUES CLARO QUE ME ACUERDO, ¡FUE IDEA MÍA!
(El sesgo egotista de nuestros sistemas memorísticos)

Hasta ahora, me he dedicado a abordar la cuestión de cómo el cerebro procesa los recuerdos y cómo no es lo que se diría directo/eficiente/sistemático en esa labor. En realidad, son muchos los aspectos en los que el sistema memorístico del cerebro deja mucho que desear. Pero, por lo menos, el resultado final de todo ello es el acceso a una información fiable y precisa, guardada de forma segura en nuestra cabeza para cuando tengamos que utilizarla.

Sería maravilloso si fuera verdad, ¿a que sí? Por desgracia, las palabras «fiable» y «precisa» rara vez pueden aplicarse a la manera de funcionar del cerebro, sobre todo en lo que a la memoria se refiere. Los recuerdos recuperados por el cerebro son comparables a veces con una bola de pelo expectorada por un gato: en ambos casos, se trata del producto de un alarmante proceso de enmarañamiento interno.

Lejos de formar un registro estático de información o de hechos pasados recogidos cual páginas en un libro, nuestros recuerdos son regularmente objeto de retoques y modificaciones con el propósito de adaptarse a las que el cerebro interpreta en cada momento que son nuestras necesidades (por muy apartadas de serlo que estén en realidad). La memoria es sorprendentemente plástica (es decir, flexible, maleable y en absoluto rígida) y son muchas las maneras en que nuestros recuerdos pueden ser modificados, reprimidos o mal atribuidos. Es lo que llamamos un sesgo de memoria. Y los sesgos de memoria están impulsados muchas veces por nuestro ego.

Es evidente que algunas personas tienen egos enormes. Son seres humanos que pueden resultarnos muy memorables por sí solos, aunque únicamente sea por lo mucho que inspiran a personas de lo más normal a imaginarse muchas y muy elaboradas formas de matarlos. Pero incluso aunque la mayoría de los individuos no se caractericen por tener un ego atroz, eso no significa que no tengan un ego, un ego que influye además en la naturaleza y en los detalles de los recuerdos que evocan. ¿Por qué?

Hasta el momento, el tono del libro ha estado en consonancia con el de la mayoría de libros o artículos dedicados al cerebro, que se refieren a él como si fuera un ente autónomo. Hasta cierto punto, es lógico que empleen ese enfoque: cuando se quiere elaborar un análisis científico de algo, es necesario mostrar la máxima objetividad y la máxima racionalidad posibles, y tratar el cerebro como si fuera un órgano más (como el corazón o el hígado) ayuda a ello.

Pero lo cierto es que no lo es. Su cerebro es *usted*. Y es ahí donde el objeto de estudio rebasa el ámbito estrictamente biológico o médico para penetrar en ciertas áreas filosóficas. Como individuos, ¿realmente no somos más que el producto de una masa de neuronas chispeantes o consistimos en algo más que la suma de nuestras partes? ¿Es realmente la mente un producto del cerebro o es más bien un ente separado, vinculado intrínsecamente a él pero sin que sea exactamente «lo mismo» que él? ¿Qué implicaciones tiene esto para el libre albedrío y para nuestra capacidad de aspirar a metas más elevadas? Estas son preguntas que han mantenido ocupados a un sinfín de pensadores desde que se averiguó que nuestra conciencia reside en el cerebro. (Este último, por cierto, es un detalle que puede parecernos obvio hoy en día, pero, durante muchos siglos, se creyó que el corazón era la sede de nuestras mentes y que el cerebro tenía funciones más insulsas, como la de enfriar la sangre o filtrarla. Aún sobreviven en nuestro lenguaje ciertos ecos de aquella época, como, por ejemplo, cuando recomendamos a alguien «que se guíe por el corazón»)[20].

Estos son análisis y debates para foros distintos de este, pero baste decir al respecto que la interpretación científica y las pruebas disponibles dan muy claramente a entender que nuestra noción del yo y todo lo que la acompaña (la memoria, el lenguaje, las emociones, la percepción, etcétera) está sustentada por ciertos procesos de nuestro cerebro. Todo lo que ustedes o yo somos es un rasgo de sus cerebros o del mío, y por eso buena parte de lo que hacen sus cerebros está dedicado a hacer que ustedes se vean y se sientan lo mejor posible, cual obsequiosos asistentes de una gran celebridad internacional que nunca se separan de ella y que se dedican día y noche a impedir que llegue a oídos de esta toda crítica o publicidad negativa que pueda alterarle el ánimo. Y una de las formas que nuestro cerebro tiene de conseguir algo así es modificando nuestros recuerdos para hacer que cada uno de nosotros se sienta mejor consigo mismo.

Existen numerosos sesgos o fallos de la memoria, muchos de los cuales no parecen ser de naturaleza egotista. Sin embargo, un número sorprendentemente alto de ellos sí parecen serlo en buena medida, especialmente aquel que conocemos simplemente por el nombre de «sesgo egocéntrico», que hace que nuestros recuerdos sean retocados o modificados por el cerebro para presentarnos los acontecimientos de un modo que nos haga quedar mejor[21]. Es lo que sucede, por ejemplo, cuando, al evocar una ocasión en la que formaron parte de una decisión de grupo, las personas tienden a recordar que su participación fue más influyente y su contribución en la decisión final más esencial de lo que realmente fueron.

Uno de los testimonios más tempranos que nos constan de ese fenómeno surgió con motivo del conocido escándalo del Watergate, en el que un denunciante interno contó a los investigadores todo sobre los planes y las conversaciones en las que había participado y en las que se había ideado la conspiración política y el encubrimiento posteriores. Sin embargo, cuando más tarde pudimos escuchar las grabaciones sonoras de aquellas reuniones y leer una transcripción detallada de las conversaciones, vimos que John Dean nos había transmitido la «idea» general de lo que allí había ocurrido, pero que muchas de sus afirmaciones eran alarmantemente inexactas. El problema principal era que se había caracterizado a sí mismo como una influyente figura clave de la planificación de todo aquello, pero las cintas revelaron que su papel era el de un actor de reparto, a lo sumo. No es que se hubiera propuesto engañarnos: simplemente había dado satisfacción a su propio ego. Había «alterado» sus recuerdos para ajustarlos a su noción de la identidad y la importancia personales[22].

No tienen por qué ser situaciones de corrupción de alto nivel (de las que conducen a la caída de Gobiernos enteros) las que desencadenen esas reacciones de nuestra memoria: pueden afectar también a cosas tan nimias como creer que estuvimos mejor en un partido o una competición deportiva de lo que realmente estuvimos, o recordar que pescamos una trucha cuando se trataba en realidad de un mísero pececillo. Lo importante es dejar claro que, cuando eso sucede, no estamos necesariamente ante un ejemplo de alguien que miente o exagera con plena consciencia para impresionar a la gente, sino que, en muchos casos, los que se ven afectados son recuerdos que *ni siquiera contamos a nadie*. Esto último es clave: creemos de verdad que la versión de los hechos guardada en nuestra memoria es precisa e imparcial. Las modificaciones y los retoques aplicados a la misma para imprimir en ella un retrato más favorecedor de nosotros mismos son, en la mayoría de los casos, totalmente inconscientes.

Existen otros sesgos de la memoria que pueden atribuirse al ego. Hay, por ejemplo, un sesgo de apoyo a nuestras elecciones pasadas, que es el que se produce cuando, tras haber seleccionado una entre varias opciones, recordamos que esa era la mejor de las disponibles, aun cuando no lo fuera realmente en el momento en que la elegimos[23]. Cada una de esas opciones podría haber sido prácticamente idéntica en cuanto al peso relativo de las ventajas y los inconvenientes vistos de antemano, pero el cerebro modifica nuestro recuerdo para minimizar los aspectos positivos potenciales de las opciones rechazadas e impulsar los de la seleccionada finalmente, haciendo que nos sintamos satisfechos con la elección aun cuando en realidad lo hiciéramos totalmente al azar.

También existe el llamado efecto de autogeneración, que es el que se produce cuando se nos da mejor recordar cosas que nosotros mismos hemos dicho que otras dichas por otras personas[24]. Nadie puede estar nunca seguro de cuán correcto o sincero está siendo otro hablante, pero de nosotros mismos sí que lo estamos cuando decimos algo, y lo mismo le ocurre a nuestra memoria.

Más alarmante resulta el sesgo racial que hace que muchas personas tengan problemas para recordar e identificar a personas de razas diferentes a la suya propia.[25] El ego no es precisamente sutil ni considerado y puede expresarse de formas tan burdas como priorizando o destacando a personas del mismo origen racial (o similar) sobre otras que no lo son, simplemente porque considera que el propio es «el mejor». Puede que usted no tenga esa opinión consciente en absoluto, pero su subconsciente no siempre es tan sofisticado.

Tal vez haya oído alguna vez aquello de lo fácil que es ver las cosas «a toro pasado», sobre todo referido negativamente a quien dice *post facto* que ya sabía que lo que ha sucedido iba a suceder. Se da por sentado generalmente que la persona que así habla exagera o miente, porque no hizo uso de ese conocimiento previo cuando realmente habría sido útil que lo utilizara. Por ejemplo: «Si tan seguro estabas de que Barry había bebido, ¿por qué dejaste que te llevara en coche al aeropuerto?».

Aunque no cabe duda de que algunas personas exageran así lo enteradas que siempre están de las cosas para parecer más inteligentes y mejor informadas, existe en realidad un sesgo retrospectivo en la memoria porque recordamos sinceramente hechos pasados como si fueran predecibles ya desde un principio, aun cuando jamás tuvimos la más mínima oportunidad realista de preverlos en su momento[26]. Tampoco en ese caso se trata de ninguna invención con un propósito intencionado de autobombo, sino tan solo del hecho de que nuestros recuerdos parecen sustentar realmente esa noción. El cerebro altera los recuerdos para que potencien nuestro ego, lo que nos hace sentir como si estuviéramos mejor informados (y hubiéramos tenido la situación bajo un mayor control) desde el principio.

¿Y qué me dicen del *fading-affect bias* (o FAB, traducible como sesgo de olvido por componente afectivo)[27], por el que tendemos a perder más rápidamente recuerdos de hechos afectivamente negativos para nosotros que de los positivos? Los recuerdos en sí pueden mantenerse intactos, pero su componente emotivo puede desvanecerse con el tiempo y, por lo que parece, en general, las emociones desagradables se desvanecen más rápido que las agradables. Es obvio que al cerebro le gusta que nos pasen cosas gratas y que no se detiene demasiado en otras experiencias más «alternativas», llamémoslas así.

Estos son solo algunos de los sesgos que pueden considerarse muestras de cómo nuestro ego se impone a la exactitud. Sencillamente, es algo que nuestros cerebros hacen continuamente. Pero ¿por qué?*. ¿Acaso no nos sería mucho más útil tener un recuerdo preciso de los hechos que manejar una distorsión interesada desde el punto de vista de nuestra autoestima?

Sí y no. Solo algunos sesgos tienen esa relación evidente con el ego; hay otros que tienen justamente la contraria. Algunas personas evidencian efectos como el de la «persistencia», que, en este caso, es lo que sucede cuando no dejan de tener recuerdos recurrentes de un suceso traumático en sus vidas, por mucho que ellas no tengan el más mínimo deseo de pensar en aquello[28]. Se trata de un fenómeno muy común que no tiene por qué ser algo especialmente perjudicial o alarmante. Cualquiera de nosotros podría ir por la calle de camino a algún sitio, sin pensar en nada en particular, cuando, de pronto, el cerebro nos dijera: «¿Te acuerdas de cuando pediste a aquella chica que saliera contigo en la fiesta del colegio y ella se rio en tu cara delante de todo el mundo y tú quisiste marcharte de allí a toda prisa, de lo violento que te sentías, pero chocaste con una mesa que había justo detrás y terminaste cayéndote sobre los pasteles?». De repente, nos invade aquel mismo bochorno y vergüenza de antaño por culpa de un recuerdo de veinte años atrás, y sin venir a cuento. Otros sesgos, como la amnesia infantil o la dependencia del contexto, indican la presencia de limitaciones o inexactitudes debidas al funcionamiento tan especial que tiene el sistema de la memoria, sobre todo relacionado con el ego.

---

* El *cómo* lo hace exactamente es ya harina de otro costal. Es algo que no se ha determinado todavía, y los detalles referidos a la influencia consciente sobre la codificación y la recuperación de recuerdos, sobre el filtrado interesado de las percepciones, y sobre numerosos procesos relevantes más que tal vez tengan un papel en todo ello, probablemente merecerían un largo y sesudo libro por sí solos.

También es importante recordar que los cambios causados por estos sesgos de la memoria no representan grandes transformaciones, sino que son (normalmente) bastante limitados. Puede que usted recuerde haberlo hecho mejor en una entrevista de trabajo de lo que realmente lo hizo, pero no recordará haber conseguido el puesto si de verdad no se lo dieron. El sesgo egotista del cerebro no es tan potente como para crear realidades diferentes: solo se ciñe a retocar y ajustar un poco la recuperación de los recuerdos de sucesos pasados, sin crear otros nuevos.

Pero ¿por qué siquiera tendría que hacer algo así? Pues, en primer lugar, porque los seres humanos necesitamos tomar muchas decisiones y tener cierto grado de confianza a la hora de tomarlas facilita mucho esa tarea. El cerebro construye un modelo de cómo funciona el mundo para manejarnos por él y necesita estar seguro de que es un modelo correcto (véase más sobre este tema en el capítulo 8, concretamente en la sección dedicada a los «delirios»). Si usted tuviera que sopesar toda posible consecuencia de cada elección que tomara, consumiría una cantidad excesivamente elevada de tiempo. Eso es algo que puede evitar si confía suficientemente en sí mismo y en sus facultades para elegir con acierto.

En segundo lugar, *todos* nuestros recuerdos se forman desde un punto de vista personal, subjetivo. La única perspectiva e interpretación de que disponemos cuando nos formamos juicios es la nuestra propia. Eso puede inducirnos a que nuestras memorias den mayor prioridad a aquellas ocasiones en las que nuestro criterio fue el «acertado» que a aquellas otras en que no lo fue, hasta el punto de que nuestra capacidad de juicio se vea protegida y reforzada en nuestra memoria aun cuando no haya sido siempre estrictamente correcta.

Añadido a lo anterior, hay que tener en cuenta que la sensación de autoestima y de haber logrado cosas importantes es una parte integral del funcionamiento normal de los seres humanos (véase el capítulo 7). Cuando las personas pierden la autoestima —por ejemplo, cuando sufren una depresión clínica—, pueden padecer un verdadero debilitamiento general. Pero incluso cuando funciona con normalidad, el cerebro es proclive a preocuparse y a hacer demasiado hincapié en los resultados negativos (por ejemplo, cuando no podemos dejar de pensar en qué *podría* haber pasado a raíz de un hecho importante, como una entrevista de trabajo, aun a pesar de que no pasó: un proceso conocido como pensamiento o razonamiento contrafáctico)[29]. Para funcionar con normalidad, es importante contar con cierto grado de confianza en uno mismo y de ego, aunque sean inducidos artificialmente por medio de recuerdos manipulados.

Habrá a quienes la idea de que nuestros recuerdos no son fiables por culpa de nuestro ego les resulte especialmente alarmante. Si eso es así para todas las personas, ¿podemos fiarnos realmente de lo que diga nadie?, se preguntarán. ¿No estaremos recordando todos las cosas mal por culpa de tanto auto-halago subconsciente? Por suerte, lo más probable es que no haya necesidad alguna de que cunda el pánico: muchas cosas se hacen de manera adecuada y eficiente de todos modos, así que los sesgos egotistas parecen ser relativamente inofensivos en conjunto. De todos modos, quizá sea prudente conservar un cierto grado de escepticismo siempre que oigamos a alguien dándose algo de autobombo.

Por ejemplo, en esta sección misma, yo he intentado impresionarles a ustedes, lectores, explicando que memoria y ego están interconectados. Pero ¿y si simplemente he ido recordando aquí cosas que confirman mi idea y he ido olvidando las que no? He hablado, por ejemplo, de la existencia de un efecto de autogeneración, por el que, debido al ego, las personas recuerdan mejor aquellas cosas que ellas mismas dijeron que otras que dijeron otras personas. Pero habría también una explicación alternativa de eso mismo que vendría a decir que lo que nosotros decimos implica un grado mucho mayor de participación de nuestro propio cerebro, que ha tenido que pensar lo que íbamos a decir, procesarlo, activar los gestos y movimientos físicos para decirlo, escuchar cómo lo decíamos, juzgar las reacciones: parece incluso *obvio,* entonces, que recuerde mejor lo que dijo la propia persona que lo que dijeran otras.

Otro ejemplo: el sesgo de apoyo a nuestras elecciones pasadas, por el que recordamos que lo que elegimos en su momento fue «lo mejor» que podíamos elegir, ¿es un ejemplo de ego o es el modo que tiene nuestro cerebro de impedir que nos entretengamos demasiado con posibilidades que no se materializaron y que ya no se pueden materializar? A fin de cuentas, ese obsesionarse con lo que pudo ser y no fue es algo que los seres humanos hacemos a menudo y que consume una valiosa energía sin que, en la gran mayoría de los casos, extraigamos beneficio apreciable de ello.

¿Y qué decir del efecto «transracial», que es el que observamos cuando las personas tienen dificultad para recordar los rasgos de otras si estas no son de su misma raza? ¿Es una oscura manifestación de una preferencia egotista o la consecuencia de haber sido criados entre gente de nuestra propia raza, con lo que nuestro cerebro tiene ya mucha más práctica distinguiendo entre personas que son racialmente similares a nosotros?

Hay explicaciones alternativas a la del ego para todos los sesgos antes mencionados. Entonces, ¿acaso es toda esta sección el resultado de mi propio ego desbocado? No, la verdad es que no. Son muchos los indicios y las pruebas que apoyan la conclusión de que el sesgo egocéntrico es un fenómeno genuino: por ejemplo, los estudios que indican que las personas están casi siempre más prestas a criticar sus propios actos de muchos años atrás que otras acciones suyas más recientes, muy probablemente porque sus actos recientes representan un retrato mucho más próximo de cómo son ahora mismo, y como cuestionar eso se acerca demasiado a la autocrítica, tienden a reprimirlo o a pasarlo por alto[30]. Los humanos manifestamos incluso cierta tendencia a criticar nuestra personalidad «pasada» y a elogiar la «presente», aun cuando no haya habido ninguna mejora o cambio real en ella («no aprendí a conducir de adolescente porque era demasiado vago, pero ahora no he aprendido todavía porque estoy siempre muy ocupado»). Esta crítica de nuestro yo pasado podría parecer contradictoria con la idea de un sesgo de memoria egocéntrico, pero lo cierto es que sirve para enfatizar cuánto ha mejorado y crecido nuestra persona presente y, por tanto, acumular motivos para sentirnos orgullosos de nosotros mismos.

El cerebro corrige recuerdos con regularidad para hacerlos más favorecedores, sea cual sea la lógica que explique esa tendencia, y estas enmiendas y retoques pueden terminar volviéndose autosuficientes. Si una persona recuerda y/o describe un hecho de un modo que resalta ligeramente su participación en él (por ejemplo, pensando que pescó la pieza más grande de todas las que se pescaron en una excursión de su grupo de amigos cuando, en realidad, solo capturó la tercera más grande), ese recuerdo existente pasa a ser «actualizado» en la práctica con cualquiera de esas nuevas modificaciones (es posible que la modificación en cuestión sea un hecho nuevo, por ejemplo, pero que esté estrechamente ligado al recuerdo ya existente y, por eso, el cerebro tenga que conciliarlos de algún modo). Y eso mismo sucederá de nuevo la próxima vez que lo recordemos. Y la siguiente, y así en lo sucesivo. Es una de esas cosas que pasan sin que lo sepamos o nos demos cuenta, y el cerebro es tan complejo que a menudo existen varias explicaciones diferentes para el mismo fenómeno, todas simultáneas, todas igualmente válidas.

El lado positivo de todo esto es que, aun si usted no ha acabado de entender del todo a qué me estaba refiriendo en los párrafos anteriores, lo más probable es que recuerde que sí lo entendió, así que el resultado será el mismo. Buen trabajo.

¿Dónde estoy?... ¿Quién soy?
(Cuándo y cómo puede estropearse el sistema de la memoria)

En este capítulo hemos abordado algunas de las propiedades más impresionantes y extravagantes del sistema memorístico del cerebro, pero en todo momento hemos dado por supuesto que la memoria funcionaba con «normalidad» (por así decirlo). Pero ¿y si se estropea? ¿Qué puede trastocar el funcionamiento del sistema cerebral de la memoria? Ya hemos visto que el ego puede distorsionarla, pero difícilmente llega nunca a hacerlo hasta el punto de crear, en realidad, nuevos recuerdos de cosas que no sucedieron. Con esto he intentado tranquilizarles. Ahora sabotearé mi propio esfuerzo anterior recordándoles que «difícilmente» no es lo mismo que «nunca».

Tomemos el caso de los «falsos recuerdos». Los falsos recuerdos pueden ser muy peligrosos, sobre todo si nos hacen evocar algo terrible. Se conocen casos de psicólogos y psiquiatras posiblemente bienintencionados que, al parecer, tratando de recuperar recuerdos reprimidos en pacientes, han terminado *creando* de la nada (y, supuestamente, por accidente) esos terribles recuerdos que se proponían «descubrir». Esto sería el equivalente en psicología a envenenar el suministro de agua de un hogar o una población.

Lo más preocupante es que una persona no tiene por qué sufrir problemas psicológicos previos para tener recuerdos falsos creados de cero en su cabeza: es algo que puede sucederle prácticamente a cualquiera. Tal vez nos parezca absurdo que alguien pueda implantar recuerdos falsos en nuestro cerebro simplemente por hablar con nosotros, pero, desde un punto de vista neurológico, no es una posibilidad tan descabellada. Todo apunta a que el lenguaje es fundamental para nuestro modo de pensar, y basamos gran parte de nuestra visión del mundo en lo que otras personas nos digan y opinen de nosotros (véase el capítulo 7).

Gran parte de la investigación realizada sobre los recuerdos falsos está centrada en los testimonios de testigos oculares[31]. En causas judiciales importantes, hay vidas inocentes que podrían cambiar para siempre por culpa de que uno o más testigos recordaran erróneamente un simple detalle, o se acordaran de algo que no ocurrió.

Las declaraciones de testigos presenciales son valiosas en un juzgado, pero ese es precisamente uno de los peores escenarios en los que obtenerlas. Se trata de lugares donde se respira a menudo un ambiente muy tenso e intimidante, y en el que el propio procedimiento judicial se encarga de hacer muy conscientes de la seriedad de la situación a quienes testifican, pues estos han de jurar que dirán «la verdad, toda la verdad y nada más que la verdad», y rematar la frase invocando a la Divina Providencia: «y que Dios me ayude». ¿Jurar ante un juez que no vamos a mentir e invocar al supremo creador del universo para que nos apoye en tal empeño? Esas no son circunstancias relajadas e informales, que digamos, y probablemente estresan y descentran considerablemente a quienes tienen que pasar por ellas.

Las personas tendemos a dejarnos sugestionar por aquellas otras en quienes reconocemos unas figuras de autoridad, y si algo han detectado reiteradamente los estudios sobre este tema, es que, cuando a las personas se las interpela acerca de sus recuerdos, la naturaleza de la pregunta puede influir muchísimo en qué recuerdan o no. La estudiosa de este fenómeno más conocida es la profesora Elizabeth Loftus, que ha investigado extensamente el tema[32]. Ella misma cita con regularidad los preocupantes casos de individuos en cuya memoria se han «implantado» (de forma presuntamente accidental) recuerdos traumáticos mediante métodos terapéuticos cuestionables y poco contrastados. Un caso particularmente famoso fue el de Nadine Cool, una mujer que, en los años ochenta, se sometió a terapia para superar una experiencia traumática y terminó recordando con gran riqueza de detalles haber participado en una secta satánica asesina. Aquello nunca había ocurrido, en realidad, por lo que, al final, demandó por ello a su terapeuta y obtuvo de este una indemnización de millones de dólares[33].

La investigación de la profesora Loftus recoge detalles de diversos estudios que consistían en mostrar unos vídeos de accidentes de tráfico o de incidentes similares a personas a las que, acto seguido, se hacían preguntas sobre lo que habían observado en ellos. Pues, bien, resulta que (según se deduce de los mencionados estudios de Loftus y de los de otros investigadores) la estructura de las preguntas influye directamente en lo que un individuo puede recordar[34]. Esta es una observación especialmente relevante en el caso de los testimonios de los testigos presenciales de unos hechos.

En condiciones concretas, como cuando una persona está tensa o angustiada y es interpelada por alguien investido de autoridad (un fiscal o un abogado en una vista judicial ante un tribunal, por ejemplo), las palabras textuales que se digan pueden «crear» un recuerdo. Por ejemplo, si el abogado pregunta: «¿Estaba el acusado en las inmediaciones de la quesería en el momento en que se produjo el gran robo de cheddar?», el testigo puede responder sí o no, según lo que recuerde. Pero si el abogado le pregunta: «¿En qué lugar concreto de la quesería estaba el acusado en el momento en que se produjo el gran robo de cheddar?», le estará afirmando que el acusado *estaba allí sin duda*. El testigo tal vez no recuerde haber visto al acusado, pero la pregunta, formulada como un hecho por una persona de estatus más elevado, induce al cerebro a dudar de su propio registro de lo acontecido en el pasado y a ajustarlo en la práctica para que case mejor con los nuevos «hechos» presentados por tan «fiable» fuente. El testigo puede acabar diciendo algo como «creo que estaba de pie junto al gorgonzola», y decirlo en serio, aun cuando no fuera eso lo que realmente presenció en su momento. Que algo tan fundamental para nuestra sociedad presente una vulnerabilidad tan flagrante es ciertamente desconcertante. Una vez me pidieron que testificara ante un tribunal que todos los testigos de la fiscalía simplemente podían estar manifestando recuerdos falsos. No lo hice, pues me preocupaba que, de haberlo hecho, hubiera estado destruyendo sin querer el sistema judicial en su conjunto.

Vemos, pues, lo fácil que resulta alterar la memoria *cuando funciona con normalidad*. Pero ¿y cuando lo que hay en realidad es un problema de funcionamiento en los mecanismos cerebrales encargados de la memoria? Pueden ser varios los problemas de ese tipo y ninguno de ellos resulta especialmente agradable para quien lo padece.

En un extremo de esa escala de trastornos, estarían los daños cerebrales graves, como los ocasionados por enfermedades neuro-degenerativas agresivas como la de Alzheimer. El alzheimer (y otras formas de demencia) es consecuencia de una muerte celular gene-ralizada y extendida por todo el cerebro que causa múltiples sín-tomas, de los que el más conocido es una imprevisible pérdida y alteración de la memoria. El motivo exacto por el que eso ocurre no se sabe con seguridad, pero una teoría actualmente muy acep-tada sitúa su origen en la formación de enredos neurofibrilares[35].

Las neuronas son células largas y ramificadas, y cada una de ellas tiene lo que básicamente es un «esqueleto» (un citoesquele-to, para ser más exactos) compuesto de largas cadenas de proteí-nas. Estas cadenas prolongadas se llaman neurofilamentos y varios de ellos combinados en una estructura «más fuerte», como las hebras que forman una cuerda, componen una neurofibrilla. Estas sirven de soporte estructural a la célula y contribuyen al transporte de sustancias importantes de un lado a otro de la mis-ma. Pero, por alguna razón, en algunas personas, estas neurofi-brillas dejan de estar dispuestas en secuencias ordenadas y termi-nan enredándose como una manguera tras cinco minutos regando de un lado a otro por un jardín. Podría ser una pequeña (pero cru-cial) mutación en un gen relevante la causante de que las proteínas pasen a desplegarse conforme a patrones impredecibles; podría tratarse de algún otro proceso celular (actualmente desconocido) que vaya haciéndose más habitual a medida que envejecemos. El caso es que ese enmarañamiento microfibrilar perturba grave-mente el funcionamiento de la neurona, asfixia el tránsito de sus procesos esenciales y finalmente ocasiona su muerte. Y no es un fenómeno localizado, sino que se extiende por todo el cerebro y afecta a casi todas las áreas implicadas en la memoria.

Ahora bien, los daños en la memoria no tienen por qué ser causados por problemas originados a nivel celular. Los ictus, que son interrupciones del riego sanguíneo del cerebro, son también particularmente dañinos para la memoria; el hipocampo, área encargada de codificar y procesar todos nuestros recuerdos en todo momento, es una región neurológica muy intensiva en el consumo de recursos y requiere de un suministro ininterrumpido de nutrientes y metabolitos. De combustible, para que nos entendamos. Un ictus puede cortar ese suministro, aunque sea de forma breve, y actuar así como quien desconecta la batería de un ordenador portátil. La brevedad es un factor irrelevante en ese caso: el daño ya estará hecho. El sistema de la memoria ya no volverá a funcionar igual de bien a partir de entonces. Aunque siempre queda alguna esperanza, pues el ictus tiene que ser especialmente fuerte o preciso para ocasionar problemas de memoria graves (a fin de cuentas, la sangre tiene muchas vías por las que llegar finalmente a los diversos rincones del cerebro)[36].

Existen diferencias entre los ictus «unilaterales» y los «bilaterales». Dicho en términos muy simples, el cerebro tiene dos hemisferios y ambos cuentan con un hipocampo; si un ictus afecta a ambos, resulta devastador, pero si afecta solamente a uno de los dos hemisferios, puede ser más tratable. Mucho hemos aprendido sobre el sistema de la memoria humana gracias a pacientes que han sufrido déficits de memoria de grado diverso a raíz de accidentes cerebrovasculares (ictus, para que nos entendamos) o incluso lesiones extrañamente precisas y localizadas. Uno de esos casos particulares que ha sido mencionado en estudios científicos sobre la memoria es el de una persona que sufrió una amnesia porque un taco de billar introducido por la nariz —no se sabe muy bien cómo— le dañó físicamente el cerebro[37]. Para que luego digan que hay deportes que no son «de contacto».

Incluso ha habido casos en los que se han extraído quirúrgicamente las partes del cerebro encargadas de procesar los recuerdos. De hecho, fue así como se supo originalmente qué áreas cerebrales eran las responsables de la memoria. En tiempos en los que aún no existían los escáneres cerebrales ni otras flamantes tecnologías modernas, vivió un paciente, llamémosle el paciente HM, que sufría una grave epilepsia del lóbulo temporal, lo que significa que las áreas de su lóbulo temporal le provocaban extenuantes ataques con tal frecuencia que sus médicos decidieron que había que extirpárselo. La intervención fue un éxito y los ataques terminaron. Por desgracia, aquello también fue el fin para su memoria a largo plazo. A partir de entonces, el paciente HM ya no fue capaz de rememorar nada anterior a los meses inmediatamente previos a la operación. Podía recordar cosas que le habían sucedido menos de un minuto antes, pero luego las olvidaba. Fue así como se supo que el lóbulo temporal era el lugar del cerebro donde se formaban todos los recuerdos y la memoria[38]. Hoy en día, seguimos estudiando a los pacientes afectados por amnesia hipocampal, y seguimos descubriendo continuamente funciones del hipocampo que transcienden las que ya se conocían. Por ejemplo, un estudio reciente, de 2013, da a entender que ciertos daños hipocampales obstaculizan la capacidad para el pensamiento creativo[39]. Tiene lógica: debe de ser más difícil tener creatividad cuando no se pueden retener recuerdos y combinaciones de estímulos interesantes, ni es posible acceder a ellos.

Pero seguramente tan interesantes como los sistemas memorísticos que el paciente HM perdió con su operación fueron aquellos otros que *no perdió*. Es evidente que conservó su memoria a corto plazo, si bien la información así adquirida ya no tenía otro sitio adonde ir, por lo que se desvanecía enseguida. También podía aprender nuevas habilidades motoras y aptitudes como técnicas de dibujo específicas, pero cada vez que se le examinaba sobre una habilidad concreta, él se mostraba convencido de que era la primera vez que la probaba, a pesar de demostrar gran destreza en ella. Estaba claro, pues, que ese recuerdo inconsciente se procesaba en otro lugar del cerebro y por medio de mecanismos diferentes: otro lugar que la cirugía no había afectado*.

Los culebrones televisivos pueden hacernos creer que la «amnesia retrógrada» (es decir, la incapacidad para evocar recuerdos adquiridos antes de que se produjera un trauma determinado) es un fenómeno de lo más común. Normalmente, en esas series, un personaje se da un golpe en la cabeza (se cae y se contusiona en un inesperado —y poco creíble— giro argumental, por ejemplo) y cuando recobra la consciencia, pregunta en voz alta: «¿Dónde estoy?, ¿quiénes son ustedes?» y poco a poco va dán-

---

* Un profesor universitario me dijo una vez que una de las pocas cosas que HM sí aprendió fue dónde se guardaban las galletas. Pero nunca se acordaba de que acababa de comer algunas antes y seguía yendo a buscar más. Jamás volvió a adquirir recuerdos nuevos, pero sí adquirió peso. Eso es algo que yo no puedo confirmar: no he descubierto informaciones ni pruebas directas de que fuera así. Sin embargo, existe un estudio realizado por Jeffrey Brunstrom y su equipo de investigadores de la Universidad de Bristol con sujetos participantes en un experimento al que se les pedía que llegaran con hambre. Una vez allí, se les decía que se les alimentaría, o bien con quinientos mililitros de sopa, o bien con trescientos mililitros. Luego se les administraban las mencionadas cantidades de comida. Pero, gracias a un ingenioso mecanismo bombeador/extractor muy bien disimulado, a algunos de los sujetos a quienes se daba trescientos mililitros se les llenaba la tripa en secreto para que consumieran realmente quinientos, mientras que a otros a quienes se daban quinientos mililitros de entrada, se les extraía luego comida en secreto para que, al final, solo hubieran ingerido trescientos mililitros[40].

El interesante hallazgo de ese estudio fue que la cantidad realmente consumida resultaba irrelevante. Era la cantidad que el sujeto *recordaba* haber ingerido (por errónea que fuera realmente) la que dictaba cuándo volvía a tener hambre. Así, quienes creían haber comido trescientos mililitros de sopa, pero habían ingerido en realidad quinientos, decían sentirse hambrientos de nuevo mucho antes que quienes pensaban que habían consumido quinientos pero realmente habían comido trescientos. Es evidente que la memoria puede anular las señales fisiológicas reales cuando se trata de determinar la sensación de apetito, por lo que cabe suponer también que una alteración grave del sistema memorístico bien puede tener un efecto acusado sobre la dieta del individuo.

setenta y ocho años). Si alguno de ustedes ha visto la película *Memento,* sabrá a qué me refiero. Y si vio *Memento* pero no se acuerda ya de qué iba, no le servirá de mucha ayuda como ejemplo (pero tendrá que reconocer lo irónica que resulta su situación).

Hasta aquí un breve repaso de las muchas cosas que pueden estropearse en los procesos memorísticos del cerebro por culpa de una lesión, una intervención quirúrgica, una enfermedad, una bebida, o cualquier otra cosa. Pueden producirse tipos muy concretos de amnesia (una amnesia que haga, por ejemplo, que olvidemos el recuerdo de sucesos o acontecimientos, pero no de hechos o datos) y algunos déficits de memoria no tienen una causa física reconocible (hay amnesias que se consideran puramente psicológicas, originadas en un estado de negación o de reacción a unas experiencias traumáticas).

¿Cómo es posible que un sistema tan enrevesado, confuso, incoherente, vulnerable y frágil tenga utilidad alguna para nosotros? Pues simplemente porque, la mayoría del tiempo, *funciona.* Sigue siendo una maquinaria asombrosa y dotada de una capacidad y una adaptabilidad que pone en evidencia hasta a los más modernos superordenadores. La flexibilidad y la extraña organización inherentes a dicho sistema son elementos que han resultado de una evolución de millones de años, así que ¿quién soy yo para ponerlos en entredicho? La memoria humana no es perfecta, pero sí es suficientemente buena.

3
EL MIEDO, NADA QUE TEMER

*Las muchas maneras que encuentra el cerebro de
tenernos constantemente asustados*

¿Qué le preocupa en este instante? Montones de cosas, probablemente.

¿Tiene ya todo para la fiesta de cumpleaños de su hijo (que es dentro de nada)? ¿Está yendo ese gran proyecto de trabajo todo lo bien que podría? ¿Subirá la factura del gas más de lo que usted puede pagar? ¿Cuándo llamó a su madre por última vez: estará bien? No hay manera de que se vaya ese dolor de cadera, ¿está seguro de que no es artritis? Esa carne picada que sobró del otro día lleva ya una semana en la nevera: ¿y si alguien la come y se intoxica? ¿Por qué me pica el pie? ¿Recuerda aquella vez, cuando tenía nueve años, en que se le cayeron los pantalones en el colegio: y si la gente todavía se acuerda de aquello? ¿No le parece que el coche no tira bien? ¿Qué es ese ruido? ¿Es una rata? ¿Y si tiene la peste? ¿Cómo iba a creerle su jefe si le llamara diciéndole que no puede trabajar por haber enfermado de algo así? Y sigue, y sigue, y sigue.

Como ya vimos anteriormente, en la sección sobre la respuesta de lucha o huida, nuestro cerebro está especialmente diseñado para figurarse amenazas potenciales. Uno de los posibles inconvenientes de nuestra sofisticada inteligencia es que la etiqueta «amenaza» no es exclusiva de unos peligros en concreto. En un determinado punto de nuestro nebuloso pasado evolutivo, se refería únicamente a riesgos reales, físicos, que ponían en peligro la vida del individuo, porque el mundo estaba básicamente lleno de ellos. Pero hace ya mucho tiempo que nuestras vidas no son así. El mundo ha cambiado, pero nuestros cerebros no se han puesto aún al día de la realidad humana de los últimos siglos y pueden inquietarse con *cualquier* cosa, literalmente. La extensa lista del inicio del capítulo no es más que la minúscula puntita del colosal iceberg neurótico creado por nuestros cerebros. Todo aquello que pueda tener una consecuencia negativa, por pequeña o subjetiva que resulte, es clasificado como «preocupante». Y, a veces, ni siquiera es necesario pasar por ese proceso clasificador. ¿Alguna vez ha evitado pasar por debajo de una escalera, o se ha tirado un puñadito de sal por encima del hombro, o se ha quedado en casa un martes 13? Pues si es así, presenta todos los síntomas de ser una persona supersticiosa: alguien que se estresa de verdad por situaciones o procesos *que carecen de toda fundamentación real*. Ello le lleva a seguir comportamientos que, considerados con un mínimo de realismo, no pueden tener efecto alguno en la evolución de los acontecimientos y que solo le sirven para que usted se *sienta* más seguro.

También podemos dejarnos absorber por las llamadas teorías conspirativas, disgustándonos o volviéndonos incluso paranoicos por cosas que, aunque técnicamente posibles, resultan tan improbables como inverosímiles. Y nuestro cerebro puede crear fobias que hagan que nos angustie algo que, aun entendiendo que es inofensivo, nos produzca un desproporcionado temor. Puede haber ocasiones, incluso, en las que el cerebro ni se moleste en encontrar motivación alguna para inquietarse sin más y simplemente se preocupe por (literalmente) nada. ¿Cuántas veces no habrá oído a alguien quejarse de que hay «demasiado silencio», o de que algo malo se avecina porque las cosas han estado demasiado tranquilas últimamente? Esa inquietud puede inducir en una persona un trastorno de ansiedad crónica. Y no es más que una de las muchas maneras en que la tendencia del cerebro a preocuparse puede tener unas consecuencias físicas reales en nuestros organismos (presión arterial elevada, tensión, temblores, pérdida/ganancia de peso) y en nuestras vidas en general, pues, obsesionándonos por cosas inocuas, podemos hacernos mucho daño en realidad. Los estudios realizados por organismos como la Oficina de Estadísticas Nacionales (ONS) de Gran Bretaña recogen que una de cada diez personas adultas en el Reino Unido sufrirán un trastorno relacionado con la ansiedad en algún momento de su vida[1], y en su informe «In the Face of Fear» («Ante el miedo») de 2009, UK Mental Health reveló un aumento de 12,8 puntos porcentuales en la incidencia de afecciones ligadas a la ansiedad entre 1993 y 2007[2]. Eso significa cerca de un millón de británicos adultos más que padecen problemas de ansiedad.

¿Quién necesita predadores cuando nuestros crecidos cráneos nos cargan con el peso del estrés persistente?

¿QUÉ TIENEN EN COMÚN LOS TRÉBOLES DE CUATRO HOJAS Y LOS OVNIS?
(El nexo entre la superstición, las teorías conspirativas y otras creencias extrañas)

He aquí unas cuantas trivialidades que quizá les resulten de interés. Verán. Estoy implicado en múltiples conspiraciones en la sombra de personas y organizaciones confabuladas para controlar en secreto la sociedad. Estoy compinchado con las «grandes farmacéuticas» para acabar con todos los remedios naturales, la medicina alternativa y las curas contra el cáncer, y todo por meros intereses lucrativos particulares (y es que, claro, en pocos sitios hay tanto dinero que ganar como con un público potencial de

consumidores entre los que constantemente se registran falleci-
mientos). Formo parte de un complot dirigido a procurar que el
gran público nunca se entere de que los alunizajes de las misiones
espaciales lunares fueron una elaborada farsa. Mi trabajo en el
campo de la salud mental y la psiquiatría no es obviamente otra
cosa que un inmenso tinglado pensado para aplastar el libre pensamiento y forzar la obediencia mental. También soy uno de los
miembros de la gran conspiración de los científicos mundiales
destinada a promocionar mitos como el cambio climático, la evolución, las campañas de vacunación y la esfericidad de la Tierra.
A fin de cuentas, no hay nadie en el planeta que sea más rico y
poderoso que los científicos, y de ahí que no podamos arriesgar-
nos a perder tan privilegiada posición dejando que la gente ave-
rigüe cómo funciona de verdad el mundo.

Tal vez les sorprenda mi participación en tantas conspiraciones al mismo tiempo. Desde luego, a mí me dejó atónito cuando
me enteré. Y lo descubrí por casualidad, gracias al riguroso
esfuerzo de quienes agregan comentarios a muchos de mis artículos en *The Guardian*. Entre insinuaciones diversas de que soy
peor escribiendo de lo que nadie lo haya sido en punto alguno
del tiempo, el espacio y la humanidad, y de que alguien (yo mismo, incluso) debería cometer actos físicos indescriptibles con mi
madre/mis mascotas/mis muebles, hallarán (como yo hallé)
«demostraciones» de mi nefanda y reiterada participación en tan
surtidas conspiraciones.

Al parecer, esas son reacciones que todo aquel que escribe
para alguna plataforma con gran eco mediático debe saber que
inevitablemente suscitará, pero a mí me tenían impactado de
todos modos. Algunas de aquellas teorías de la conspiración ni
siquiera tenían sentido. Cuando escribí una defensa de las personas transgénero como consecuencia de cierto artículo especialmente virulento contra ellas (que no escribí yo, me apresuro a
aclarar), fui acusado de formar parte de una conspiración contra
las personas transgénero (porque no las había defendido con la

suficiente garra) y de una conspiración pro personas transgénero (porque las había defendido). Así que no solo estoy implicado en múltiples conspiraciones, sino que, de paso, también me opongo activamente a mi propia actividad conspirativa.

Es habitual que haya lectores que, tras analizar algún artículo crítico con sus opiniones o creencias actuales, saquen de inmediato la conclusión de que aquello es obra de un poder siniestro empeñado en reprimirlos, y no de un tipo afectado de calvicie prematura que estaba tan tranquilamente sentado en un sofá de Cardiff.

La llegada de internet y la interconexión creciente de la sociedad han dado un gran impulso a las teorías de la conspiración. Hoy es más fácil que las personas encuentren «pruebas» de sus teorías sobre el 11-S o que compartan sus descabelladas conclusiones sobre la CIA y el sida con otras de mentalidad parecida y sin ni siquiera salir de casa.

Las teorías conspirativas no son un fenómeno nuevo[3], así que ¿acaso no podría obedecer a una peculiaridad del cerebro el hecho de que las personas estemos tan dispuestas a dejarnos absorber por figuraciones paranoicas? En cierto sentido, sí, así es. Pero, volviendo al título de la presente sección, ¿qué tiene eso que ver con la superstición? Una cosa es creer que un trébol de cuatro hojas da buena suerte y otra, muy distinta, ir por ahí proclamando que los ovnis son reales y tratar de introducirse ilegalmente en las instalaciones del Área 51, así que ¿cuál es el nexo que las relaciona?

Esa es una pregunta tan irónica como lo es la tendencia a apreciar pautas en aquellas cosas (a menudo no relacionadas entre sí) que conectan las conspiraciones con las supersticiones. Existe, de hecho, un nombre que designa la experiencia de ver conexiones en sitios donde, en realidad, no hay ninguna: apofenia[4]. Por ejemplo, si usted lleva puestos sin querer los calzoncillos del revés y ese mismo día gana dinero con un boleto de lotería de los que se rascan, y a partir de entonces, no compra boletos de ese tipo en los estancos sin haberse puesto la ropa interior del revés antes de salir de casa por la mañana, usted está dejándose llevar por la apofenia. No hay posibilidad en el mundo de que la cara de los calzoncillos que esté en contacto directo con su piel en ese momento afecte al valor de un boleto de lotería, pero usted percibió ese patrón en un momento dado y ha decidido guiarse por él. Es algo parecido a lo que sucede cuando dos personalidades famosas fallecen de causas naturales o en accidentes con menos de un mes de diferencia: eso, por sí solo, puede ser simplemente una desafortunada tragedia, pero si, al fijarnos más detenidamente en la vida de esos dos individuos, descubrimos que ambos eran críticos con un determinado organismo político o con un gobierno y nos convencemos entonces de que han tenido que ser asesinados por ello, experimentaremos apofenia. Es muy probable que, en sus niveles más básicos, toda conspiración o superstición tenga como origen el hecho de que alguien construya una conexión de significado entre sucesos no relacionados entre sí.

No solo las personalidades paranoicas o suspicaces son proclives a ese fenómeno: cualquiera puede experimentarlo. Y es bastante fácil deducir cuál fue seguramente su origen.

El cerebro recibe un torrente constante de información variada a la que tiene que dar un sentido. El mundo que percibimos es el resultado de todo ese procesamiento de datos llevado a cabo por nuestro cerebro. La retina, el córtex visual, el hipocampo, el córtex prefrontal: son muchas las áreas diferentes de las que depende el cerebro para realizar varias funciones distintas pero conjuntas. (Todas esas noticias de prensa sobre «descubrimientos» neurocientíficos en las que se da a entender que cada función cerebral tiene una región específica propia y exclusiva son engañosas. Esa, como mucho, sería solamente una explicación parcial del funcionamiento del cerebro).

Pese a que son numerosas las regiones cerebrales que intervienen en que sintamos y percibamos el mundo que nos rodea, nuestras limitaciones en ese terreno no dejan de ser considerables. Y no es que el cerebro esté mal provisto en cuanto a potencia:

más bien se trata de que somos bombardeados a todas horas por un volumen excepcionalmente denso de información, de la cual solo una poca tiene realmente relevancia para nosotros, y el cerebro dispone de apenas una fracción de segundo para procesarla y convertirla en datos que nos resulten útiles. De ahí que el cerebro se tome no pocos atajos para mantener las cosas (más o menos) bajo control.

Uno de los métodos que sigue el cerebro para separar la información importante de la que no lo es consiste en reconocer patrones y centrar su atención en ellos. Ejemplos directos de esto pueden apreciarse en nuestro sistema visual (véase el capítulo 5), pero baste decir de momento que el cerebro se dedica a buscar constantemente nexos entre las cosas que observamos. Se trata sin duda de una táctica de supervivencia que proviene de tiempos en los que nuestra especie se enfrentaba a un peligro constante —recuerden lo que decíamos páginas atrás a propósito de la respuesta de lucha o huida— y que inevitablemente dispara unas cuantas alarmas falsas. Pero ¿qué representan unas pocas alertas infundadas a cambio de garantizar nuestra supervivencia?

Sin embargo, son también esas alarmas falsas las que causan problemas. Es fácil que caigamos en la apofenia, y si le añadimos la típica respuesta cerebral de lucha o huida y nuestra tendencia a ponernos en lo peor, veremos cómo pronto tendremos ya muchas cosas de las que preocuparnos a la vez. Detectamos en el mundo unos patrones que no existen y les atribuimos una relevancia notable por si (muy improbablemente) pudieran afectarnos negativamente. Pensemos, si no, en cuántas supersticiones se basan en el ansia de evitarnos la mala suerte o el infortunio. Tampoco oiremos nunca conspiraciones pensadas para ayudar a las personas. La tenebrosa y misteriosa élite que controla la situación mundial no se dedica a organizar ferias benéficas.

El cerebro también reconoce pautas y tendencias basadas en la información almacenada en nuestra memoria. Las cosas que experimentamos dan forma a nuestro modo de pensar, lo que no deja de ser lógico. Sin embargo, nuestras primeras experiencias se producen durante la infancia y eso influye en mucho de lo que ocurre en el resto de la vida. Seguramente, la primera vez que un hijo intenta enseñar a sus padres a jugar a la más reciente novedad en videojuegos basta por sí sola para disipar cualquier esperanza que aún le quedara de que sus progenitores fueran seres omniscientes y omnipotentes, pero lo normal es que se lo parezcan durante sus años de infancia. Cuando todavía estamos creciendo, gran parte (si no la totalidad) del ambiente que nos rodea es un entorno controlado: prácticamente todo lo que sabemos nos ha sido contado en su momento por adultos a quienes conocemos y en quienes confiamos; todo lo que pasa sucede bajo la supervisión de esas personas. Son nuestros puntos de referencia durante los años más formativos de nuestras vidas. Así que, si los padres tienen supersticiones, es muy probable que su hijo las aprenda también sin necesariamente haber sido testigo de nada que pudiera servir para confirmarlas[5].

Lo crucial del caso es que eso significa también que muchos de nuestros recuerdos más tempranos se forman en un mundo que, lejos de resultarnos meramente aleatorio o caótico, parece estar organizado y controlado por figuras poderosas que nos cuesta comprender. Esas son nociones que pueden arraigar muy hondo en nosotros y formar un sistema de creencias que podemos muy bien conservar durante la edad adulta. A muchos adultos les sirve de mucho más consuelo creer que el mundo está organizado con arreglo a los planes de unas poderosas figuras de autoridad, sean estas magnates adinerados, lagartos extraterrestres fascinados por la carne humana o simples científicos.

El párrafo anterior podría dar a entender que las personas que creen en las teorías de la conspiración son individuos inseguros e inmaduros que ansían inconscientemente una aprobación parental que nunca les resultó fácil obtener en sus años de desarrollo infantil y adolescente. Y no cabe duda de que algunos de ellos sí lo son, pero también lo son otro sinfín de congéneres nues-

tros sin que eso haya hecho que se aficionaran a las teorías conspirativas. No estaría bien que les largara aquí una parrafada sobre
los riesgos de establecer conexiones infundadas entre dos fenómenos no relacionados y luego fuese yo mismo quien hiciera precisamente eso. Aquí me he limitado a apuntar vías por las que el
desarrollo del cerebro humano pudo haber contribuido a que nos
resulten más «verosímiles» las teorías conspirativas.

Pero una consecuencia destacada (y una causa tal vez) de
nuestra tendencia a buscar patrones es el hecho de que el cerebro
no sepa manejar muy bien la aleatoriedad. Parece tener problemas
con la idea de que algo pueda suceder sin ningún motivo discer-
nible más que el mero azar. Esa podría ser una consecuencia más
de que nuestros cerebros estén continuamente buscando peligros
por todas partes: si no existe una causa real de algo que ocurre,
entonces nada podemos hacer al respecto en el caso de que sea
peligroso y eso no es tolerable para nuestra mente. Pero también
podría deberse a algo completamente distinto: tal vez la oposición
de nuestro cerebro a todo lo aleatorio sea simplemente una mutación azarosa que terminó resultando útil para nuestra supervivien-
cia. Esa sería, cuando menos, una cruel ironía de nuestro pasado.

Fuera cual fuere la causa, el rechazo de la aleatoriedad tiene
numerosas repercusiones, una de las cuales es la suposición refleja de que todo lo que ocurre pasa por alguna razón, que a menudo llamamos «destino». En realidad, algunas personas únicamente tienen mala fortuna, pero esa no es una explicación aceptable
para nuestro cerebro, así que tiene que hallar otra con la que ads-
cribir una justificación (por endeble que esta sea) a lo que les
sucede. ¿Que usted tiene muy mala suerte? Debe de ser por algún
espejo que rompió y en el que estaba contenida su alma, que ahora está hecha añicos. O quizá es porque le están visitando unas
hadas traviesas: odian el hierro, así que guarde una herradura a
mano, que eso las mantendrá alejadas.

Siempre podríamos decir que los aficionados a las teorías de
la conspiración están convencidos de que el mundo está regido

por organizaciones siniestras, porque ¡esa opción es mejor que la alternativa! La idea de que toda la sociedad humana se mueve dando tumbos y sin más dictado que la guíe que los caprichos de la fortuna resulta, en muchos sentidos, más inquietante que la posibilidad de que exista una élite en la sombra que lo dirija todo, aunque sea en su propio beneficio e interés. Mejor un piloto borracho a los mandos que ninguno.

En los estudios sobre personalidad, a este concepto se le llama «*locus* de control» y se refiere al grado en que los individuos creen que pueden controlar los acontecimientos que les afectan[6]. Cuanto mayor es el *locus* de control de una persona, más cree esta que «controla» los acontecimientos que le atañen (con independencia de lo que *realmente* los controle). El de por qué exactamente unas personas tienen una sensación de control superior a otras es un ámbito muy desconocido aún; algunos estudios han relacionado un *locus* de control más pronunciado con la presencia de un hipocampo más grande de lo normal[7], pero, al parecer, la hormona del estrés, el cortisol, puede encoger el hipocampo, y las personas que sienten un menor control sobre sus vidas tienden a estresarse con mayor facilidad, por lo que el tamaño del hipocampo de una persona podría ser más bien una consecuencia (antes que una causa) de su *locus* de control[8]. El cerebro nunca nos lo pone fácil.

Sea como sea, lo cierto es que a mayor *locus* de control, más podemos terminar sintiendo que somos capaces de influir en la causa de esos sucesos (una causa que no existe en realidad, pero eso no importa). Si creemos que se deben a algo de origen supersticioso, pues arrojamos un pellizco de sal por encima del hombro, o tocamos madera, o evitamos pasar por debajo de las escaleras, o rehuimos los gatos negros, y con ello nos convencemos de que nuestros actos han impedido una catástrofe mediante una presunta conexión entre los hechos que desafía toda explicación racional.

Los individuos que tienen un *locus* de control aún mayor intentan desbaratar la «conspiración» que dicen haber detectado tratando de concienciar al resto de personas de su existencia, analizando «más a fondo» los detalles (da igual la fiabilidad de la fuente de los mismos) y exponiéndolos públicamente a cualquiera que les quiera escuchar, mientras califican a quienes no de «borregos adocenados» o de otra lindeza por el estilo. Las supersticiones tienden a ser más pasivas; la gente puede adherirse a ellas y seguir con su vida diaria normal. Las teorías de la conspiración, sin embargo, exigen mucha más dedicación y esfuerzo. ¿Cuándo fue la última vez que alguien trató de convencerle sobre la verdad oculta que explica que las patas de conejo den suerte?

En general, y por lo que parece, la afición del cerebro a los patrones y su rechazo de la aleatoriedad llevan a muchas personas a extraer conclusiones bastante extremas. Esto no tendría por qué ser un problema en sí, pero sí lo es el hecho de que el cerebro dificulte también sobremanera convencer a alguien de que sus opiniones y conclusiones, tan arraigadas ellas, son erróneas, por muchas pruebas de las mismas que esa persona crea que tiene. Los supersticiosos y los aficionados a las teorías conspirativas se mantienen en sus estrambóticos trece por muchos ejemplos y argumentos que el mundo racional les presente. Y todo ello gracias a nuestros cerebros idiotas.

O, al menos, eso cabe suponer. Todo lo que he escrito hasta aquí está basado en los conocimientos disponibles actualmente y procedentes de la neurociencia y la psicología, unos conocimientos que no dejan de ser bastante limitados. El objeto de estudio mismo es muy difícil de precisar. ¿Qué es una superstición en un sentido psicológico del término? ¿Cómo se vería en términos de actividad cerebral? ¿Es una creencia? ¿Una idea? Puede que hayamos progresado hasta el punto de ser ya capaces de escanear la actividad de un cerebro en funcionamiento, pero el simple hecho de que podamos ver esa actividad no significa que entendamos bien lo que representa (igual que tener la capacidad de ver las teclas de un piano no significa que sepamos ya interpretar piezas de Mozart con ellas).

Y no es que los científicos no lo hayan intentado. Por ejemplo, Marjaana Lindeman y sus colegas practicaron escáneres de imagen por resonancia magnética funcional (IRMf) a doce personas que se autocalificaban de creyentes en lo sobrenatural y a once que se definían como escépticas en ese terreno[9]. A los veintitrés sujetos participantes en el estudio se les pidió que imaginaran una situación vital crítica (la pérdida inminente de un puesto de trabajo o la ruptura de una relación sentimental) y se les enseñaron acto seguido «imágenes (con fuerte carga emocional) de objetos y paisajes inánimes, como, por ejemplo, un par de cerezas rojas», es decir, la clase de fotos que vemos en los pósteres motivacionales (con espectaculares cumbres de montañas y ese tipo de cosas). Los creyentes en lo sobrenatural dijeron haber visto en la imagen pistas y señales de cómo se resolvería su situación personal; si lo que habían imaginado era la ruptura de una relación, lo que veían luego les daba la sensación de que todo iría bien porque las dos cerezas emparejadas expresaban lazos firmes y compromiso. Los escépticos, como cabría esperar, no sintieron nada de eso.

El elemento interesante de ese estudio es que el visionado de las fotografías activó el giro (o circunvolución) cerebral temporal inferior izquierdo en todos los sujetos participantes y esa es una región asociada al procesamiento de imágenes. Sin embargo, en los creyentes en lo sobrenatural se apreció mucha menor actividad en la circunvolución temporal inferior derecha que la que se observó en los escépticos. Esa región ha sido relacionada en algunos estudios con la inhibición cognitiva, en el sentido de que parece modular y reducir otros procesos cognitivos[10]. En el caso de los sujetos del estudio aquí mencionado, podría estar reprimiendo la actividad que lleva a la formación de conexiones y patrones ilógicos, lo que explicaría por qué algunas personas creen enseguida en sucesos o posibilidades irracionales o inverosímiles, mientras que otras necesitan ser convencidas a conciencia para creer en algo; si el giro temporal inferior derecho es débil, los procesos de inclinación más irracional en el cerebro ejercen mayor influencia.

Ahora bien, ese experimento dista mucho de ser concluyente y por muchas razones. Para empezar, el número de sujetos participantes fue demasiado pequeño. Pero, además (y sobre todo), ¿cómo se miden o se determinan las «inclinaciones por lo sobrenatural» de una persona? No es que hablemos de una de las magnitudes del sistema métrico decimal, precisamente. Y hay personas a las que les gusta pensar que son totalmente racionales, pero eso podría no ser más que un irónico autoengaño.

Más complicado aún, en ese sentido, es el estudio de las teorías de la conspiración. Le son aplicables las mismas reglas, pero cuesta más obtener sujetos voluntarios, precisamente por la naturaleza del objeto de estudio. Las personas que creen en las teorías conspirativas tienden a ser reservadas, paranoicas y desconfiadas con las autoridades reconocidas, por lo que si un científico le dijera a alguna de ellas «¿querría venir a nuestras instalaciones protegidas y permitirnos que hiciéramos un experimento con usted?; tal vez tengamos que meterle en un tubo de metal para escanearle el cerebro», su respuesta difícilmente iba a ser un sí. Así que todo lo que se incluye en esta sección es un conjunto razonable de teorías y supuestos basados en los datos de los que disponemos actualmente.

Pero, claro, qué otra cosa iba a decir yo, ¿no? Este capítulo al completo podría formar parte de la gran conspiración general dirigida a mantener al conjunto de la población en la más absoluta ignorancia...

Algunos pasarían la noche en la jaula de un tigre con tal de no cantar en un karaoke
(Las fobias, las ansiedades sociales y sus numerosas manifestaciones)

El karaoke es un pasatiempo mundialmente popular. Hay personas a las que les encanta subir a un escenario ante un grupo de desconocidos (en visible estado de ebriedad en muchos casos) y, con independencia de sus facultades tonales, cantar una canción con la que, a menudo, solo están vagamente familiarizadas. No ha habido experimentos sobre este tema, pero tengo la hipótesis de que existe una relación proporcionalmente inversa entre entusiasmo y destreza en ese terreno. El consumo de alcohol es, casi sin duda, un factor para que eso sea así. Y en estos tiempos de concursos televisivos de talentos de la canción, hay personas que no se limitan a cantar ante un pequeño público de borrachos que apenas si les pueden prestar atención y que se sienten capaces de cantar incluso ante millones de extraños.

Hay a quienes la sola perspectiva de tener que hacer algo así ya nos resulta aterradora, una pesadilla incluso. Pregunte a según qué personas si quieren subir a un escenario a cantar para un público y verá que reaccionan como si les hubiera ordenado hacer malabares con granadas activadas y completamente desnudas ante la atenta mirada de todas sus exparejas. La cara se les quedará blanca como la cera, se pondrán tensas, comenzarán a respirar agitadamente y a mostrar otros muchos de los indicadores clásicos de la respuesta de lucha o huida. Ante la alternativa entre cantar y entrar en combate, estarían encantadas de entablar una lucha a muerte (salvo que esta sea también con público presente, claro está).

¿Qué pasa en un caso así? Por poco que nos guste el karaoke, lo cierto es que es una actividad desprovista de riesgo…, salvo que los espectadores de ese día sean un grupo de apasionados de la música enganchados a los esteroides. Sí, puede que no salgamos airosos de la prueba; puede incluso que destrocemos hasta tal punto una canción que todos los que nos escuchen en ese momento terminen rogando que los maten por compasión. Pero ¿qué más da? De acuerdo, unas cuantas personas a las que usted nunca volverá a ver considerarán que sus aptitudes cantoras están por debajo de la media. ¿Qué daño puede hacer eso? Pues *mucho,* en lo que a nuestros cerebros concierne: vergüenza, bochorno, humillación pública. Todas esas son sensaciones negativas intensas que nadie salvo el más entregado individuo de conducta desviada trataría activamente de sentir. La mera posibilidad de que alguna (por no decir la totalidad) de ellas se produzca si hacemos una determinada cosa basta para disuadir a muchas personas de hacerla.

Son muy numerosas las cosas bastante más mundanas y corrientes que el karaoke de las que la gente puede tener miedo también: de hablar por teléfono (algo que yo mismo evito en la medida de lo posible), de pararse a pagar en la caja de un comercio cuando hay una cola de gente esperando detrás, de tener que recordar todas las bebidas de una ronda para los amigos, de exponer un proyecto, de cortarse el pelo... en definitiva, de cosas que millones de personas hacen a diario sin incidente alguno, pero que, aun así, son fuente de pavor y pánico para otras.

Son las llamadas ansiedades sociales. Prácticamente todo el mundo las tiene en mayor o menor grado, pero si alcanzan el extremo de convertirse en factores perturbadores o debilitantes para el desempeño cotidiano de las actividades de cualquier persona, pueden clasificarse ya como fobias sociales. Las fobias sociales son las más comunes de las diversas manifestaciones en las que se puede presentar una fobia, por lo que, para conocer un poco mejor los fundamentos neurocientíficos subyacentes, vayamos más a la base del problema y fijémonos en las fobias en general.

Una fobia es un miedo *irracional* a algo. Si una araña se posa en su mano sin que usted lo esperara y, en ese momento, usted da un pequeño grito y se sacude el brazo muy rápido, cualquiera lo entenderá; un bicho lo pilló por sorpresa y a la gente no le gusta el contacto directo de los insectos sobre la piel, así que su reacción parece justificable. Pero si se le posa una araña en la mano y, en ese momento, comienza usted a gritar incontroladamente y a tirar las mesas que encuentra a su alrededor y corre a frotarse la mano violentamente con lejía, y, de paso, prende fuego a toda su ropa y se niega a salir de su casa durante todo un mes, entramos ya dentro de lo que podría considerarse «irracional». Después de todo, se trataba solamente de una araña.

Una de las cosas interesantes a propósito de las fobias es que las personas que las tienen suelen ser perfectamente conscientes de lo ilógicas que son[11]. Quienes sienten aracnofobia saben —a nivel consciente— que es imposible que una araña no más grande que una moneda de un penique represente peligro alguno para ellas, pero, aun así, no pueden evitar una excesiva reacción de miedo. De ahí que las frases hechas con las que respondemos a la fobia de otra persona («tranquila, que no muerde») sean tan bienintencionadas como inútiles. Saber que algo no es peligroso no supone apenas diferencia en ese sentido, por lo que es evidente que el miedo que asociamos a ese desencadenante se sitúa en un plano más profundo que el del nivel consciente. Eso, a su vez, explica por qué las fobias son tan peliagudas y persistentes.

Las fobias pueden clasificarse en dos tipos: específicas (o «simples») y complejas. Esos dos adjetivos hacen referencia a la fuente de la fobia. Las fobias simples son aquellas despertadas por un determinado objeto (los cuchillos, por ejemplo), animal (arañas, ratas), situación (entrar en un ascensor) o cosa (la sangre, el vómito). Si el individuo en cuestión evita el contacto o la proximidad con esos desencadenantes, será capaz de seguir con sus cosas con normalidad. A veces, resulta imposible evitarlos por completo, pero suele ser durante momentos bastante breves; puede que a alguien le asusten los ascensores, pero el trayecto típico en ascensor apenas dura unos segundos..., salvo para Willy Wonka, claro está.

Existe una variedad de explicaciones de *cómo* se originan exactamente esas fobias. En el nivel explicativo más fundamental, diríamos que nuestro aprendizaje es asociativo y que, por ello mismo, adscribimos una respuesta concreta (como puede ser una reacción de miedo) a un estímulo igualmente específico (una araña, por ejemplo). Hasta las criaturas menos complejas desde el punto de vista neurológico parecen capaces de aprender de ese modo: es el caso de la *Aplysia californica,* un gasterópodo acuático marino muy simple y voluminoso (algunos ejemplares alcanzan cerca de un metro de longitud) que se utilizó en los primeros experimentos que se llevaron a cabo para observar los cambios neuronales producidos con el aprendizaje, allá por la década de 1970[12]. Puede que sean animales simples y que su sistema nervioso sea rudimentario en comparación con el humano, pero son capaces de evidenciar un aprendizaje asociativo y, lo que es más importante, están dotados de unas enormes neuronas, suficientemente grandes como para permitir que se les adhieran electrodos con los que registrar qué les sucede en todo momento. Las neuronas de la *Aplysia* pueden tener axones (el alargado «eje» de una célula nerviosa típica) de hasta un milímetro de diámetro. Puede que no les suene a mucho, pero piensen que, comparativamente hablando, es un grosor espectacular. Si los axones de las neuronas humanas fueran gruesas como una pajita para beber, las de la *Aplysia* serían anchas como el túnel del Canal de la Mancha.

Unas neuronas tan grandes no nos serían de utilidad alguna si las criaturas en cuestión no dieran muestras del ya mencionado aprendizaje asociativo, que es el tema que nos interesa aquí. Ya hemos insinuado alguna cosa a este respecto en apartados previos del libro; por ejemplo, en la sección dedicada a la dieta y al apetito, en el capítulo 1, hablamos de cómo el cerebro puede establecer una asociación entre pastel y enfermedad o malestar, y hacer que nos sintamos enfermos solo con pensar en él. El mismo mecanismo puede aplicarse a las fobias y los miedos.

Si en algún momento nos advierten de que tengamos cuidado con ciertas cosas (los extraños, los cables eléctricos, las ratas, los gérmenes), nuestro cerebro extrapola enseguida todo lo malo que podría ocurrirnos de encontrarnos con ellas. Luego, cuando realmente nos encontramos con alguna de ellas, nuestro cerebro activa todos esos escenarios «probables» aprendidos y prende el interruptor de la respuesta de lucha o huida. La amígdala, encargada de codificar en nuestra memoria el componente relacionado con el miedo, asigna una etiqueta de «peligro» a los recuerdos de ese encuentro. Por eso, la próxima vez que nos encontremos con ese desencadenante, recordaremos la noción de «peligro» asociada a él y tendremos la misma reacción que entonces. Cuando aprendemos a recelar de algo, acabamos temiéndolo. En algunas personas, eso puede terminar convirtiéndose en una fobia.

Ese proceso implica que no hay nada (literalmente) que no pueda convertirse en el objeto de una fobia, y que si alguna vez han visto una lista de fobias conocidas, entenderán que es así. De todas formas, hay ejemplos especialmente notables, como la turofobia (el miedo al queso), la xantofobia (el miedo al color amarillo, que puede presentar obvias coincidencias con la turofobia), la hipopotomonstrosesquipedaliofobia (el miedo a las palabras largas, así denominado porque, en el fondo, los psicólogos son personas malvadas) y la fobofobia (el miedo a tener una fobia, porque el cerebro tiene la manía de encararse regularmente con la lógica para decirle: «¡cállate, que tú no eres mi verdadera madre!»). No obstante, algunas fobias son sensiblemente más comunes que otras, de lo que parece deducirse que hay más factores que intervienen en su desarrollo.

Y es que hemos *evolucionado* para temer ciertas cosas más que otras. En un estudio sobre conducta, los investigadores enseñaron a unos chimpancés a tener miedo de las serpientes. Esa es una actividad relativamente sencilla que normalmente consiste en enseñar a los sujetos en cuestión una serpiente y, acto seguido, acompañar esa visión con alguna sensación desagradable, como una descarga eléctrica poco potente o una comida desabrida: algo que preferirían evitar siempre que fuera posible. Lo interesante del caso es que, cuando otros chimpancés vieron a aquellos reaccionar con temor ante las serpientes, aprendieron enseguida a temerlas también aun sin haber sido entrenados para ello[13]. Ese proceso es lo que a menudo se conoce con el nombre de «aprendizaje social»*.

_____

* De hecho, el aprendizaje social explica buena parte de esa reacción. Adquirimos mucho de lo que sabemos y de cómo nos comportamos a partir

El aprendizaje y las señales sociales son increíblemente poderosos, y dado el enfoque de «más vale prevenir que curar» con el que el cerebro tiende a encarar los peligros, es muy probable que, si vemos que alguien teme algo, nosotros vayamos a temer ese algo también. Eso es especialmente así durante la infancia, cuan-

_____

de las acciones de otros individuos, sobre todo si se trata de algo como la respuesta a una amenaza, y los chimpancés son similares a nosotros en ese aspecto. De los fenómenos sociales se da más extensa cuenta en el capítulo 7, pero, de todos modos, no pueden ser la única explicación de lo que estamos analizando aquí ya que, curiosamente, cuando se repitió ese mismo procedimiento con flores en vez de con serpientes, los investigadores pudieron entrenar a unos chimpancés para que aprendieran a temerlas también, pero casi ninguno de los otros chimpancés (los que no habían sido entrenados así) aprendieron ese mismo miedo observando a sus congéneres ya adiestrados. Quedó claro, pues, que el miedo a las serpientes es fácil de contagiar, pero no así el miedo a las flores. Durante nuestra evolución, hemos desarrollado una suspicacia inherente ante peligros potencialmente letales. De ahí que el miedo a las serpientes y a las arañas sea común[14]. Sin embargo, nadie teme a las flores (antofobia), a menos que se padezca alguna variante especialmente virulenta de alergia al polen, por ejemplo. Otros miedos relacionados de forma menos obvia con nuestra evolución serían, por ejemplo, los que pueden producir los ascensores, las inyecciones o los dentistas. Los ascensores hacen que estemos «atrapados» en un espacio reducido, lo que puede disparar alarmas en nuestro cerebro. Las inyecciones y la visita al dentista implican potencialmente dolor y una invasión de nuestra integridad corporal, lo que provoca también reacciones de miedo. Puede que también sea una tendencia de origen evolutivo a recelar o a tener miedo de los cadáveres (por su potencial como portadores de enfermedades o como indicadores de peligros cercanos, o por tratarse simplemente de una visión triste para nosotros) la que explique el llamado efecto del «valle inquietante»[15], que hace que aquellas animaciones por ordenador o robots que tienen un aspecto *casi* humano, pero no *exactamente* humano, nos parezcan siniestros y perturbadores, mientras que dos ojos pegados a un calcetín para improvisar un muñeco no nos produzcan inquietud alguna: todas esas figuras casi humanas carecen de ciertos detalles y señales sutiles que sí están presentes en un ser humano real, por lo que inducen en nosotros una sensación más parecida a la «angustia» por la visión de un cuerpo inerte que a la «diversión» o el «entretenimiento».

do nuestro conocimiento y nuestra comprensión del mundo están aún en pleno desarrollo influido, sobre todo, por lo que recibimos de otros individuos a quienes suponemos más sabiduría y experiencia que la nuestra. Así, si nuestros padres tienen alguna fobia particularmente intensa, es bastante probable que nosotros también la adquiramos como quien hereda una prenda de un pariente mayor (solo que esta será una muy especial que, al vestirla, nos provocará un fuerte desasosiego). Tiene lógica: si un niño ve que un padre o una madre, o su educador/maestro/tutor/modelo de conducta primario, comienza a chillar y a agitar los brazos al ver un ratón, es casi seguro que eso se quedará grabado para siempre en su memoria como una experiencia intensa y perturbadora, de aquellas que dejan una fuerte impresión en cualquier mente joven.

La propensión del cerebro a reaccionar con miedo en esos casos significa que las fobias son un problema del que resulta muy difícil desembarazarse. La mayoría de asociaciones aprendidas pueden erradicarse con tiempo a través de un proceso que ya se constató tiempo atrás en el famoso experimento de Pavlov con perros. En aquel caso, se hizo que el sonido de una campana quedara asociado con la comida y desencadenara así una respuesta aprendida (la salivación) en dichos animales al oírlo, pero si, luego, seguía haciéndose sonar en repetidas ocasiones posteriores la campana sin que ese sonido viniera acompañado de comida alguna, llegaba un momento en que la asociación se desvanecía. Pues, bien, ese mismo procedimiento puede usarse en numerosos contextos y es conocido por el nombre de extinción (no confundir con lo que les sucedió a los dinosaurios)[16]. El cerebro aprende que el estímulo (la campana de Pavlov o cualquiera otro que no vaya acompañado de premio durante múltiples iteraciones) no está asociado a nada y que, por consiguiente, no requiere de ninguna respuesta específica.

Podría suponerse entonces que las fobias son susceptibles de desaparecer si se les aplica un proceso similar, dado que casi todos los encuentros con la causa que las desencadena no provocan daño alguno. Pero lo peliagudo del caso es que la reacción de miedo activada por una fobia *la justifica*. Se trata de un ejercicio de circularidad lógica difícilmente superable. El cerebro decide que algo es peligroso y, de resultas de ello, dispara la respuesta de lucha o huida cada vez que el individuo se encuentra con ese algo. Esa respuesta causa todas las reacciones físicas habituales e inunda el organismo de adrenalina, lo que hace que la persona se ponga tensa, sienta pánico, etcétera. La respuesta de lucha o huida es un acto reflejo muy exigente y agotador en cuanto a los recursos biológicos en él empleados, y suele vivirse como una experiencia desagradable, por lo que el cerebro la recuerda más o menos así: «La última vez que me encontré con esa cosa, el cuerpo se me descompuso, así que yo tenía razón, ¡esa cosa es peligrosa!». Con ello, la fobia, en vez de disminuir, se refuerza, fuera cual fuere el daño real sufrido por el individuo.

También importa la naturaleza de la fobia. Hasta ahora, nos hemos referido a las fobias simples (las desencadenadas por cosas u objetos específicos, que tienen una fuente fácil de identificar y de evitar), pero también hay otras que son complejas (fobias provocadas por cosas más complicadas, como contextos o situaciones). La agorafobia es un tipo de fobia compleja, generalmente confundida con un mero miedo a los espacios abiertos. En un sentido más preciso, sin embargo, la agorafobia es el miedo a estar en una situación de la que sería imposible escapar o en la que no sería posible disponer de ayuda[17]. Técnicamente, eso podría suceder en cualquier lugar externo al hogar de la persona afectada, por lo que la agorafobia severa impide a quienes la padecen salir de su casa (de ahí que se confunda con un «miedo a los espacios abiertos»).

La agorafobia está muy estrechamente asociada al trastorno de pánico. Cualquiera puede sufrir ataques de pánico: la reacción de miedo nos abruma y no la podemos remediar, y nos sentimos angustiados/aterrorizados/incapaces de respirar/mareados/

como si la cabeza nos diera vueltas/atrapados. Los síntomas varían de una persona a otra. En un interesante artículo de 2014 en el *Huffington Post*, titulado «This is what a panic attack feels like» (traducido en la versión española de dicha publicación periódica *on-line* como «Estas imágenes ilustran perfectamente lo que se siente en un ataque de pánico»), Lindsey Holmes y Alissa Scheller recogieron unas cuantas descripciones personales de síntomas diversos de dichos ataques por parte de personas que los habían sufrido. Una de ellas dijo: «En mi caso, es como si no pudiera levantarme, como si no pudiera hablar. Lo único que siento es dolor por todo el cuerpo, como si algo me aplastara y me hiciera una bola pequeña. Si es fuerte, no soy capaz de respirar, empiezo a hiperventilar y vomito».

Hay otros muchos síntomas que, aun difiriendo considerablemente de esos otros, parecen igual de serios[18]. Todo se resume en lo mismo: a veces, el cerebro se salta al intermediario y comienza a inducir reacciones de miedo aun en ausencia de una causa mínimamente viable como tal. Al no existir causa visible, ya no hay nada (literalmente) que puede hacerse al respecto, por lo que la situación se vuelve «abrumadora». Eso es precisamente un trastorno de pánico. Quienes lo sufren se sienten aterrados y alarmados por unas circunstancias o situaciones totalmente inocuas para ellos, pero que asocian con el miedo y el pánico y hacia las que, precisamente por eso, acaban desarrollando respuestas absolutamente fóbicas.

Exactamente por qué ese trastorno de pánico se produce en primera instancia es algo que actualmente desconocemos, pero hay varias teorías bastante convincentes al respecto. Podría tratarse de la consecuencia de un trauma previo sufrido por el individuo, como si el cerebro no hubiese lidiado eficazmente con los problemas persistentes causados por aquella mala experiencia pasada. También podría ser algo relacionado con un exceso o un déficit de unos neurotransmisores concretos. Es posible que incida en ello un componente genético, pues quienes tienen un grado de parentesco más próximo con el paciente de un trastorno de pánico tienen una mayor probabilidad de padecer uno también[19]. Hay incluso una teoría que apunta a que quienes sufren trastornos de pánico son más propensos al llamado «pensamiento catastrófico»: son aquellas personas que, de un problema físico menor, acaban por desarrollar una preocupación tal que supera con mucho los límites de la más laxa racionalidad[20]. Podría obedecer a una combinación de todos esos factores o algo todavía por descubrir. El cerebro no se queda corto cuando se trata de posibles orígenes del miedo irrazonable como respuesta.

Y, por último, tenemos también ansiedades sociales. O, si son tan potentes como para volverse enfermizas para nosotros, fobias sociales. Las fobias sociales están basadas en el miedo a la reacción negativa de otras personas (un temor a la reacción del público a nuestra manera de cantar en un karaoke, por ejemplo). No solo tememos que respondan con hostilidad o agresividad: la simple desaprobación es suficiente para paralizarnos por completo. Que las otras personas puedan constituir una poderosa fuente de fobias es un ejemplo más de cómo nuestros cerebros se valen de los otros seres humanos para calibrar nuestro modo de ver el mundo y nuestra posición en él. Como consecuencia, la aprobación de los demás *importa,* a menudo con independencia de quiénes sean esas otras personas. La fama es algo a lo que millones de individuos aspiran y ¿qué es la fama si no la aprobación de unos extraños? Ya hemos hablado de lo egotista que puede ser el cerebro. ¿Significa eso que todas las personas famosas no ansían más que una aprobación de masas? No dejaría de ser un tanto triste, la verdad. (No se sienta aludida por este último comentario si es usted una persona famosa que ha escrito o dicho algún comentario elogioso sobre este libro).

Las ansiedades sociales surgen cuando la tendencia del cerebro a predecir y a preocuparse por las consecuencias negativas se conjuga con la necesidad de aceptación y aprobación sociales que nos induce también ese mismo cerebro. Hablar por teléfono supone interactuar con alguien sin contar con ninguna de esas otras señales y pistas con las que contamos cuando hablamos con ese alguien en persona; por eso, nos resulta tan difícil a algunos individuos y sentimos pánico ante la posibilidad de que ofendamos o aburramos a nuestro interlocutor. Pagar la compra cuando hay una larga cola de gente esperando detrás puede volver un manojo de nervios a cualquiera, pues, técnicamente, en ese momento está haciendo que se demoren un buen número de personas que tendrán los ojos clavados en el pagador mientras este trata de usar sus habilidades matemáticas para calcular los billetes y las monedas. Estas y otras muchas situaciones similares propician que, en momentos así, el cerebro imagine todos los sentidos y las formas posibles en que estamos irritando o frustrando a otras personas, ganándonos las opiniones negativas de estas y siendo motivo de bochorno. Se reduce, en el fondo, a una ansiedad escénica: la preocupación de hacer mal las cosas ante un público.

Hay personas a las que esto no les supone problema alguno, pero a otras les sucede justo lo contrario. El cómo se produce tiene diversas explicaciones, pero Roselind Lieb descubrió en un estudio que los estilos de crianza aplicados por los padres en sus hijos están asociados con la probabilidad de desarrollar trastornos de ansiedad[21] y no es difícil ver por qué. Unos padres críticos en exceso pueden inculcar en un niño un miedo constante a disgustar con cualquiera de sus actos (por nimio que sea) a una figura de autoridad valiosa para él, del mismo modo que unos padres sobreprotectores pueden impedir que su hijos experimenten consecuencia negativa alguna (siquiera menor) por ninguno de sus actos, por lo que cuando esos pequeños y pequeñas son mayores y ya no viven bajo la protección paterna y/o materna y hacen algo que ocasiona un resultado negativo, esto les afecta de manera desproporcionada porque no están acostumbrados a ello: son menos capaces de lidiar con esa clase de problemas y, por tanto, es mucho más probable que teman que se produzcan de nuevo. Incluso el hecho de que se nos insista una y otra vez desde la más tierna infancia en los peligros de tratar con extraños puede potenciar que, de mayores, acabemos temiéndolos más de lo que sería apropiado.

Las personas que experimentan estas fobias suelen evidenciar conductas de evitación activa para rehuir cualquier situación susceptible de activar la reacción fóbica[22]. Esa es una táctica que puede servir para buscar una tranquilidad momentánea, pero que resulta negativa para el tratamiento a largo plazo de la fobia en cuestión: cuanto más se evite la fuente de esta, más tiempo permanecerá potente y viva en el cerebro. Es como tapar con papel pintado el agujero de una ratonera en una pared de su casa: al observador ocasional le parecerá que todo está bien, pero usted seguirá teniendo un problema con esos «malditos roedores».

Los indicios y los datos disponibles sobre esta cuestión parecen dar a entender que las ansiedades y las fobias sociales constituyen aparentemente el tipo más común de cuadro fóbico[23]. No es de extrañar, dadas las tendencias paranoicas del cerebro que nos inducen a temer cosas que no son peligrosas por sí mismas, y a nuestra dependencia de la aprobación de los demás. Si combinamos ambos factores, es fácil que terminemos desarrollando un miedo irrazonable a que los demás tengan una opinión negativa de nuestra incompetencia. Como prueba de lo que digo, piensen que esta es la vigésima octava versión que he escrito de esta conclusión. Y sí, continúo estando convencido de que a montones de personas no les gustará.

No tenga pesadillas...,
a menos que le vayan ese tipo de cosas
(De por qué a las personas les gusta asustarse e incluso buscan activamente tal sensación)

¿Por qué hay tantas personas que no dejan pasar una oportunidad de arriesgarse a estamparse contra el suelo en busca que emociones fugaces? Piensen en quienes practican salto base, *puenting,* paracaidismo, etcétera. Todo lo que hemos aprendido hasta aquí nos ha mostrado hasta qué punto actúa en el cerebro un impulso de autoconservación que se traduce en nerviosismo, conductas de evitación, etcétera. Pero ahí tienen a escritores como Stephen King y Dean Koontz, que escriben libros sobre sucesos sobrenaturales y sobre muertes violentas y brutales de personajes diversos, y que se ganan muy bien la vida con ello. Han vendido cerca de mil millones de libros entre los dos. La franquicia *Saw,* todo un escaparate de las más imaginativas y sangrientas maneras de acabar prematuramente con la vida de seres humanos por motivos todavía no muy claros, suma actualmente siete películas y todas ellas se han estrenado y exhibido en cines de todo el mundo sin que a nadie se le ocurriera introducir antes las copias maestras en contenedores de plomo sellados herméticamente y deshacerse de ellas lanzándolas al espacio en dirección al Sol. Nos contamos historias de miedo alrededor de la hoguera de una acampada, subimos al tren de la bruja en las ferias de atracciones, visitamos casas encantadas, nos disfrazamos de zombis por Halloween para sacarles caramelos a los vecinos... ¿Cómo se explica, entonces, que gocemos con esas diversiones (algunas de ellas pensadas para niños nada menos) y que disfrutemos precisamente porque nos asustan?

Curiosamente, la emoción del miedo y la satisfacción que nos producen los caramelos dependen probablemente de la misma región cerebral. Me refiero a la vía mesolímbica, conocida habitualmente como el circuito mesolímbico de recompensa, o también como el circuito dopaminérgico, porque es el responsable de la sensación de recompensa en nuestro cerebro y se vale de neuronas dopamínicas para ello. Es una de las diversas vías y circuitos que canalizan la gratificación o la recompensa, pero, por lo general, está considerada la más «central» de todas. Y eso es lo que hace que sea importante para el fenómeno de que «la gente se lo pase bien pasando miedo».

Esta vía se compone del área tegmental ventral (ATV) y del núcleo accumbens (NAc)[24]. Ambos son conjuntos muy densos de circuitos y repetidores neuronales situados en zonas muy profundas del cerebro que cuentan con numerosas conexiones y enlaces tanto con las regiones más sofisticadas (entre ellas, el hipocampo y los lóbulos frontales) como con las más primitivas (como el tallo cerebral), por lo que constituyen una parte muy influyente de nuestro cerebro.

El ATV es el componente que detecta un estímulo y determina si era positivo o negativo, si era algo que potenciar o evitar. Luego envía señales de su decisión al NAc, que es el que provoca que experimentemos la respuesta apropiada. Así, por ejemplo, si comemos un aperitivo y nos resulta sabroso, el ATV registra la experiencia como algo bueno, se lo indica al NAc y este hace que sintamos placer y disfrute. Si bebemos leche agria sin querer, el ATV registra el incidente como algo negativo y transmite su decisión al NAc, que induce entonces en nosotros una sensación de asco, repugnancia, náusea... prácticamente todo aquello que pueda servir para que el cerebro nos haga llegar alto y claro el mensaje de que no se nos ocurra hacer algo así de nuevo. Ese sistema, tomado en su conjunto, es lo que conocemos como el circuito mesolímbico de recompensa.

Entendido en ese contexto, el concepto de «recompensa» significa aquellas sensaciones positivas y placenteras que experimentamos cuando hacemos algo que nuestro cerebro aprueba. Normalmente, se trata de cosas que satisfacen nuestras funciones biológicas, como comer cuando tenemos hambre, o cuando lo que comemos es rico en nutrientes o recursos alimenticios (los carbohidratos son una fuente de energía valiosa en lo que al cerebro respecta y de ahí que a quienes tratan de ponerse a dieta les resulte tan difícil resistirse a comerlos). Hay cosas que causan una activación mucho más intensa del sistema de recompensa. Me refiero a cosas como el sexo, por ejemplo. Por eso, la gente dedica tanto tiempo y esfuerzo a buscarlo y obtenerlo, a pesar de que podemos vivir perfectamente sin él. Sí, podemos.

Ni siquiera tiene por qué tratarse de algo tan esencial o intenso. Rascarse un picor particularmente persistente nos produce una placentera satisfacción, canalizada por el sistema de recompensa. En ese momento, el cerebro nos dice que lo que acabamos de hacer estaba bien y que deberíamos hacerlo de nuevo.

En un sentido psicológico, una recompensa es una respuesta (subjetivamente) positiva a algo que ocurre, una respuesta que conduce potencialmente a un cambio de comportamiento. Las recompensas, pues, pueden ser considerablemente diversas. Si una rata presiona una palanca y obtiene así un pedacito de fruta, seguirá presionándola más a menudo, lo que significa que la fruta es una recompensa válida en su caso[25]. Pero si, en vez de la fruta, obtiene el juego más reciente de la Playstation, eso probablemente no hará que presione la palanca más frecuentemente que antes. El adolescente medio seguramente no lo vería así, pero, para una rata, un juego de la Playstation no tiene valor motivacional alguno, por lo que no constituye una recompensa. Lo que trato de decir con esto es que a cada persona (o criatura) le resultarán gratificantes cosas distintas: hay individuos a los que les gusta que los asusten o les pongan de los nervios, pero hay otros a quienes no y que no entienden dónde está la gracia de todo eso.

Varios son los métodos por los que el miedo y el peligro pueden resultar «apetecibles». Para empezar, somos seres inherentemente curiosos. Incluso animales como las ratas tienen tendencia a explorar todo aquello que les resulta novedoso cuando se les presenta la oportunidad. Pues los humanos tenemos más acusada aún dicha inclinación[26]. Pensemos, si no, en cuántas veces hacemos algo solo para ver qué pasa. Cualquiera que tenga hijos estará sin duda familiarizado con esta (a menudo destructiva) predisposición. Nos sentimos atraídos por el valor de la novedad. Pero nos enfrentamos continuamente a una inmensa variedad de sensaciones y experiencias nuevas, así que ¿por qué nos decantamos muchas veces por aquellas que implican miedo y peligro —dos cosas negativas— en vez de por un sinfín de otras que, resultándonos poco familiares también, son más benignas para nosotros?

El circuito mesolímbico de recompensa proporciona placer cuando hacemos algo bueno. Pero ese «algo bueno» abarca un muy amplio abanico de posibilidades, entre las que se incluyen el *que algo malo deje de ocurrir*. Debido a la adrenalina y a la respuesta de lucha o huida, los periodos de miedo y terror son tremendamente intensos para nosotros, pues durante ellos todos nuestros sentidos y sistemas están en alerta y preparados para el peligro. Pero lo normal es que la fuente de ese peligro o miedo desaparezca (sobre todo, teniendo en cuenta lo excesivamente paranoicos que son nuestros cerebros). El cerebro reconoce entonces que había una amenaza, pero esta ha dejado de existir.

Ejemplos: usted estaba en una casa encantada, pero ahora está fuera; estaba volando por los aires camino de una muerte segura, pero ahora está en el suelo y sigue vivito y coleando; le estaban contando una historia terrorífica, pero ahora ha terminado y el asesino en serie sediento de sangre que la protagonizaba nunca llegó a presentarse. En cada uno de esos casos, el sistema de recompensa está reconociendo un peligro que cesa de pronto, así que, fuera lo que fuere que usted hiciera para poner fin a ese peligro, *es de vital importancia que haga lo mismo la próxima vez*. Eso significa que desencadena una respuesta de recompensa muy potente. En otros casos, como los de la comida o el sexo, usted simplemente hizo algo para mejorar su existencia a corto plazo, pero, en este, ¡usted *ha evitado la muerte!* Esto es mucho más importante. Además, con la adrenalina propia de una respuesta de lucha o huida corriendo desbocada por nuestros sistemas, todo se siente de forma potenciada y realzada El apuro de un susto y el alivio que sentimos tras él pueden ser intensamente estimulantes: más que la mayoría de las demás cosas.

La vía mesolímbica tiene importantes conexiones neuronales y vínculos físicos con el hipocampo y la amígdala, lo que le permite hacer hincapié en los recuerdos de ciertos sucesos que considera relevantes y asignarles un fuerte eco emocional[27]. No solo recompensa o desalienta conductas cuando eso sucede, sino que también garantiza que el recuerdo de lo ocurrido sea particularmente potente.

La conciencia realzada, la aceleración intensa, los recuerdos vívidos: la combinación de todo eso hace que la experiencia del encuentro con algo que asusta mucho pueda conseguir que alguien se sienta más «vivo» que en ningún otro momento. Cuando todas las demás experiencias parecen romas y corrientes en comparación, esa otra puede funcionar como una fuerte motivación para buscar «subidones» parecidos (del mismo modo que alguien acostumbrado al café *espresso* ultraconcentrado no encontrará demasiado gratificante un café con leche corto de café).

Y sucede a menudo que esa experiencia tiene que ser una emoción «genuina» y no meramente sintética. Las partes conscientes, pensantes, de nuestro cerebro son fáciles de engañar en no pocos casos (muchos de ellos mencionados en este mismo libro), pero no hasta según qué extremos de credulidad. De ahí que un videojuego en el que conduzcamos un vehículo a alta velocidad, por muy realista que sea en el plano visual, no pueda llegar nunca a proporcionar la misma excitación y sensación que el hecho de ir realmente al volante de ese automóvil. Lo mismo puede decirse de luchar contra zombis o de pilotar naves espaciales: el cerebro humano reconoce lo que es real y lo que no, y puede afrontar sin problemas la diferencia, por mucho que digan quienes defienden el viejo argumento de que «los videojuegos generan violencia».

Pero si los videojuegos realistas no dan miedo en realidad, ¿cómo puede ser que cosas tan absolutamente abstractas como los relatos que leemos en los libros puedan resultarnos tan terroríficas? Tal vez tenga que ver con el control. Cuando jugamos a un videojuego, disponemos de un control total sobre el entorno: podemos pausar el juego, este responde a nuestras acciones, etcétera. No sucede lo mismo cuando leemos libros de miedo o vemos películas de terror, pues, en esos casos, el individuo es un observador pasivo y, si se deja atrapar por el relato, renuncia a toda influencia sobre lo que allí ocurre. (Siempre puede cerrar el libro, pero eso no cambiará la historia que en él se cuenta). A veces, las impresiones y las experiencias de la película o del libro pueden permanecer con nosotros hasta mucho después, afectándonos y desconcertándonos durante bastante tiempo. La intensidad de los recuerdos explica que eso sea así, pues continuamos reviviéndolos y activándolos al tiempo que se van «asentando». En general, cuanto más conserva el cerebro el control sobre el desarrollo de los acontecimientos, menos miedo le dan. De ahí que el «dejar algunas cosas a la imaginación» pueda causar más terror en realidad que los más cruentos efectos especiales.

Los años setenta del siglo XX, una década muy anterior a la actual edad de oro de las imágenes generadas por ordenador y de las prótesis avanzadas, están considerados por muchos buenos conocedores del género como una época gloriosa del cine de terror. Todos los sustos tenían que ser producto de la sugestión, de la elección del momento oportuno, de la atmósfera creada y de otros trucos ingeniosos. Con esos ingredientes, la tendencia del cerebro a buscar y predecir amenazas y peligros era la que se encargaba de hacer la mayor parte del trabajo y provocaba que los espectadores terminaran sobresaltándose hasta con simples sombras. La llegada de los efectos de tecnología punta por cortesía de los grandes estudios de Hollywood hizo que el terror real fuese mucho más ostensible y directo, con ríos de sangre y de efectos informáticos en sustitución del suspense psicológico que tan al uso había estado hasta entonces. Hay espacio para ambas aproximaciones al género —y para otras—, pero cuando el terror se transmite de un modo explícito y directo, el cerebro no se sumerge tanto en la acción, lo que le da mucho más margen para pensar y analizar, y para mantenerse consciente de que aquella es una situación ficticia que el espectador puede interrumpir cuando quiera, con lo que los sustos no tienen el mismo impacto en él. Los diseñadores de videojuegos han aprendido esa lección y, ahora, los juegos de terror de supervivencia constituyen un género en el que el personaje principal tiene que evitar un peligro sobrecogedor en un entorno tenso e incierto, en lugar de volarlo en millones de revoloteantes añicos con un descomunal cañón láser[28].

Sucede posiblemente lo mismo con los deportes extremos y otras actividades de aventura. El cerebro humano es perfectamente capaz de distinguir el riesgo real del artificial, por lo que es habitual que tenga que existir una posibilidad muy auténtica de sufrir consecuencias negativas para que se pueda experimentar una emoción de verdad. Quizá sería posible reproducir la sensación física de un salto de *puenting* en unas instalaciones complejas con unas pantallas, unos arneses y unos ventiladores gigantes, pero difícilmente podría resultar suficientemente auténtico un escenario así como para convencer a nuestro cerebro de que estamos cayendo desde una gran altura, con lo que el peligro de que terminemos estrellados contra el suelo desaparece y, por tanto, la experiencia ya no es la misma. La percepción de desplazarnos hacia arriba y hacia abajo a gran velocidad a través del espacio es difícil de reproducir sin que hagamos realmente algo así (por eso existen las montañas rusas).

Cuanto menos control tengamos sobre la sensación de susto, más excitante será esta para nosotros. Pero siempre dentro de un límite, pues es imprescindible que conservemos cierto grado de influencia sobre los acontecimientos para que estos sean escalofriantemente «divertidos» y no terroríficos de verdad. Lanzarse desde un avión con un paracaídas es algo considerado emocionante y alegre. Caerse desde un avión *sin* un paracaídas a la espalda no lo es. Para que el cerebro *disfrute* con una actividad emocionante, tiene que haber al parecer algún riesgo de por medio, pero también cierta capacidad de influencia en el resultado que permita evitar riesgos de más. La mayoría de personas que sobreviven a un accidente automovilístico se sienten aliviadas de seguir vivas, pero rara vez presentarán deseo alguno de volver a pasar por algo así.

Además, el cerebro tiene la extraña costumbre —ya insinuada algunas páginas atrás— de abonarse al llamado pensamiento contrafáctico: es decir a la tendencia a meditar sobre los posibles resultados negativos de hechos *que nunca tuvieron lugar*[29]. Esa tendencia es más apreciable si cabe cuando el hecho en cuestión da miedo y está acompañado de una sensación de peligro real. Por ejemplo, si alguno de ustedes estuvo a punto de ser atropellado por un coche cuando cruzaba una calle, es posible que pase días dándole vueltas a la idea de lo que le *podría* haber pasado si ese vehículo hubiera impactado contra usted. Pero la realidad es que no impactó, que nada ha cambiado en un plano físico para usted. Aun así, no cabe duda de que al cerebro le encanta centrar la atención en una amenaza potencial, sea esta pasada, presente o futura.

A quienes disfrutan con este tipo de cosas se les suele tildar de adictos a la adrenalina. La «búsqueda de sensaciones» es un rasgo de personalidad reconocido como tal[30] y los individuos que se caracterizan por él intentan constantemente encontrar nuevas, variadas, complejas e intensas experiencias que, en cualquier caso, comporten cierto riesgo físico/económico/legal (perder dinero y ser arrestados son también peligros que muchos individuos desearían evitar con todas sus fuerzas). En párrafos anteriores, me he referido a que se requiere de cierto control sobre los acontecimientos para disfrutar de las emociones del riesgo dentro de unos límites apropiados, pero es posible que la proclividad a la búsqueda de sensaciones nuble la capacidad para valorar o reconocer el riesgo y el control de forma precisa. En un estudio psicológico de finales de la década de 1980, se analizó el caso de los esquiadores y se compararon las reacciones de los que habían padecido alguna lesión importante practicando esquí y las de los que nunca la habían padecido[31]. Lo que se descubrió fue que, entre los esquiadores que se habían lesionado alguna vez, era mucho más probable encontrar individuos que respondían al perfil de «buscadores de sensaciones» que entre los que nunca se habían lesionado, lo que da a entender que había sido precisamente su impulso a procurarse emociones fuertes lo que les había llevado a tomar decisiones o a emprender acciones que llevaron la situación más allá de su capacidad de control e hizo que se lesionaran. No deja de ser una cruel ironía que el deseo de buscar el riesgo pueda bloquear también la capacidad de sentirlo cuando está ahí.

El por qué algunas personas desarrollan tan extremas tendencias no se conoce con seguridad. Podría ser algo que crece de forma gradual en el individuo: de un primer y breve flirteo con una experiencia de riesgo podrían derivarse ciertas emociones placenteras para él que lo llevan a buscar otras cada vez más intensas. Ese sería el tradicional argumento de la «bola de nieve». Una metáfora muy apropiada tratándose de esquiadores, ciertamente.

Se han investigado también factores de índole más biológica o neurológica. Y se han encontrado indicios de que ciertos genes, como el *DRD4*, que codifica un cierto tipo de receptor de dopamina, pueden estar mutados en individuos proclives a buscar sensaciones, lo que alteraría la actividad en el circuito mesolímbico de recompensa, con los consiguientes cambios sobre cómo se ven gratificadas las sensaciones[32]. Si la vía mesolímbica está más activa, las experiencias fuertes podrían resultar más potentes aún. Pero si no lo está tanto, podría necesitar de una estimulación más intensa para hacer que el individuo disfrutara de verdad: experiencias de aquellas que la mayoría de nosotros consideramos que suponen un riesgo vital excesivo. Sea como fuere, en esos casos, las personas afectadas podrían muy bien terminar buscando mayores estímulos. De todos modos, tratar de averiguar la función de un gen concreto en el cerebro siempre supone un proceso largo y complejo, por lo que todo esto es algo que todavía no sabemos a ciencia cierta.

Para otro estudio, firmado en 2007 por Sarah B. Martin y un equipo de colaboradores, se escanearon los cerebros de docenas de sujetos que habían registrado puntuaciones diversas en la escala de personalidad «buscadora de experiencias». El grupo de investigadores llegó a la conclusión de que la conducta proclive a la búsqueda de experiencias está correlacionada con un hipocampo anterior derecho más voluminoso[33]. Los datos indican que esa es la parte del cerebro y del sistema memorístico que se encarga de procesar y reconocer las novedades. En esencia, el sistema de la memoria gestiona información a través de esa área y le dice al hipocampo anterior derecho algo así como «mírate esto, ¿lo habíamos visto ya antes?», y entonces este responde sí o no. No sabemos exactamente lo que significa que esa área tenga un tamaño mayor. Tal vez se deba a que el individuo ha experimentado tantas cosas nuevas en su vida que el área dedicada a reconocer la novedad haya tenido que expandirse para ser más capaz de procesarlas, o quizá sea justamente al revés y el hecho de que esa región detectora de novedades esté superdesarrollada implica que lo nuevo tiene que ser mucho más inhabitual para que aquella lo reconozca como novedoso de verdad. Si esto último fuera el caso, para esos individuos las estimulaciones y las experiencias novedosas serán potencialmente más importantes y destacadas.

Sea cual fuere la causa real de esa hipertrofia del hipocampo anterior, lo cierto es que, para un neurocientífico, es estupendo ver algo tan complejo y sutil como es un rasgo de la personalidad potencialmente reflejado en unas diferencias físicas visibles en el cerebro. No es algo que suceda tan a menudo, ni mucho menos, como los medios de comunicación a veces dan a entender.

En definitiva, lo que todo esto implica es que hay personas que realmente disfrutan con la experiencia de encontrarse con algo que provoca miedo. La respuesta de lucha o huida que ese encuentro activa da como resultado una profusión de experiencias acentuadas que se producen en esos momentos en el cerebro (y trae consigo también el alivio patente que se siente cuando el encuentro termina), y ese fenómeno es perfectamente aprovechable con fines de entretenimiento... aunque siempre dentro de unos parámetros determinados. Algunas personas pueden presentar diferencias sutiles en cuanto a su estructura o su funcionamiento cerebrales que las induzcan a buscar activamente esa sensación relacionada con el riesgo y el miedo intensos, a veces incluso hasta extremos alarmantes. Pero nadie debe ser juzgado mejor o peor por ello: más allá de los fundamentos estructurales generales, el cerebro de cada persona es diferente y nada hay que temer de tales diferencias, ni siquiera si ustedes son de aquel tipo de individuos que disfrutan teniendo miedo de las cosas.

QUÉ BIEN TE VES Y QUÉ BUENO ES QUE LAS PERSONAS NO SE PREOCUPEN DE SU PESO
(Por qué las críticas pueden más que los elogios)

Dice el refrán inglés que «palos y piedras rompen huesos, pero los insultos nunca me harán daño». Pero esa afirmación no tiene mucho fundamento empírico, ¿verdad? Para empezar, el dolor causado por un hueso roto es lo suficientemente extremo como para descartarlo como estándar basal de referencia para el dolor en general. En segundo lugar, si los insultos de verdad no hieren, ¿por qué seguimos citando ese dicho? No existe un proverbio parecido para señalar que «cuchillos y espadas rebanan extremidades, pero las "nubes" de malvavisco son bastante inocuas». Los elogios están muy bien, pero, seamos sinceros, las críticas *escuecen*.

Tomada literalmente, la frase que he escogido como título de esta sección es un cumplido. Si acaso, son dos cumplidos en uno, pues alaba tanto el aspecto físico de la persona como su actitud. Pero es improbable que el destinatario de esa frase la interprete como un halago. La crítica que encierra es sutil y obliga a pensar un poco, pues está mayormente implícita en forma de indirecta.

Pero, aun así, es ese componente de crítica el que destaca como elemento más fuerte en esa frase. Y ese solo es uno más de los incontables ejemplos de un fenómeno que emana del funcionamiento mismo de nuestros cerebros: la crítica suele pesar más que las alabanzas.

Si alguna vez han estrenado peinado o traje, o han contado un chiste a un grupo de amigos y conocidos, etcétera, no importa cuántas de las personas que le han visto o le han escuchado elogien su aspecto o rían con su gracejo, que serán aquellas que dudan antes de decir algo o que entornan los ojos hacia el cielo en un gesto de desgana las que realmente usted notará más claramente y le harán sentir mal.

¿Qué sucede en momentos así? Si tan desagradable es, ¿por qué su cerebro se toma la crítica tan en serio? ¿Hay un mecanismo neurológico real que intervenga en esos casos? ¿O se trata simplemente de algún tipo de fascinación psicológica malsana por lo desagradable, como el extraño impulso que nos hace tocarnos la costra de una herida o un diente que se nos mueve en la boca? Como siempre, hay más de una respuesta posible.

Las cosas malas son normalmente más potentes para el cerebro que las buenas[34]. En un nivel neurológico muy básico, podría decirse que la potencia de la crítica se debe tal vez a la acción de la hormona cortisol. El cortisol es segregado por el cerebro en respuesta a momentos de estrés: es uno de los desencadenantes físicos de la respuesta de lucha o huida, y está considerado de manera muy generalizada como la causa de todos los problemas ocasionados por el estrés constante. Su segregación está regulada principalmente por el eje hipotalámico-hipofisario [= pituitario]-adrenal (HPA), consistente en una compleja interconexión de áreas neurológicas y endocrinas (es decir, reguladoras de hormonas) del cerebro y del resto del organismo que coordinan la respuesta general al estrés. Antes se creía que el eje HPA se activaba como reacción a un suceso estresante de cualquier tipo (un ruido fuerte repentino, por ejemplo). Pero, en estudios posteriores, se comprobó que es un poco más selectivo y que solo entra en acción bajo ciertas condiciones. Una de las teorías que se manejan actualmente es que el eje HPA se activa únicamente cuando se ve amenazado un «objetivo»[35]. Por ejemplo, si usted va paseando por la calle y le caen excrementos de ave encima, ese será un suceso que le resultará molesto y hasta posiblemente perjudicial por razones de higiene, pero difícilmente activará en usted la respuesta canalizada por el HPA, porque el hecho de «no mancharse con defecaciones de un ave que pasaba por allí» no era realmente un objetivo consciente suyo de ese día. Ahora bien, si ese mismo pájaro le hubiera usado certeramente de diana cuando se dirigía a una importante entrevista de trabajo, muy probablemente sí se habría puesto en marcha la respuesta del HPA, porque, en ese caso, usted habría tenido un objetivo bien definido de antemano: asistir a esa entrevista, impresionar a su entrevistador y conseguir el empleo. Y ese desafortunado incidente habría frustrado tal meta. Hay muchas escuelas y corrientes de pensamiento a propósito de qué llevar puesto a una entrevista laboral, pero «una generosa capa de desecho de digestión aviar» no parece figurar en la lista de recomendaciones de ninguna de ellas.

El «objetivo» más obvio en nuestra vida es la autoconservación, por lo que, si la meta diaria de cualquiera de nosotros es la supervivencia y sucede algo que podría frustrarla poniendo fin a su vida, el eje HPA activará de inmediato la respuesta del estrés. Eso explica en parte por qué se cree que la respuesta del HPA reacciona a algo: porque los seres humanos podemos ver (y vemos) amenazas a nuestra integridad y nuestra supervivencia por todas partes.

Pero los humanos somos complejos y una consecuencia de ello es que confiamos en muy considerable medida en las opiniones y la reacción de otros humanos. La teoría de la autoconservación social viene a decir que las personas tenemos una motivación muy arraigada para preservar nuestro estatus social (es decir, para continuar gustando a aquellas personas cuya aprobación valoramos). Ello da pie a que sintamos una amenaza socioevaluativa. En concreto, todo aquello que pone en riesgo el estatus o la imagen social percibida por la persona obstaculiza que se cumpla el objetivo de gustar a los demás y, por consiguiente, activa el eje HPA, con la consiguiente liberación de cortisol en el organismo.

Las críticas, los insultos, los rechazos, las burlas: todo esto ataca y potencialmente daña nuestra sensación de autoestima, sobre todo, si son ataques públicos, y eso dificulta que alcancemos nuestra meta de gustar y ser aceptados. El estrés causado por algo así provoca la secreción de cortisol, lo que ocasiona numerosos efectos fisiológicos (por ejemplo, un incremento de la liberación de glucosa), pero que también tiene consecuencias directas en nuestro cerebro. Nos damos cuenta de cómo la respuesta de lucha o huida acentúa nuestro grado de atención y realza la agudeza y la viveza de nuestros recuerdos. El cortisol, junto con las otras hormonas segregadas, tiene el potencial de causar esa reacción (en grados diversos) cuando nos critican; hace que experimentemos una reacción física real que nos sensibiliza y que enfatiza el recuerdo del suceso. Todo este capítulo está basado en la tendencia del cerebro a exagerar en la búsqueda y la detección de amenazas, y no hay motivo alguno por el que no incluir las críticas entre dichas amenazas potenciales. Y cuando sucede algo negativo y lo experimentamos de primera mano, y se generan así todas las emociones y sensaciones pertinentes, los procesos del hipocampo y la amígdala reviven de nuevo y terminan enriqueciendo emocionalmente el recuerdo en cuestión y almacenándolo en un lugar más realzado.

Las cosas agradables —las loas que otras personas nos dedican, por ejemplo— también producen una reacción neurológica mediada por la segregación de oxitocina que nos hace experimentar placer, pero de un modo menos potente y más efímero. La química de la oxitocina posibilita que esta sea eliminada del torrente sanguíneo en apenas cinco minutos desde el momento de la segregación inicial; el cortisol, sin embargo, puede permanecer allí durante más de una hora, quizá dos incluso, por lo que sus efectos son mucho más persistentes[36]. Puede que ese carácter fugaz de las señales de placer nos parezca una fea jugada de la naturaleza, pero cuando las cosas nos causan un placer intenso durante periodos prolongados, tienden a resultar bastante incapacitantes, como veremos más adelante.

No obstante, es tan fácil como engañoso atribuir todo lo que pasa en el cerebro a la acción de sustancias químicas específicas, y eso es algo de lo que la neurociencia más convencional y «mayoritaria» tiende a pecar en sus informes y explicaciones. Así que fijémonos en otras teorías posibles del porqué de ese énfasis en las críticas.

Es posible que la novedad también tenga su importancia en ese terreno. A pesar de lo que las secciones de comentarios a las noticias digitales podrían darnos a entender, la mayoría de personas (con ciertas variaciones según las culturas, todo sea dicho) interactúan unas con otras con el respeto exigido por las normas y el protocolo sociales; los ciudadanos respetables no van por ahí insultando a gritos a nadie, salvo a los guardias de tráfico, quienes parecen estar excluidos de esa norma. La consideración con las demás personas y el elogio moderado son lo normal, como dar las gracias a la cajera del supermercado por devolvernos el cambio aun cuando es nuestro dinero y ella no tendría derecho alguno a quedárselo. Cuando algo se convierte en norma, nuestros cerebros —que, de entrada, prefieren la novedad— comienzan a filtrarlo cada vez más a menudo a través del proceso de habituación[37], pues piensan que, si es algo que pasa siempre, ¿para qué malgastar unos preciosos recursos mentales en centrar nuestra atención en ello si podemos ignorarlo con bastante seguridad?

El elogio cortés es la norma, por lo que está garantizado entonces que la crítica tendrá un mayor impacto en nosotros, simplemente porque es un fenómeno más atípico. Esa sola cara que constituye la excepción en medio de un público que ríe generalizadamente nuestra gracia en un momento dado destaca más que todas las demás precisamente *porque* su diferencia la destaca. Nuestros sistemas visual y de atención se han desarrollado a lo largo de nuestra evolución como especie precisamente para centrarse en lo nuevo, en lo diferente y en lo «amenazador», características todas ellas encarnadas (técnicamente hablando) en aquella persona de rostro malhumorado. Igualmente, si estamos acostumbrados a que nos digan «bien hecho» y «buen trabajo» a modo de cumplidos mecánicos y tópicos, el hecho de que alguien nos venga un día con un comentario como «¡menuda porquería te ha salido!» sonará más discordante para nosotros porque no es algo que suceda tan a menudo. Y nuestra mente siempre tenderá a darle más vueltas a una experiencia desagradable, y más todavía si se trata de averiguar por qué sucedió a fin de que podamos evitar que ocurra otra vez.

En el capítulo 2 se explicó que el funcionamiento del cerebro tiende a volvernos a todos un tanto egotistas y a hacer que interpretemos los acontecimientos y recordemos las cosas desde un prisma que favorece el hecho de que tengamos una mejor imagen de nosotros mismos. Si ese es nuestro estado por defecto, el elogio solo viene a decirnos lo que ya «sabemos», mientras que la crítica directa es más difícil de tergiversar y, por tanto, representa un verdadero impacto para nuestro sistema.

Si alguno de nosotros «se expone» públicamente de alguna manera, compartiendo sus dotes para la interpretación, o algún material escrito que haya creado, o simplemente una opinión que considera digna de compartir, lo que básicamente está diciéndole a su público es: «He pensado que esto les gustará». Estará buscando visiblemente la aprobación de las otras personas. Y, a menos que se trate de un individuo preocupantemente seguro de sí mismo, siempre habrá en él un elemento de duda y cierta conciencia de la posibilidad de que esté equivocado en un momento así. En ese caso, será particularmente sensible al riesgo de sufrir un rechazo y proclive a detectar cualquier señal de desaprobación o crítica, sobre todo si esta hace referencia a algo de lo que se enorgullece particularmente o que requirió de mucho tiempo y esfuerzo. Y cuanto más proclive sea esa persona a buscar algo que le preocupa, más probable resultará que lo encuentre. Es lo que le sucede a un hipocondríaco, que siempre es capaz de autodetectarse uno o más síntomas alarmantes de alguna enfermedad rara. Ese proceso se denomina sesgo de confirmación y es lo que hace que saquemos conclusiones a partir de aquellos indicios que «confirman» lo que queríamos demostrar e ignoremos aquellos otros que no lo confirmarían[38].

Nuestros cerebros son muy capaces de formarse juicios basados únicamente en lo que sabemos, y lo que sabemos está basado en nuestras propias conclusiones y experiencias, así que tendemos a juzgar las acciones de las personas basándonos para ello en lo que nosotros hacemos. Así, si somos educados y elogiosos solo porque las normas sociales dictan que debemos serlo, entonces lo normal es que supongamos que todos los demás también lo son por el mismo motivo. De ahí que cada loa que recibamos pueda resultarnos un tanto dudosa en cuanto a su grado de autenticidad. Pero si alguien nos critica, pensamos que no solo es porque hayamos hecho algo mal, sino porque lo hemos hecho *tan* mal que alguien ha estado dispuesto a saltarse la barrera de la norma social para hacérnoslo notar. Y, por tanto, una vez más, la crítica acaba teniendo más peso para nosotros que el elogio.

Es muy posible que el elaborado sistema cerebral de identificación de (y respuesta a) las amenazas potenciales permitiera en su momento a la humanidad sobrevivir a tantos siglos de existencia en entornos salvajes y llegar a ser la especie sofisticada y civilizada que hoy es, pero eso no significa que no tenga sus inconvenientes. Nuestros complejos intelectos nos facultan no solo para detectar amenazas, sino también para preverlas e imaginarlas. Hay muchas maneras de que un ser humano se sienta amenazado o asustado, y de que, por consiguiente, su cerebro responda neurológica, psicológica o socialmente a ello.

Para tormento nuestro, ese proceso puede causar vulnerabilidades aprovechables en nuestra contra por otros seres humanos, con lo que, en cierto sentido, devendrían en amenazas reales. Tal vez hayan oído hablar de la táctica del *negging,* usada por algunos hombres cuando quieren ligar con una mujer y le dicen algo que suena a cumplido pero que, en realidad pretende ser una crítica y un insulto de baja intensidad con el que minarle la autoconfianza y volverla más propicia a sus posteriores insinuaciones sexuales. Si un hombre se acercara a una mujer y le hiciera un comentario como el del título de la presente sección, estaría practicando el *negging.* También lo haría si le dijera algo como «me gusta tu pelo, la mayoría de mujeres con una cara como la tuya no se arriesgarían a llevar un peinado como el tuyo», o «normalmente no me van las chicas tan bajitas como tú, pero tú me pareces guay», o «ese vestido te quedará genial en cuanto bajes un pelín de peso», o «no tengo ni idea de cómo hablarles a las mujeres porque lo más cerca que he visto a una ha sido a través de prismáticos, así que voy a recurrir a un truco psicológico barato contigo con la esperanza de dañarte suficientemente la autoestima a fin de que luego quieras acostarte conmigo para no sentirte tan mal». Bueno, esta última no es una frase típica de *negging,* lo reconozco, pero, a decir verdad, es lo que todas las otras vienen a significar en el fondo.

Tampoco hay que ponerse tan siniestros. Probablemente todos conocemos a esa clase de persona que, cuando alguien ha hecho algo de lo que sentirse orgulloso, no tarda ni un segundo en intervenir para puntualizar aquellas cosas que quizá no le salieron tan bien. Porque ¿para qué pasar por el esfuerzo de hacer algo uno mismo cuando siempre puede subirse uno la autoestima chafando los ánimos a los demás?

Cruel ironía es esa por la que, en su diligente afán por buscar amenazas, el cerebro termina en la práctica creándoselas él solito.

4
SE CREEN USTEDES MUY LISTOS, ¿A QUE SÍ?

Los desconcertantes aspectos científicos de la inteligencia

¿Qué hace que el cerebro humano sea tan especial o único? Hay numerosas respuestas posibles a esa pregunta, pero lo más probable es que sea el hecho de que nos equipa con una inteligencia superior. Son muchas las criaturas capaces de desempeñar las funciones básicas de las que también se encarga nuestro cerebro, pero, hasta el momento, no se ha descubierto ninguna otra que haya creado su propia filosofía, o sus vehículos, o su ropa, o sus fuentes de energía, o su religión, o siquiera un tipo cualquiera de pasta italiana (y menos aún las más de trescientas variedades conocidas). Pese a que este libro trata sobre todo de aquellas cosas que el cerebro humano hace de manera ineficiente o estrambótica, es importante no pasar por alto el hecho de que algo tiene que estar haciendo evidentemente bien para que haya capacitado a los seres humanos para vivir una existencia tan rica, polifacética y variada, y para que hayan logrado tanto como han logrado.

Hay una cita famosa que reza más o menos así: «Si el cerebro humano fuera tan simple como para que pudiéramos entenderlo del todo, nosotros seríamos también tan simples que ya no podríamos entenderlo». Y cuando examinamos los aspectos científicos del cerebro y de cómo este se relaciona con la inteligencia, nos damos cuenta de cuánta verdad hay en ese aforismo. Nuestros cerebros hacen que seamos suficientemente inteligentes como para reconocer que lo somos, suficientemente observadores como para darnos cuenta de que eso no es típico ni habitual en el mundo que nos rodea, y suficientemente curiosos como para que nos preguntemos por qué eso es así. Pero no parece que seamos todavía suficientemente inteligentes como para comprender del todo de dónde procede nuestra inteligencia ni cómo funciona. Así que tenemos que recurrir a los estudios sobre el cerebro y a la psicología para obtener ideas sobre cómo se produce todo ese proceso. ¿La ciencia misma existe gracias a nuestra inteligencia y ahora usamos la ciencia para averiguar cómo funciona nuestra inteligencia? Sí, he ahí un razonamiento muy eficiente o muy circular: no soy lo suficientemente lúcido o perspicaz como para saber cuál de los dos adjetivos es el adecuado.

Confusa, desordenada, a menudo contradictoria y difícil de entender: he ahí una descripción bastante precisa de cómo es nuestra inteligencia. Es difícil de medir e incluso de definir con cierta fiabilidad, pero, en este capítulo, abordaré la cuestión de cómo usamos la inteligencia y de cuáles son esas extrañas propiedades suyas.

TENGO UN CI DE 270...,
O DE UN NÚMERO MÁS O MENOS ASÍ DE ALTO
(Por qué medir la inteligencia es más difícil de lo que creemos)

¿Son ustedes inteligentes?

El simple hecho de que se lo pregunten significa que la respuesta sin duda es que sí. Demuestra que ustedes son capaces de numerosos procesos cognitivos que automáticamente los cualifican para el título de «especie más inteligente de la Tierra». Para empezar, demuestra que son capaces de entender y retener el significado de un concepto como «inteligencia», algo que carece de una definición fija y de presencia física alguna en el mundo real. Son conscientes de sí mismos como entes individuales, como seres que tienen una existencia limitada en el mundo. Son capaces de considerar sus propias propiedades y capacidades y medirlas conforme a un objetivo ideal que aún no existe, o de deducir que podrían ser limitadas en comparación con las de otros individuos. Ninguna otra criatura de la Tierra es capaz de semejante nivel de complejidad mental. Lo que no está nada mal para lo que, en el fondo, no deja de ser una neurosis de nivel bajo.

Así pues, los seres humanos somos, por cierto margen de diferencia, la especie más inteligente de la Tierra. Pero ¿qué *significa* eso? La inteligencia, como la ironía o el horario de verano, es algo de lo que la mayoría de personas tienen una noción más o menos elemental, pero que les cuesta explicar con un mínimo de detalle.

Esto plantea un evidente problema para la ciencia. Existen múltiples definiciones de inteligencia diferentes propuestas por muy diversos científicos a lo largo de las décadas. Los franceses Binet y Simon, inventores de uno de los primeros tests de CI (cociente intelectual) rigurosos, definieron así el concepto de inteligencia: «Juzgar bien, comprender bien, razonar bien: tales son las actividades esenciales de la inteligencia». David Weschler, un psicólogo estadounidense que elaboró numerosas teorías e indicadores de la inteligencia que todavía se usan actualmente en forma de tests como el de la «escala Weschler de la inteligencia adulta», describió ese mismo concepto como «la agregación de la capacidad global de actuar con arreglo a fines, de interactuar de forma eficaz con el entorno». Philip E. Vernon, otro nombre destacado en el campo, se refirió a la inteligencia definiéndola como «el conjunto amplio de las capacidades cognitivas efectivas de comprensión, percepción de relaciones y razonamiento».

Pero no vayan a pensar que todo esto es un ejercicio especulativo sin sentido; hay muchos aspectos de la inteligencia sobre los que existe un acuerdo general: está claro, por ejemplo, que refleja la aptitud del cerebro para hacer... cosas. O, mejor dicho, la aptitud del cerebro para manejar y utilizar información. Términos como razonamiento, pensamiento abstracto, deducción de patrones, comprensión... todas estas cosas suelen ser citadas de forma habitual como ejemplos de manifestaciones de una inteligencia superior. Esto no deja de tener un cierto sentido lógico. Todos esos elementos implican normalmente la evaluación y la manipulación de información sobre una base del todo intangible. En muy resumidas cuentas, diríamos que los seres humanos somos suficientemente inteligentes como para resolver o averiguar cosas sin tener que interactuar directamente con ellas.

Por ejemplo, si un humano típico se acerca a una verja cerrada con grandes candados, pensará enseguida: «Vaya, por aquí no puedo pasar», y buscará otra entrada. Puede que esto nos parezca trivial, pero es una señal clara de inteligencia. La persona observa una situación, deduce lo que significa y reacciona en consecuencia. No le ha hecho falta intento físico alguno de abrir la puerta para descubrir que «sí, estaba cerrada». La lógica, el razonamiento, la comprensión, la previsión: todos esos elementos han sido utilizados para decidir las acciones del individuo. Eso es la inteligencia. Pero eso no aclara cómo la estudiamos ni cómo la medimos. El manejo de información a través de vías complejas dentro del cerebro está muy bien, pero no es algo que podamos observar directamente (ni siquiera los escáneres cerebrales más avanzados nos muestran actualmente más que manchas de colores variados, lo que no resulta particularmente útil para la observación mencionada), así que su medición solo puede llevarse a cabo de manera indirecta, observando la conducta y el desempeño del individuo mediante unos tests especialmente diseñados para ello.

Llegados a este punto, tal vez piensen que nos estamos dejando algo importante en el tintero, porque *sí* tenemos un modo de medir la inteligencia: los tests que calculan nuestro cociente intelectual (CI), ¿no? Sí, todos conocemos el CI: es un indicador de lo inteligentes que somos. Si nuestra masa se calcula midiendo nuestro peso, si nuestra estatura se calcula midiendo lo altos que somos, si nuestro nivel de ebriedad se calcula soplando por uno de esos pitones por los que la policía nos dice que soplemos, nuestra inteligencia se mide con esos tests que calculan nuestro CI. Así de simple, ¿no?

Pues no exactamente. El CI es un indicador que debe usarse con reservas, dada la escurridiza y poco específica naturaleza de la inteligencia, pero la mayoría de personas dan por sentado que sus resultados son mucho más definitivos de lo que son en realidad. Lo que es importante que recuerden en este sentido es que el CI medio de una población es 100. *Sin excepción*. Si alguien dice que «el CI medio de [un país X] es de solamente 85», está equivocado. Básicamente, vendría a ser igual de ilógico que decir que «la longitud de un metro en [el país X] es de solo 85 centímetros».

Los tests de inteligencia legítimos nos indican nuestra posición dentro de la distribución típica de intelectos de nuestra población de referencia, partiendo de la hipótesis de que estos se reparten aleatoriamente conforme a una distribución «normal». Establecemos (también de antemano) que el CI «medio» de dicha distribución normal es 100. A partir de ahí, un CI entre 90 y 110 estará clasificado dentro de la media. Un CI de entre 110 y 119 será «medio alto», uno de entre 120 y 129 será «superior», y todo lo que sobrepase 130 se considerará «muy superior». Por el otro lado, un CI de entre 80 y 89 será «medio bajo», uno de entre 70 y 79 estará situado en lo que se considera un nivel «límite» (o *borderline)* y todo lo que caiga por debajo de 70 estará clasificado como «muy bajo».

Conforme a ese sistema, más del 80 % de la población estará siempre entre los límites que designan la zona media, con un CI entre 80 y 120. Cuanto más nos alejemos de 100, menos personas encontraremos: siempre habrá menos del 5 % de la población que tenga un CI muy superior o muy bajo. Así pues, un test de cociente intelectual típico no mide directamente nuestra inteligencia en bruto, sino que únicamente revela cuán inteligentes somos en comparación con el resto de la población.

Esto puede conllevar alguna que otra consecuencia que induzca a confusión. Imaginemos que un virus muy potente y excepcionalmente específico erradicara a todas las personas del mundo que tienen un CI de más de 100. Las que siguieran vivas *seguirían teniendo un CI medio de 100*. Las que hubieran tenido un CI de 99 antes del estallido de la epidemia pasarían de pronto a tener uno de más de 130 y a estar clasificadas entre la «flor y nata» de la élite intelectual. Pensémoslo, si no, en términos de monedas nacionales. En Gran Bretaña, el valor de la libra fluctúa en función de lo que sucede en la economía nacional, pero siempre equivale a cien peniques, lo que significa que la libra tiene un valor flexible y otro fijo. Con el CI ocurre básicamente lo mismo: el CI medio siempre es 100, pero lo que un CI de 100 vale realmente en términos de inteligencia es una magnitud variable.

Esa «normalización» y esa adscripción a unas medias poblacionales hacen que las cifras del CI como indicador difícilmente se disparen para ningún caso individual concreto. El CI de personas como Albert Einstein y Stephen Hawking está en torno a 160, lo que, aun siendo «muy superior», no nos parece tan impresionante comparado con la media de 100 para el conjunto de la población. Y si un día alguno de ustedes se encuentra con alguien que le dice que tiene un CI de 270 o alguna otra cifra estratosférica, lo más probable será que se esté equivocando. Seguramente se ha guiado por algún tipo alternativo de test que no está validado científicamente, o ha hecho una lectura descabelladamente delirante de los resultados (lo que, en realidad, vendría a desdecir sus pretensiones de ser un supergenio).

Con esto no digo que un CI así sea imposible: al parecer, algunas de las personas más inteligentes de las que se haya tenido constancia registraron un CI de más de 250, según el *Libro Guinness de los récords*, si bien la categoría de «CI más alto» se retiró de dicha lista en 1990 debido a la incertidumbre y la ambigüedad de los tests para semejantes niveles.

Los tests de inteligencia que miden el CI usados por científicos e investigadores están meticulosamente diseñados; se utilizan como si fueran una herramienta real más (como los microscopios y los espectrómetros de masas). Cuestan mucho dinero (así que, olvídense, no se los ofrecen gratis por internet). Son tests diseñados para evaluar inteligencias normales, medias, en el más amplio rango posible de personas. Eso implica que, cuanto más nos acercamos a los extremos, menos útiles tienden a ser. Podemos demostrar muchos conceptos de la física en un aula escolar con artículos y objetos cotidianos (por ejemplo, usando pesos de diferentes tamaños para mostrar la constancia de la fuerza de gravedad, o un muelle para ilustrar la elasticidad), pero si el docente de turno se adentra en el terreno de la física compleja, necesitará aceleradores de partículas o reactores nucleares, amén de unas matemáticas terriblemente complejas.

Lo mismo ocurre cuando se presenta el caso de un individuo de una inteligencia extrema: sencillamente, resulta mucho más difícil de medir. Estos tests científicos del CI miden cosas como la concepción espacial con ejercicios de prueba en los que se pide al individuo que detecte y complete patrones, o miden la velocidad de comprensión con preguntas específicas para determinarla, o la fluidez verbal pidiendo al sujeto que elabore listas de palabras de ciertas categorías, y cosas así; todas ellas son preguntas muy razonables para cada uno de los conceptos que se pretenden examinar, pero no es probable que pongan realmente a prueba a un supergenio hasta el punto de que permitan detectar los límites reales de su inteligencia. Podría decirse que es como pesar elefantes con básculas de baño: estas pueden resultar útiles para un rango estándar de pesos, pero, a ese otro nivel, no nos proporcionarán dato aprovechable alguno (solo un montoncito de pedacitos rotos de plástico y metal).

Otro problema con los tests de inteligencia es que pretenden medir precisamente eso, la inteligencia, y que, al final, sabemos lo que esta es porque en el fondo es aquello que nos indican los tests de inteligencia. Es comprensible por qué esto puede casar mal con una meticulosidad científica estricta. Es cierto que los tests más comunes han sido revisados ya repetidas veces y su fiabilidad ha sido estudiada y reexaminada con frecuencia, pero hay quienes siguen teniendo la sensación de que se ignora igualmente el problema de fondo.

Son muchos los observadores que señalan que el rendimiento en los tests de inteligencia refleja más bien factores de origen social, nivel general de salud, aptitud para los exámenes escritos, nivel educativo, etcétera, que la inteligencia propiamente dicha de la persona examinada. Los tests tal vez tengan su utilidad, vendrían a decir, pero no para el uso que se les quiere dar.

Pero tampoco tiene por qué cundir el pesimismo. Los científicos no desconocen esas críticas y, además, son gente con mucha inventiva. En la actualidad, los tests de inteligencia son más útiles: proporcionan una amplia gama de evaluaciones (de la concepción espacial, de la capacidad de cálculo aritmético, etcétera) en vez de una sola, y eso nos permite obtener del individuo una demostración más robusta y exhaustiva de su aptitud. Algunos estudios han mostrado que el rendimiento en los tests de inteligencia también parece mantenerse muy estable a lo largo de la vida de una persona, a pesar de todos los cambios en su aprendizaje que experimenta durante ese tiempo, lo que significa que alguna cualidad inherente estarán detectando, y no solo una circunstancia coyuntural[1].

Así pues, ahora ya saben lo que sabemos (o lo que creemos que sabemos). Uno de los signos generalmente aceptados de la inteligencia es ser conscientes de lo que no sabemos y aceptar que no lo sabemos. Bien por todos nosotros, entonces.

¿DÓNDE SE HA DEJADO LOS PANTALONES, SEÑOR PROFESOR?
(Cómo es que las personas inteligentes pueden despistarse de la manera más estúpida)

El estereotipo del hombre de ciencias es el de un sabio despistado de cabellos blancos y bata de igual color (casi siempre nos lo imaginamos hombre) de edad mediana-avanzada, que habla atropelladamente y, casi siempre, de temas de su campo de estudio sin enterarse para nada del mundo inmediato que le rodea en ese momento, y que tan fácilmente puede describirnos el genoma de la mosca de la fruta como mancharse inadvertidamente de mantequilla la corbata. Las normas sociales y las tareas cotidianas le son tan ajenas como desconcertantes; sabe todo lo que se puede saber de su especialidad, pero poco o nada más allá de eso.

Ser inteligente no es como ser fuerte: una persona fuerte lo es en todos los contextos. Sin embargo, alguien que es brillante en un contexto puede parecer un bobo de capirote en otro.

Esto se debe a que la inteligencia, a diferencia de la fuerza física, es producto de algo tan poco dado a la sencillez y la simplicidad como es el cerebro. ¿Cuáles son, entonces, los procesos cerebrales en los que se fundamenta la inteligencia y por qué es tan variable esta? De entrada, en psicología continúa debatiéndose si los seres humanos «gastamos» uno o más tipos de inteligencia. Los datos más recientes nos indican que probablemente se trate de una combinación de cosas.

Una opinión dominante en este campo es la que defiende que la existencia de nuestra inteligencia se sustenta sobre una única propiedad que puede expresarse de formas variadas. Es lo que se conoce como «g de Spearman» o simplemente «factor g». Se denomina así en honor de Charles Spearman, un científico que realizó un gran servicio al estudio de la inteligencia y a la ciencia en general allá por la década de 1920 desarrollando el análisis factorial. En la sección inmediatamente previa, vimos que los tests de inteligencia se utilizan de forma habitual pese a las reservas que despiertan; el análisis factorial es una de esas herramientas que hace que esos tests (y otros) tengan utilidad para nosotros.

El análisis factorial es un proceso de elevada densidad matemática, pero, a los efectos que aquí nos ocupan, basta que sepamos que es una forma de descomposición estadística. Es decir, que permite que agreguemos grandes volúmenes de datos (como, por ejemplo, los generados por los tests de inteligencia), los descompongamos matemáticamente de varias maneras y busquemos ahí factores que conecten los resultados entre sí o que influyan en ellos. Estos factores no nos son conocidos de antemano: es el análisis factorial el que puede sacarlos a relucir. Si los alumnos de un colegio han obtenido unas notas entre medianas y regulares en los últimos exámenes, puede que al director le interese conocer más detalladamente cómo se han producido esos resultados. El análisis factorial podría usarse entonces para evaluar más a fondo la información que encierran todas las notas de esos exámenes. Y podría revelarnos que las preguntas del temario de matemáticas no representaron un gran problema para los alumnos en líneas generales, pero que las de historia sí. El director tendría entonces un motivo justificado para llamar la atención a los docentes de historia por estar malgastando tiempo y dinero (aunque probablemente no estaría tan «justificado», dadas las múltiples explicaciones posibles que puede haber para unos malos resultados de ese tipo).

Spearman empleó un proceso similar a ese para evaluar los tests del CI y descubrió que, al parecer, existía un único factor subyacente al rendimiento de quienes se sometían a esas pruebas. Lo denominó «factor general único», g, y si algo hay en ciencia que represente lo que la persona corriente diría que es la inteligencia, eso es g.

Nos equivocaríamos si dijéramos que «g = toda inteligencia posible», pues la inteligencia puede manifestarse de muchos modos distintos. Sería más correcto entender g como un «núcleo» básico general de la aptitud intelectual. Se concebiría más bien como algo parecido a los cimientos y el armazón de una casa. A partir de ahí, podemos añadirle ampliaciones y muebles, pero si la estructura de base no es suficientemente fuerte, será inútil que lo hagamos. Igual sucede con la inteligencia: podemos aprender todas las palabras complejas y los trucos de memoria que queramos, que si nuestro g no está a la altura, no seremos capaces de hacer gran cosa con ellos.

Las investigaciones parecen dar a entender que tal vez haya una parte del cerebro responsable de ese g. En el capítulo 2 hablamos de la memoria a corto plazo con cierto detalle y mencionamos el término «memoria de trabajo». Esta hace referencia al procesamiento y la manipulación en sí, es decir, a la «utilización» de la información en la memoria a corto plazo. A comienzos de la década de 2000, el profesor Klaus Oberauer y sus colegas administraron una serie de tests a un grupo de sujetos y descubrieron que los resultados obtenidos por estos en pruebas sobre la memoria de trabajo estaban muy correlacionados con el rendimiento mostrado por esos mismos individuos en tests dirigidos a determinar su g, lo que daba a entender que la capacidad de memoria de trabajo de una persona es un factor muy importante de su inteligencia en general[2]. En último término, pues, si una persona obtiene puntuaciones altas en una tarea relacionada con la memoria de trabajo, es muy probable que también las obtenga en una amplia gama de tests diseñados para medir el CI. Es lógico: la inteligencia supone obtener, retener y usar información con la máxima eficiencia posible, y los tests del CI están diseñados para medir precisamente eso. Pero, claro, también se supone que todos esos procesos son básicamente las tareas de las que la memoria de trabajo se encarga por definición...

Los estudios e investigaciones con escáneres realizados en personas con lesiones cerebrales nos proporcionan indicios bastante convincentes del papel fundamental que desempeña el córtex prefrontal a la hora de procesar tanto g como la memoria de trabajo, pues las personas afectadas por una lesión en el lóbulo frontal evidencian una amplia gama de problemas de memoria poco habituales, que normalmente se remontan a un déficit en la memoria de trabajo, lo que abunda en la posibilidad de una amplia coincidencia entre ambas cosas. El córtex prefrontal está situado justo por detrás de la frente, lo que significa que es el principio del lóbulo frontal, normalmente implicado en funciones «ejecutivas» superiores, como el pensamiento, la atención y la conciencia.

Pero la memoria de trabajo y g no lo explican todo. Los procesos de la memoria de trabajo funcionan principalmente con información verbal y, por tanto, se apoyan en un monólogo interior de palabras y términos que podríamos enunciar en voz alta. La inteligencia, sin embargo, es aplicable a todos los tipos de información (visual, espacial, numérica, etcétera), y eso ha hecho que los investigadores miren más allá de g a la hora de intentar definir y explicar la inteligencia en general.

Raymond Cattell (que fue alumno de Charles Spearman) y un discípulo suyo, John Horn, diseñaron unas técnicas de análisis factorial nuevas y detectaron con ellas dos tipos de inteligencia a lo largo de estudios realizados desde los años cuarenta hasta los años sesenta del siglo XX: me refiero a las inteligencias fluida y cristalizada.

La inteligencia fluida es la capacidad de *usar* información, trabajar con ella, aplicarla, etcétera. Para resolver un cubo de Rubik, actúa la inteligencia fluida, como también es esta inteligencia la que interviene cuando nos esforzamos por averiguar por qué nuestro compañero o compañera sentimental no quiere hablar con nosotros aun cuando no recordamos haber hecho nada malo. En cada uno de esos casos, la información de que disponemos es nueva y nosotros tenemos que averiguar qué hacer con ella a fin de obtener un resultado que nos beneficie.

La inteligencia cristalizada es la información que hemos almacenado en la memoria y que podemos utilizar a fin de sacar partido a las situaciones. Saber quién fue el actor protagonista de una película bastante desconocida de los años cincuenta para responder a la pregunta de un concurso sobre cultura general requiere que apliquemos nuestra inteligencia cristalizada. Conocer todas las capitales de países del hemisferio norte es un ejemplo de inteligencia cristalizada. En el aprendizaje de una segunda (o tercera o cuarta) lengua, utilizamos la inteligencia cristalizada. La inteligencia cristalizada es el saber que hemos acumulado, mientras que la inteligencia fluida es lo bien que se nos da usarlo o tratar con situaciones poco familiares para nosotros pero que necesitamos resolver del mejor modo posible.

Podría decirse que la inteligencia fluida es una variante más de g y de la memoria de trabajo: en resumen, el manejo y el procesamiento de información. Pero la inteligencia cristalizada se entiende cada vez más como un sistema separado, y el funcionamiento mismo del cerebro así parece confirmarlo. Un dato muy revelador en ese sentido es que la inteligencia fluida declina a medida que envejecemos: una persona de ochenta años de edad rendirá peor en un test de inteligencia fluida de lo que habría rendido a los treinta años o a los cincuenta. Tanto los estudios neuroanatómicos como numerosas autopsias han revelado que el córtex prefrontal, la región que se cree encargada de la inteligencia fluida, se atrofia más con la edad que la mayoría de las demás áreas cerebrales.

Por el contrario, la inteligencia cristalizada se mantiene estable a lo largo de la vida. Alguien que aprende francés a los dieciocho años seguirá sabiéndolo hablar a los ochenta y cinco, salvo que dejara de usarlo de golpe y lo hubiera olvidado ya a los diecinueve. La inteligencia cristalizada se apoya en los recuerdos a largo plazo, que se distribuyen de un modo muy repartido por todo el cerebro y tienden a tener la suficiente resistencia y flexibilidad como para soportar los embates del tiempo. El córtex prefrontal es una región muy exigente desde el punto de vista del consumo de recursos energéticos y necesita realizar labores de procesamiento activo constante para apoyar a la inteligencia fluida, labores que son bastante dinámicas y que, por ello, tienen más probabilidades de provocar un desgaste paulatino (la actividad neuronal intensa tiende a generar muchos productos de desecho en forma de radicales libres, unas partículas energéticas que resultan dañinas para las células).

Ambos tipos de inteligencia son interdependientes; ningún sentido tendría que nuestros cerebros fueran capaces de manejar información si no pudieran acceder a ella, y viceversa. Separarlas tan tajantemente de cara a estudiarlas puede inducirnos a engaño. Afortunadamente, es posible diseñar tests de inteligencia que se centren principalmente en la inteligencia fluida o en la cristalizada. Los tests que piden a los individuos que analicen patrones con los que no están familiarizados y que detecten pautas extrañas o averigüen qué es lo que las interconecta están pensados para evaluar la inteligencia fluida; en esos casos, toda la información es novedosa y tiene que procesarse, por lo que el uso de inteligencia cristalizada es mínimo. Del mismo modo, los tests de recuperación de recuerdos y de conocimientos (como aquellos en los que se pide memorizar una lista de palabras, o los ya mencionados concursos de preguntas sobre cultura general) se centran en la inteligencia cristalizada.

La realidad nunca es tan simple, por supuesto. Las tareas que nos exigen detectar y clasificar patrones desconocidos para nosotros no dejan de depender de un conocimiento previo por nuestra parte de cosas como imágenes o colores, o incluso de los medios que utilizamos para cumplimentar el test (si se trata de reordenar una serie de tarjetas o cartas, estaremos usando nuestro conocimiento previo de lo que es una tarjeta o una carta y de cómo se ordenan o se reordenan). Ese es otro de los motivos por los que los estudios basados en los escáneres cerebrales tienen también sus problemas y dificultades de interpretación: hasta la tarea más simple implica a múltiples regiones cerebrales. De todos modos, en general, las tareas de la inteligencia fluida tienden a mostrar una actividad mayor en el córtex prefrontal y las regiones asociadas a este, mientras que las tareas de la inteligencia cristalizada indican una intervención de una parte más amplia de la corteza cerebral, sobre todo, de regiones del lóbulo parietal (la zona media superior del cerebro) como el giro supramarginal y el área de Broca: el primero se considera necesario para el almacenamiento y el procesamiento de la información referida a las emociones y a ciertos datos sensoriales, mientras que la segunda es una parte clave de nuestro sistema de procesamiento del lenguaje. Ambas regiones están interconectadas, lo que da a entender que son sede de funciones que requieren de acceso a datos de la memoria a largo plazo. Y, aunque aún no está suficientemente claro, cada vez hay más indicios que apuntan a una confirmación de esa distinción de la inteligencia general entre una parte fluida y otra cristalizada.

Miles Kingston ha sabido plasmar la esencia de esa teoría con brillantez: «Conocimiento es saber que un tomate es una fruta; sabiduría es no ponerlo como ingrediente en una macedonia». Se necesita la inteligencia cristalizada para saber en qué categoría se clasifican los tomates, y la fluida para aplicar esa información cuando estemos preparando una macedonia de frutas. Tal vez hayan llegado ahora a la conclusión de que la inteligencia fluida se parece mucho al sentido común. Sí, este sería otro ejemplo de esa inteligencia. Pero, para algunos científicos, dos tipos de inteligencia diferenciados no bastan. Quieren más.

La lógica que subyace a sus argumentos es que una sola inteligencia general no es suficiente para explicar la amplia variedad de capacidades intelectuales de las que los seres humanos podemos hacer gala. Pensemos, por ejemplo, en los futbolistas: no son personas que suelan despuntar en el plano de los conocimientos académicos, quizá, pero su capacidad para jugar a un deporte complicado como el fútbol profesional requiere de un mucho de aptitud intelectual en forma de control preciso, cálculo de fuerzas y ángulos, concepción espacial en un área extensa, etcétera. Para concentrarse en el trabajo y hacer caso omiso de los improperios de la ardorosa hinchada hay que demostrar una fortaleza mental considerable. Lo que se entiende comúnmente por «inteligencia» resulta claramente restrictivo para dar cuenta de algo así.

Quizás el ejemplo que más descarnadamente nos muestra lo restrictivo del concepto es el de los individuos que presentan síntomas del llamado «síndrome del sabio», que, afectados de algún tipo de trastorno neurológico, muestran una afinidad o una aptitud extremas para desempeñar tareas complejas con un componente matemático, musical, memorístico, etcétera. En la película *Rain Man,* Dustin Hoffman interpretaba a uno de esos «sabios» o *savants,* Raymond Babbit: un paciente psiquiátrico autista que es también un superdotado en matemáticas. El personaje estaba inspirado en una persona real, llamada Kim Peek, a quien se calificaba de «megasabio» por la capacidad que en su momento demostró para memorizar, palabra por palabra, hasta un total de doce mil libros.

Estos ejemplos y otros han propiciado la elaboración de teorías sobre las inteligencias múltiples, porque ¿cómo puede alguien ser poco inteligente en un ámbito y superdotado en otro si solo existe un único tipo de inteligencia? La teoría más temprana de esa índole es probablemente la que formuló Louis Leon Thurstone en 1938, en la que proponía que la inteligencia humana está compuesta de siete «aptitudes mentales primarias»:

— La comprensión verbal (entender palabras: «¡Eh, yo sé qué significa eso!»).
— La fluidez verbal (usar el lenguaje verbal: «¡Ven aquí y dímelo a la cara, payaso descerebrado!»).
— La memoria («¡Un momento, me acuerdo de ti, tú eres el campeón mundial de lucha libre en jaula!»).
— La aptitud aritmética («Las probabilidades de que yo gane este combate son aproximadamente de 1 entre 82.523»).

— La velocidad de percepción (detectar y relacionar detalles: «¿Eso que lleva puesto es un collar de dientes humanos?»).

— El razonamiento inductivo (inducir ideas y reglas a partir de situaciones concretas: «Cualquier intento de aplacar a este bestia solo servirá para enfurecerlo aún más»).

— La visualización espacial (visualizar/manipular mentalmente un entorno tridimensional: «Si vuelco esta mesa, frenaré el avance de ese bestia y me dará tiempo a saltar por esa ventana»).

Thurstone dedujo sus aptitudes mentales primarias tras diseñar sus propias técnicas de análisis factorial y aplicarlas a los resultados de los tests de inteligencia de miles de estudiantes universitarios[3]. Sin embargo, cuando se reanalizaron sus resultados usando un análisis factorial más tradicional, se observó que era una sola aptitud (y no varias, como creía Thurstone) la que influía por lo general en el rendimiento demostrado en aquellos tests. En el fondo, había redescubierto g. Esta crítica y otras (como, por ejemplo, que se había limitado a estudiar los casos de estudiantes universitarios, a quienes difícilmente podemos considerar un grupo representativo de individuos cuando de evaluar la inteligencia humana general se trata) hicieron que las aptitudes mentales primarias de Thurstone terminaran no teniendo una aceptación demasiado extendida.

La idea de las inteligencias múltiples regresó con fuerza en la década de 1980 de la mano de Howard Gardner —destacado investigador que propuso la existencia de varias modalidades (o tipos) de inteligencia— y de su libro titulado (cómo no) *La teoría de las inteligencias múltiples,* basado en sus estudios con pacientes aquejados de daños cerebrales que seguían reteniendo ciertos tipos de aptitudes intelectuales[4]. Su propuesta de lista de inteligencias era similar a la de Thurstone en ciertos aspectos, pero incluía también la musical y las personales (la capacidad de una persona para interactuar bien con otras y la capacidad para juzgar su propio estado interior).

A diferencia de la Thurstone, sin embargo, la teoría de las inteligencias múltiples de Gardner sí tiene un buen número de partidarios. La idea de las inteligencias múltiples es popular porque implica que todas las personas son potencialmente inteligentes, aunque no necesariamente en el sentido «normal» de la inteligencia que atribuimos a los buenos estudiantes y a los «cerebritos». Pero es ese mismo carácter generalizable del concepto lo que muchos le critican. Si todo el mundo es inteligente, entonces la noción de inteligencia pierde todo sentido desde el punto de vista de la utilidad científica. Es como dar a todos los niños y las niñas una medalla por haberse presentado a una competición deportiva escolar: está muy bien que todos los individuos se sientan bien, pero ¿dónde está el «deporte» entonces?

Hasta la fecha, las pruebas en las que se fundamenta la teoría de las inteligencias múltiples continúan estando bastante en entredicho. Muchos analistas ven en los datos disponibles algo más parecido a una confirmación de la existencia de g (o de algo similar) combinada con las lógicas diferencias y preferencias personales de cada individuo. Eso significa que dos personas que destaquen en campos diferentes (música una y matemáticas la otra, por ejemplo) no estarán evidenciando en realidad dos tipos distintos de inteligencia, sino una misma inteligencia general aplicada a tipos diferenciados de tareas. Tampoco los nadadores y los tenistas profesionales usan los mismos grupos de músculos con igual intensidad para practicar sus deportes respectivos; pero eso no significa que el cuerpo humano disponga de unos músculos especialmente dedicados para el tenis, como tampoco podemos esperar que un campeón de natación pueda jugar de pronto al tenis al máximo nivel. Pues de parecida manera se cree que funciona la inteligencia.

Muchos sostienen que es perfectamente posible que varios individuos distintos tengan un g elevado y prefieran utilizarlo y aplicarlo de modos muy concretos, lo que se manifiesta en unos «tipos» diferentes de inteligencia según cómo los miremos. Otros

vienen a decirnos que esos supuestos tipos distintos de inteligencia son indicativos más bien de unas meras inclinaciones personales basadas en los orígenes, las tendencias, las influencias, etcétera, de cada individuo.

Los datos neurológicos actualmente disponibles apoyan
la existencia de g y del sistema fluido/cristalizado. Se cree que la
inteligencia es fruto de cómo el cerebro está estructurado para
organizar y coordinar los diversos tipos de información, y no de
que dicho órgano disponga de sistemas separados para cada uno
de esos tipos. Todos canalizamos nuestra inteligencia por unas
determinadas vías y en ciertas direcciones, ya sea por nuestras
preferencias, por nuestra educación, por nuestro entorno o por
algún otro sesgo subyacente impreso en nosotros por ciertas propiedades neurológicas sutiles. Por eso vemos a personas supuestamente muy inteligentes hacer auténticas bobadas: no es que la
cabeza no les dé de sí para saber que están cometiendo errores
que la mayoría de nosotros consideraríamos básicos, sino simplemente que la tienen demasiado concentrada en otras cosas como
para que esos errores les importen lo suficiente. Viéndolo por el
lado positivo, eso probablemente significa que no hay problema
si nos reímos de ellas, pues seguramente estarán demasiado distraídas como para percatarse de ello.

CUANTO MÁS VACÍA ESTÁ LA BOTELLA, MÁS RUIDO SALE DE ELLA
(Por qué las personas inteligentes pueden perder discusiones con facilidad)

Una de las experiencias más enervantes es discutir con alguien
que está convencido de tener razón cuando nosotros sabemos
perfectamente que no. Podemos demostrar que no la tiene con
los datos y con la lógica, pero ni aun así da su brazo a torcer. Yo
una vez presencié una encendida disputa entre dos personas, una
de las cuales se mantenía firme en defender que el actual es el

siglo XX, no el XXI, porque... «estamos a 2015, 20-15, ¿no?». De eso iba en realidad su discusión.

Comparemos esa situación con el fenómeno psicológico conocido por el nombre de «síndrome del impostor». Es el caso de personas que tienen éxito y logran cosas importantes en su campo (u otros), pero continuamente infravaloran sus aptitudes y sus logros, aun a pesar de tener *pruebas fehacientes* de ellos. Intervienen en esos casos múltiples elementos de índole social. Por ejemplo, es un síndrome particularmente común entre mujeres que logran el éxito en un entorno de tradicional dominio masculino (o sea, en la mayoría), pero que precisamente por ello es probable que sientan una fuerte influencia adversa de toda una serie de estereotipos, prejuicios, normas culturales, etcétera. Pero no es un fenómeno que se limite a las mujeres y, de hecho, uno de los aspectos más interesantes del mismo es el hecho de que afecta predominantemente a «triunfadores» o «triunfadoras»: personas caracterizadas normalmente por un nivel de inteligencia elevado.

Adivinen qué científico dijo esto poco antes de su muerte: «La exagerada estima en la que se tiene el trabajo de toda mi vida me incomoda profundamente. Me siento obligado a verme a mí mismo como un estafador involuntario».

Albert Einstein. No precisamente un inútil, que digamos.

Esos dos rasgos —el síndrome del impostor en personas inteligentes y una ilógica confianza excesiva en sí mismas de ciertas personas no tan inteligentes— tienden a coincidir en el espacio y el tiempo con efectos netos no muy positivos. El debate público moderno está desastrosamente sesgado por culpa de ello. Hay áreas temáticas importantes, como la vacunación o el cambio climático, que se ven continuamente acaparadas por las diatribas apasionadas de individuos con opiniones personales infundadas, en vez de por las explicaciones más calmadas de los expertos bien informados, y todo ello por culpa de unas cuantas rarezas del funcionamiento cerebral.

Las personas recurren a otras personas como fuente de información y de apoyo a sus propias opiniones/creencias/nociones de autoestima, y el capítulo 7 (dedicado a la psicología social) explorará ese aspecto con más detalle. Pero, de momento, baste decir que, cuanto más segura está una persona de lo que dice, más convincente resulta y más tienden otras a creer lo que afirma. Esto ha sido demostrado por diversos estudios, incluidos los realizados por Penrod y Custer en la década de 1990, centrados en el contexto de las salas de vistas durante los juicios. Penrod y Custer examinaron en qué medida influyen en los jurados las declaraciones de los testigos y descubrieron que es mucho más probable que exhiban favoritismo por los testimonios de aquellos declarantes que se muestran seguros y tranquilos, que por los de aquellos otros que les parecen nerviosos y dubitativos o poco seguros de los detalles de su versión de los hechos. Aquel era un hallazgo ciertamente preocupante: el contenido de una declaración influía menos a la hora de determinar un veredicto que el modo en que ese testimonio se hubiera presentado, y eso podía tener serias repercusiones para el sistema judicial. Y nada indica que eso sea privativo del entorno de los juzgados y los tribunales de justicia: ¿qué nos impide deducir que las preferencias políticas no están influidas por factores similares?

Los políticos modernos están preparados y asesorados en lo que a su presencia mediática se refiere con el propósito de que puedan hablar con seguridad y soltura sobre cualquier tema durante periodos prolongados de tiempo sin decir nada sustancial. O peor aún, diciendo cosas sencillamente estúpidas como «me malinfravaloraron» (George W. Bush *dixit*) o «la mayoría de nuestras importaciones provienen de otros países» (George W. Bush, otra vez). De entrada, parecería lógico que los individuos más inteligentes fueran los encargados de dirigir y gestionar las cosas: cuanto más inteligente sea una persona, mejor será capaz de hacerlo, ¿no? Y, sin embargo, y por contrario a toda lógica que pueda parecernos, resulta que cuanto más inteligente es una persona (y, por consiguiente, más consciente sea de los puntos débiles de sus propias opiniones), menos segura nos parecerá y, por ende, menos confiaremos en ella. Esto es la democracia, señores.

Los tipos inteligentes también pueden mostrarse menos seguros de entrada porque, a menudo, pueden percibir cierta hostilidad general contra los intelectuales en sus diversas manifestaciones. Yo soy neurocientífico por formación, pero no es algo que vaya diciendo por ahí a menos que me pregunten directamente, porque una vez lo dije y alguien me respondió: «Ya, seguro que te crees muy listo, ¿a que sí?».

¿Reciben respuestas parecidas otras personas? Si una persona va por ahí diciendo que es un velocista olímpico, ¿le dice alguien alguna vez: «Ya, seguro que te crees muy rápido, ¿a que sí?»? No parece probable. En cualquier caso, yo continúo disculpándome por mi formación diciendo cosas como: «Soy neurocientífico, pero no es una cosa tan imponente como parece». Existen innumerables razones sociales y culturales que podrían explicar el anti-intelectualismo en general, pero una posibilidad es que se trate de una manifestación más del sesgo egocéntrico o «interesado» de nuestro cerebro y de su tendencia a temer cosas. Las personas se preocupan por su posición social y su bienestar, y si alguien parece más inteligente que ellas, pueden percibirlo como una amenaza. Cuando un individuo es más grande y fuerte físicamente que otro puede resultarle intimidante, pero esa aptitud física es una propiedad conocida. Es fácil entender por qué una persona está físicamente en forma, ¿no?: va más al gimnasio o lleva mucho tiempo practicando un deporte. Es lo que tienen la musculación y ese tipo de cosas. Cualquiera podría llegar a estar igual si hace lo que esa persona ha hecho, suponiendo que dispusiera del tiempo y de las ganas para hacerlo.

Pero cuando se dice de un individuo que es más inteligente que otro, se habla de una magnitud incognoscible y, por tanto, de alguien que podría comportarse de un modo imposible de prever o de comprender. Eso significa que el cerebro no puede determinar si representa un peligro o no y, en esa situación, el viejo instinto del «más vale prevenir» activa la suspicacia y la hostilidad. Cierto es que una persona también podría aprender y estudiar para ser más inteligente, pero mejorar en ese terreno es mucho más complejo e incierto que mejorar físicamente. Levantar pesas nos fortalece los brazos, pero la conexión entre el aprendizaje y la inteligencia es mucho más difusa.

El fenómeno por el que cuando las personas son menos inteligentes tienden a mostrarse más seguras de sí mismas tiene una denominación científica real: el efecto Dunning-Kruger. Su nombre proviene de David Dunning y Justin Kruger, los investigadores de la Universidad de Cornell que analizaron por primera vez el fenómeno, inspirados por las informaciones sobre un delincuente que atracaba bancos «tapándose» la cara con zumo de limón, porque, al ser ese un líquido que puede usarse como tinta invisible, él creía que su rostro no quedaría registrado en las grabaciones de las cámaras de seguridad[5]

Sí, tómense un momento para hacerse cargo de lo que acaban de leer...

Dunning y Kruger pidieron a un grupo de sujetos que rellenaran una serie de tests, pero también les solicitaron que valoraran lo bien que les habían ido esos tests a cada uno de ellos. Y lo que obtuvieron fue una pauta muy reseñable: quienes sacaban malas puntuaciones en los tests daban casi siempre por supuesto que los habían hecho mejor (pero mucho mejor), mientras que quienes los hacían bien invariablemente asumían que los habían hecho peor. Dunning y Kruger explicaron que quienes tenían menos inteligencia no solo carecían de las aptitudes intelectuales propias de las personas más inteligentes, sino que también estaban desprovistas de *la aptitud para reconocer que algo se les da mal*. Las tendencias egocéntricas del cerebro se dejan sentir también en esos casos y reprimen reacciones que podrían hacer que el individuo se formase una opinión negativa de sí mismo. Pero tampoco hay que olvidar que reconocer las limitaciones propias y las aptitudes superiores de otras personas es algo que, por sí mismo, requiere de inteligencia. De ahí que haya individuos que discuten apasionadamente con otros en relación con temas sobre los que no tienen experiencia directa alguna, y aun cuando esos otros individuos sí lleven estudiando esas materias y cuestiones toda su vida. Nuestro cerebro cuenta solamente con nuestras propias experiencias para hacer su trabajo, y nuestros supuestos de partida se basan en que todas las demás personas son como nosotros. Piensa el ladrón que todos son de su condición... Y lo mismo puede decirse del idiota.

La idea se fundamenta en el argumento de que una persona poco inteligente no puede «captar» en realidad lo que significa ser alguien que lo es en un grado considerablemente mayor. Vendría a ser algo muy parecido a pedirle a una persona daltónica que describiera un estampado en rojos y verdes.

Es posible que un «inteligente» aplique un enfoque similar a la hora de interpretar las opiniones y capacidades de los demás, aunque expresado a la inversa. Si una persona inteligente piensa que algo ha sido fácil, puede que dé por supuesto que a todas las demás se lo parezca también. Asume que su nivel de competencia es la norma, por lo que asume también que su inteligencia es lo normal (y no olvidemos que las personas inteligentes tienden a estar en trabajos y situaciones sociales donde viven rodeadas de individuos similares, por lo que es probable que reciban constantes indicios y datos que los reafirmen en esa opinión).

Pero si, por lo general, las personas inteligentes están habituadas a aprender cosas nuevas y a informarse, es más probable que hayan adquirido también la conciencia de que *no* lo saben todo y de que les queda mucho por conocer de todos los temas, lo que muy seguramente minará el grado de confianza con el que afirman o declaran algo.

En ciencia, por ejemplo, lo ideal es que los investigadores seamos minuciosamente exhaustivos con nuestros datos y nuestras averiguaciones antes de formular enunciado alguno sobre cómo funciona aquello que estamos estudiando. Una de las consecuencias de estar rodeados de personas de inteligencia similar en un entorno como ese es que, si alguno de nosotros comete un error o realiza una afirmación infundadamente grandilocuente, es más probable que otro (u otros) advierta la imprecisión y se la haga notar. Esto trae consigo, como consecuencia lógica, que los científicos sean generalmente muy conscientes de la importancia de no saber (o no estar seguros de) algo, una sensación que tiende a lastrarlos en un debate o un discusión.

Estos casos se dan con la suficiente frecuencia como para que estemos familiarizados con el fenómeno y constituyan incluso un problema general, pero, obviamente, no responden a un absoluto: no todas las personas inteligentes están atormentadas por la duda y no todas las que no lo son tanto son unos payasos adictos al autobombo. Hay sobrados ejemplos de intelectuales que están tan enamorados del sonido de su propia voz que cobran millonadas a su público por oírla, y también hay muchísimas personas menos inteligentes que no tienen inconveniente alguno en admitir su limitado potencial mental con humildad y buen humor. Es posible que también entre en juego en todo ello un aspecto cultural; los estudios en los que se fundamenta el hallazgo del efecto Dunning-Kruger se refieren casi siempre a sujetos de sociedades occidentales, pero algunas culturas del Asia oriental han evidenciado patrones de comportamiento muy diferentes, y una explicación que se ha dado a esa variación es que estas últimas culturas adoptan la (más sana) actitud de entender la ausencia de conciencia o conocimiento de algo como una oportunidad para mejorar en ese aspecto, por lo que las prioridades y las conductas son muy distintas allí[6].

¿Hay regiones cerebrales responsables en realidad de que se dé ese fenómeno? ¿Hay alguna parte del cerebro que se dedique a reflexionar sobre si «se me da bien esto que estoy haciendo»? Pues, por sorprendente que parezca, es posible que sí. En 2009, Howard Rosen y sus colaboradores realizaron pruebas con un

grupo de unos cuarenta pacientes de enfermedades neurodegenerativas y llegaron a la conclusión de que la precisión en las evaluaciones que las personas hacen de sí mismas está correlacionada con el volumen de tejido existente en la región ventromedial
(situada hacia la mitad de la parte inferior) derecha del córtex
prefrontal[7]. El estudio sostiene que necesitamos esa área de la
corteza cerebral prefrontal para que lleve a cabo el procesamiento emocional y fisiológico requerido cuando evaluamos nuestras
propias tendencias y aptitudes. Esa es una conclusión acorde con
la explicación generalmente aceptada de cómo funciona el córtex
prefrontal, una zona de la corteza que se dedica principalmente
a procesar y manipular información compleja, a formarse la mejor
opinión posible de esa información y a hallar la mejor respuesta
posible a la misma.

Es importante destacar que ese no es un estudio concluyente por sí mismo: una cuarentena de pacientes no bastan realmente
para afirmar que los datos obtenidos gracias a ellos son extrapo-
lables y relevantes para todas las demás personas y para siempre.
Pero las investigaciones que se están llevando a cabo sobre esta
aptitud para evaluar con mayor o menor precisión nuestro propio desempeño intelectual —la llamada «aptitud metacognitiva»
(el pensar en cómo pensamos, por si sirve para aclarar un poco
el concepto)— se consideran especialmente importantes, porque
la incapacidad para realizar una autoevaluación más o menos certera representa un síntoma conocido de la demencia. Esto es
especialmente así en el caso de las demencias frontotemporales,
que afectan principalmente al lóbulo frontal, que es donde está
ubicado el córtex prefrontal. Los pacientes aquejados por esa
forma de demencia suelen mostrarse incapaces de evaluar con un
mínimo de precisión su propio rendimiento en una amplia diversidad de tests, lo que podría indicar que su aptitud para valorar
y evaluar su propio desempeño ha quedado gravemente afectada.
Esta incapacidad amplia para juzgar con precisión el propio rendimiento no se aprecia en otros tipos de demencia que dañan

otras regiones cerebrales distintas, de lo que se deduce que hay un área en el lóbulo frontal que interviene muy directamente en la autoevaluación individual. Así que todos estos resultados encajan entre sí.

Hay quienes sugieren que ese es uno de los motivos por los que los pacientes con demencia pueden volverse muy agresivos: son incapaces de hacer ciertas cosas y, al mismo tiempo, tampoco pueden entender o reconocer por qué, lo que debe de resultar ciertamente exasperante para cualquiera.

Pero que una persona no esté afectada por un trastorno neurodegenerativo y disponga de un córtex prefrontal plenamente funcional y operativo solo significa que está capacitada para autoevaluarse, no que su autoevaluación será correcta. De ahí que tengamos «payasos» muy seguros de sí mismos e intelectuales muy poco confiados en sus posibilidades. Y parece estar en nuestra propia naturaleza humana el que prestemos más atención a quienes irradian seguridad.

LOS CRUCIGRAMAS NO AYUDAN REALMENTE A PRESERVAR LA AGUDEZA MENTAL
(Por qué es muy difícil incrementar la potencia cerebral)

Existen muchas formas de *parecer* más inteligentes (por ejemplo, empleando expresiones como «*au courant*» con un ejemplar de *The Economist* bajo el brazo), pero ¿podemos *realmente volvernos* más inteligentes de lo que somos? ¿Es posible «incrementar nuestra potencia cerebral»?

Aplicado al cuerpo, el término «potencia» suele referirse a la capacidad para ejecutar algo o para actuar de un modo determinado, y la noción de «potencia cerebral» va invariablemente vinculada a las capacidades clasificadas bajo el epígrafe de «inteligencia». En principio, sería factible aumentar la cantidad de *energía* contenida en el cerebro si conectáramos nuestra cabeza a un circuito enchufado a su vez a un generador eléctrico industrial, pero eso difícilmente nos beneficiaría en nada, a menos que estuviéramos muy interesados en hacer volar nuestra mente... literalmente (en pedacitos).

Probablemente habrán visto alguna vez anuncios de sustancias, artilugios o técnicas que prometen potenciar su capacidad cerebral, generalmente previo pago de una determinada suma de dinero. Es muy improbable que ninguna de esas cosas funcione realmente de forma significativa, porque, si lo hicieran, serían mucho más populares de lo que son, y todo el mundo estaría haciendo crecer su inteligencia y su cerebro hasta que nuestros cuerpos se vinieran abajo, aplastados por el peso del contenido de nuestros propios cráneos. Pero ¿cómo se aumenta de verdad la potencia cerebral y se eleva la inteligencia?

Para responder a esa pregunta, sería útil de entrada conocer lo que diferencia un cerebro poco inteligente de otro muy inteligente, y cómo podemos convertir el primero en el segundo. Un factor potencial para ello es algo que, en principio, parece no corresponderse con la lógica: los cerebros inteligentes consumen *menos* energía.

Tan contraintuitiva tesis surgió de los datos obtenidos de estudios con escáneres en los que se observa y se registra directamente la actividad cerebral, como aquellos que aprovechan la llamada «imagen por resonancia magnética funcional» (IRMf). Esta es una técnica ingeniosa que permite observar la actividad metabólica (las «cosas que hacen» los tejidos y las células) de las personas colocadas en escáneres de IRM. La actividad metabólica requiere de oxígeno, suministrado a su vez por la sangre. Un escáner de IRMf puede indicar la diferencia entre la sangre oxigenada y la desoxigenada, así como cuándo una se transforma en la otra, algo que ocurre a niveles especialmente elevados en aquellas áreas del organismo que están metabólicamente activas en un determinado momento, como puede ser el caso de aquellas regiones cerebrales que se refuerzan más durante la realización de alguna tarea. Básicamente, con la IRMf se puede hacer un seguimiento de la actividad del cerebro y detectar qué partes están especialmente activas en cada momento. Por ejemplo, si un sujeto está efectuando un esfuerzo memorístico, las áreas del cerebro requeridas para el procesamiento de recuerdos estarán más activas de lo normal y así se verán en el escáner. Siguiendo esa lógica, las áreas que evidencien una actividad aumentada podrían considerarse áreas dedicadas al procesamiento de la memoria.

La realidad no es tan sencilla, porque el cerebro está constantemente en acción en muchos sentidos diferentes, así que, para advertir las partes «más» activas en cada momento, se necesita filtrar y analizar muchos datos. No obstante, el grueso de los estudios actuales sobre la identificación de regiones cerebrales con funciones específicas han recurrido a la IRMf.

Hasta aquí, ningún problema: cabe esperar que una región responsable de alguna acción específica esté más activa cuando haya que realizar esa acción, del mismo modo que los bíceps de un halterófilo consumen más energía cuando este está levantando una haltera. Pero no. Según las imprevistas conclusiones de varios estudios sobre esta cuestión, como los que Larson y sus colaboradores publicaron en 1995[8], en aquellos ejercicios diseñados para testar la inteligencia fluida, se detectaba actividad en el córtex prefrontal..., salvo en los casos en que el sujeto hacía *muy bien* el ejercicio.

Y es que conviene aclarar que no parecía que la región supuestamente responsable de la inteligencia fluida estuviese siendo usada en los casos de aquellas personas que poseían niveles elevados de dicha clase de inteligencia. Aquello no tenía mucho sentido: era como pesar a personas diversas y descubrir que solo las más ligeras daban un peso en la báscula. Tras analizar los datos más a fondo, se averiguó que los sujetos inteligentes *sí* presentaban actividad en el córtex prefrontal, pero solo cuando las tareas o los ejercicios a los que se enfrentaban eran difíciles para ellos: suficientemente difíciles como para que tuvieran que esforzarse para resolverlos. De ello se dedujeron unas cuantas conclusiones interesantes.

La inteligencia no es el producto de una región cerebral específicamente dedicada a ella, sino de varias, todas ellas interconectadas entre sí. En las personas inteligentes, parece ser que esos nexos y conexiones son más eficientes y están mejor organizados, lo que hace que precisen de *menos* actividad total para funcionar. Imaginémonos una situación parecida, pero con automóviles: si alguien tiene un coche con un motor que ruge como si una manada de leones imitara el estruendo de un huracán, y otra persona tiene otro vehículo cuyo motor no hace ruido alguno, no podemos suponer automáticamente (ni mucho menos) que el primero es el mejor modelo de los dos. Es muy posible que el ruido y la actividad se deban a que está intentando hacer algo que el modelo más eficiente puede hacer con un esfuerzo mínimo. Existe un consenso cada vez mayor en torno a la idea de que es la extensión y la eficiencia de las conexiones entre las regiones implicadas (el córtex prefrontal, el lóbulo parietal, etcétera) las que ejercen una gran influencia en el nivel de inteligencia de una persona; cuanto mejor puede esta comunicarse e interactuar, más rápido es el procesamiento en su cerebro y menor el esfuerzo requerido para que tome decisiones y realice cálculos.

Esta tesis está respaldada por diversos estudios que muestran que la integridad y la densidad de la materia blanca del cerebro de una persona constituyen un indicador fiable de su inteligencia. La materia blanca es el otro tipo de tejido (a menudo ignorado) del cerebro. La materia gris atrae toda la atención, pero un 50 % del cerebro humano es materia blanca y esta es también muy importante. Probablemente recibe menos publicidad porque no «hace» tanto como la gris. En la materia gris es donde se genera toda la actividad importante, mientras que la materia blanca está formada por haces y fibras de aquellos elementos neuronales (los axones, la parte alargada de una neurona típica) que envían la actividad a otras ubicaciones. Si la materia gris fueran las fábricas, la materia blanca serían las carreteras necesarias para las entregas y el reabastecimiento.

Cuanto mejores son las conexiones de materia blanca entre dos regiones cerebrales, menos energía y esfuerzo se necesitan para coordinar las regiones y las tareas de las que se encargan, y más difícil resulta advertir su actividad a través de un escáner. Es como buscar una aguja en un pajar, solo que, en vez de pajar, hablaríamos más bien de una inmensa acumulación de agujas ligeramente más voluminosas, pero metidas todas ellas en una lavadora en pleno ciclo de lavado.

Los estudios adicionales con escáner que se han venido realizando en los últimos años sugieren que el grosor del cuerpo calloso también está relacionado con los niveles de inteligencia general del individuo. El cuerpo calloso es el «puente» entre los hemisferios izquierdo y derecho del cerebro. Es una gran extensión de materia blanca, y cuanto más grueso es, más conexiones existen entre los dos hemisferios y mejor es la comunicación entre ambos. Si hay un recuerdo almacenado en uno de los dos lados y el córtex prefrontal del otro necesita usarlo en un momento dado, un cuerpo calloso más grueso facilita y agiliza que lo haga. La eficiencia y la eficacia de la conexión entre esas regiones parece tener una gran repercusión en lo bien que una persona puede aplicar su intelecto a la realización de tareas y la solución de problemas. De ahí que cerebros que, desde el punto de vista estructural, son muy diferentes (por el tamaño de ciertas áreas, por cómo estas están distribuidas en la corteza, etcétera) puedan exhibir niveles similares de inteligencia, como dos consolas de videojuegos que son de parecida potencia pese a ser fabricadas y comercializadas por empresas diferentes y bajo marcas distintas.

Ahora sabemos que la eficiencia es más importante que la potencia. ¿Cómo puede ayudarnos eso a la hora de hacer que nos volvamos más inteligentes? La educación y el aprendizaje parecen el sitio obvio por donde empezar. Y es que exponernos activamente a más datos, más información y más conceptos hace que todos aquellos que recordemos incrementen activamente nuestra inteligencia cristalizada, mientras que aplicar nuestra inteligencia fluida a las máximas situaciones posibles mejorará también las cosas en ese terreno. Y esto no es hablar por hablar: aprender cosas nuevas y practicar habilidades recién adquiridas puede producir cambios estructurales en el cerebro. El cerebro es un órgano plástico, moldeable: puede adaptarse (y se adapta) físicamente a lo que se le exige. Ya vimos algo de esto en el capítulo 2: las neuronas forman nuevas sinapsis cuando tienen que codificar un recuerdo nuevo y ese es un tipo de proceso que se produce por todo el cerebro.

Es el caso, por ejemplo, del córtex motor, en el lóbulo parietal, que es el responsable de planear y controlar los movimientos voluntarios. El córtex motor tiene diferentes secciones y cada una de ellas controla partes distintas del cuerpo; cuánta proporción del córtex motor se dedique a una parte concreta del cuerpo dependerá de cuánto control necesite esa zona. No es muy extensa, por ejemplo, la región de la corteza motora dedicada al torso, porque no es mucho lo que podemos hacer con esa parte de nuestro cuerpo. Es importante para la respiración y porque sirve de punto de anclaje a nuestros brazos, pero, en términos de movilidad, lo único que nos permite es girarlo o doblarlo ligeramente. Sin embargo, hay una gran parte de la corteza motora que está dedicada a la cara y a las manos, elementos corporales que requieren de mucho control fino. Y eso en el caso de una persona típica; hay estudios que han revelado que los intérpretes avezados o profesionales de música clásica (violinistas, pianistas) suelen presentar en su córtex motor áreas relativamente enormes para el control fino de las manos y los dedos[9]. Estas personas se pasan la vida efectuando movimientos cada vez más complejos e intrincados con sus manos (generalmente, a gran velocidad), por lo que el cerebro se ha ido adaptando para apoyar ese comportamiento.

Algo parecido puede decirse del hipocampo, necesario para la memoria espacial (la que hacemos servir para recordar lugares y para orientarnos al desplazarnos) y para la episódica. Y tiene lógica, pues esa es la región encargada de procesar los recuerdos de combinaciones complejas de percepciones, como son las que se necesitan para orientarnos y movernos por nuestro entorno. Según los estudios de la profesora Eleanor Maguire y su equipo de colaboradores, los taxistas de Londres dotados del «Conocimiento» (el nombre popular utilizado para referirse al aprendizaje de la increíblemente extensa y compleja red de calles y vías públicas de Londres) evidencian un hipocampo posterior (la parte cerebral encargada de la orientación para desplazarse por espacios físicos) agrandado en comparación con el de las personas que no se ganan la vida conduciendo taxis[10]. Esos estudios se llevaron a cabo sobre todo en años previos a la aparición de los modernos sistemas de navegación por satélite y GPS, por lo que sería difícil adivinar qué resultados darían hoy en día.

Existen incluso algunos indicios (aunque muchos de ellos provienen de estudios con ratones y, francamente, ¿hasta qué punto podemos considerar inteligente a un ratón?) que sugieren que el aprendizaje de nuevas habilidades y aptitudes provoca una mejora de la materia blanca porque acentúa las propiedades de la mielina (el revestimiento específico proporcionado por unas células de apoyo que regula la velocidad y la eficiencia de la transmisión de señales) que recubre los nervios. Así pues, técnicamente al menos, existen vías por las que incrementar nuestra potencia cerebral.

Y hasta aquí, las buenas noticias. Veamos ahora las malas.

Todas las «vías» de potenciación de la inteligencia hasta aquí mencionadas requieren de mucho tiempo y esfuerzo, y aun así, los avances obtenidos de ese modo pueden ser muy, muy limitados. El cerebro es complejo y se encarga de un número astronómico de funciones. Por eso, es fácil incrementar la aptitud en una región sin que ello afecte a ninguna otra. Los músicos pueden tener unos conocimientos admirables sobre cómo leer música, escuchar e identificar entradas, diseccionar sonidos, etcétera, pero eso no significa que sean igualmente buenos con las matemáticas o los idiomas. Potenciar los niveles de la inteligencia general, fluida, es difícil; al ser esta el producto de una serie amplia de regiones y conexiones cerebrales, se trata de algo especialmente difícil de «incrementar» a base de tareas o técnicas de alcance restringido.

Aunque el cerebro no pierde su relativa plasticidad a lo largo de toda la vida, buena parte de su distribución y su estructura está «fija» para siempre en realidad. Las largas extensiones y vías de la materia blanca quedan ya establecidas en fases previas, cuando el órgano está aún en pleno desarrollo. Para cuando alcanzamos los veintitantos años de edad, nuestros cerebros están plenamente desarrollados a todos los efectos prácticos y, a partir de ahí, solo caben retoques de «ajuste fino». Esa es la actual opinión de consenso científico en ese campo, al menos. Según esa opinión general, la inteligencia fluida es algo que está ya «fijado» en las personas adultas y que depende en gran medida de factores genéticos y de desarrollo durante nuestra crianza (entre los que se incluirían cosas como las actitudes de nuestros padres o nuestro origen social y nuestra educación).

Esta es una conclusión pesimista para la mayoría de personas y, en especial, para aquellas que desearían contar con una solución rápida, una respuesta fácil, un atajo para potenciar sus aptitudes mentales. La ciencia del cerebro no avala ninguno de esos milagros. Lo triste (a la vez que inevitable) es que, aun así, haya un catálogo comercial tan amplio de los mismos.

Innumerables empresas tienen actualmente a la venta juegos y ejercicios para «entrenar el cerebro» con los que afirman que puede potenciarse la inteligencia. Consisten por sistema en puzles y retos de diversa dificultad, y no cabe duda de que si ustedes juegan con suficiente asiduidad a ellos, se les darán cada vez mejor. Pero serán solamente los juegos lo que se les dará mejor. En el momento actual, no existe ninguna prueba aceptada de que ninguno de esos productos redunde en un aumento de la inteligencia general de la persona: simplemente sirven para que esta se haga más diestra en el juego concreto al que juegue. El cerebro es lo suficientemente complejo como para no necesitar potenciar nada más para que esa mejora de destreza se produzca.

Algunas personas —estudiantes, sobre todo— se han aficionado a tomar fármacos como Ritalin y Adderall —indicados para el tratamiento de cuadros sintomáticos como el del TDAH (el trastorno por déficit de atención e hiperactividad)— en época de exámenes para facilitar la concentración a la hora de estudiar. Y si bien pueden obtener el efecto buscado durante muy breves periodos de tiempo y en muy limitados aspectos, las consecuencias a largo plazo de ingerir fármacos potentes que alteran el funcionamiento cerebral cuando no se padece el problema de fondo para cuyo tratamiento se supone que están indicados pueden ser muy preocupantes. Además, es posible que resulten contraproducentes incluso: disparar nuestra atención y nuestra concentración de forma antinatural a base de fármacos puede agotar y diezmar nuestras reservas, con lo que podemos apagarnos antes y (por ejemplo) quedarmos dormidos durante el examen para el que tanto habíamos estudiado.

Los fármacos indicados para mejorar o potenciar la función mental están clasificados dentro de la categoría de los «nootrópicos» (también conocidos como «medicamentos inteligentes»). La mayoría de ellos son relativamente novedosos y afectan únicamente a procesos específicos, como los de la memoria o la atención, por lo que sus efectos a largo plazo en la inteligencia general son todavía una incógnita. Los más potentes tienen un uso circunscrito sobre todo al tratamiento de enfermedades neurodegenerativas como el Alzheimer, en las que el cerebro se degrada realmente a un ritmo alarmante.

Existe también una amplia variedad de alimentos (los aceites de pescado, por ejemplo) que supuestamente también incrementan la inteligencia general, aunque esto es dudoso. Puede que faciliten el desenvolvimiento (muy menor) de algún aspecto del cerebro, pero eso no basta para sustentar una mejora permanente y generalizada de la inteligencia.

Hay incluso métodos tecnológicos que se anuncian actualmente con ese mismo objetivo: en particular, los que recurren a una técnica conocida como estimulación transcraneal con corriente directa (tDCS, según sus iniciales en inglés). A partir de un estudio de Djamila Bennabi y su equipo de colaboradores publicado en 2014, la tDCS (consistente en hacer pasar una corriente de baja intensidad por unas regiones cerebrales específicas) sí parece potenciar aptitudes como la memoria y el lenguaje tanto en sujetos sanos como enfermos mentales, y no se le han apreciado apenas efectos secundarios hasta el momento. Pero aún harían falta nuevas investigaciones para confirmar los supuestos efectos viables de dicha técnica. Y está claro que queda mucho trabajo por hacer antes de que algo así pase a estar ampliamente disponible como opción terapéutica[11].

Pese a ello, muchas empresas venden actualmente dispositivos que afirman utilizar la tDCS para mejorar el rendimiento en actividades como los videojuegos. No pretendo difamar a nadie: no digo que esas cosas no funcionen. Pero si funcionan, eso significaría que hay empresas que se dedican a vender artículos que alteran la actividad cerebral (al mismo nivel al que lo hacen los fármacos potentes) por medios que aún no están bien estudiados ni confirmados científicamente a personas sin formación especializada alguna y sin supervisión. Vendría a ser, en cierto sentido, como vender antidepresivos en el supermercado, junto a las barritas de chocolate y los paquetes de pilas.

Así que la respuesta es que sí, podemos incrementar nuestra inteligencia, pero se necesita mucho tiempo y esfuerzo prolongado, y no basta para ello con hacer cosas que ya se nos dan bien y/o que ya conocemos. Si adquirimos mucha destreza en algo, entonces nuestro cerebro se vuelve tan eficiente haciéndolo que prácticamente deja de darse cuenta de que estamos realizando ese algo. Y si no se da cuenta de que lo estamos haciendo, no se adaptará ni responderá a ello, por lo que lo único que obtenemos de ese modo es un efecto autolimitador.

El problema principal parece radicar en que, si queremos ser más inteligentes, tenemos que hacer acopio de una grandísima determinación o de la suficiente «listeza» previa que nos permita ser más listos que nuestro propio cerebro.

HAY QUE VER QUÉ LISTO ERES PARA SER TAN PEQUEÑITO
(De por qué las personas altas son más inteligentes y de la «heredabilidad» de la inteligencia)

Las personas de alta estatura son más inteligentes que las bajas. Es verdad. Es un dato real que a muchos les resultará sorprendente o, incluso (sobre todo, si son bajos), ofensivo. ¿No es absurdo decir que la estatura de una persona está relacionada con su inteligencia? Pues, al parecer, no.

Pero antes de atraer sobre mí la animadversión de una multitud de (diminutos) lectores encolerizados, es importante dejar claro que ese no es ningún principio absoluto, ni mucho menos. Los jugadores de baloncesto no son automáticamente más inteligentes que los jinetes profesionales de carreras de caballos. André the Giant no era más inteligente que Einstein. Marie Curie no habría sido superada en ingenio y listeza por el Hagrid de Harry Potter. La correlación entre estatura e inteligencia está calculada en torno a un cociente de 0,2, lo que significa que ambas variables parecen guardar relación en solo una de cada cinco personas.

Además, no se trata de una influencia muy acusada. Si tomamos al azar una persona alta y otra baja y medimos sus CI respectivos, será muy difícil saber de antemano quién de ellas será la más inteligente. Pero si lo hacemos con un número suficiente de tales parejas seleccionadas de manera igualmente aleatoria (pongamos que con diez mil personas altas y con diez mil bajas), obtendremos una pauta general, según la cual el CI medio de las personas más altas será ligeramente superior al de las personas más bajas. Tal vez unos tres o cuatro puntos de CI de diferencia. Pero no deja de ser una pauta significativa que se aprecia de forma reiterada en los numerosos estudios que se han hecho de ese fenómeno[12]. ¿Qué está pasando ahí? ¿Por qué el hecho de ser más alto hace que aumenten las probabilidades de ser más inteligente? He ahí una más de las peculiares y confusas propiedades de la inteligencia humana.

Una de las causas más probables de esa asociación entre estatura e inteligencia, según los datos científicos disponibles, es de origen genético. Se sabe que la inteligencia es heredable hasta cierto punto. La heredabilidad, para entendernos, es la medida en que una propiedad o rasgo de una persona varía debido a la genética. Si algo tiene una heredabilidad de 1,0, significa que toda posible variación de ese rasgo será debida a los genes, mientras que una heredabilidad de 0,0 indica que ninguna variación será atribuible a la genética.

Por ejemplo, la especie a la que pertenecemos es un rasgo que resulta puramente de nuestros genes, por lo que el rasgo «especie» tiene una heredabilidad de 1,0. Si sus padres o los míos fueran cerdos, ustedes o yo seríamos cerdos también, con independencia de lo que sucediera luego, durante nuestro crecimiento y desarrollo. No existen factores ambientales que conviertan un cerdo en una vaca. Sin embargo, si ustedes o yo estuviéramos ardiendo en este momento, nos hallaríamos en una situación debida puramente al entorno, por lo que le atribuiríamos una heredabilidad de 0,0. No hay ningún gen que provoque que las personas se incendien por sí solas: nuestro ADN no hace que ardamos constantemente y engendremos pequeños bebés que se pasen a su vez la vida en llamas. Nuestro cerebro, sin embargo, sí posee un sinfín de propiedades que son producto tanto de los genes como del ambiente.

La inteligencia misma es heredable en un grado sorprendentemente elevado; según una revisión sistemática de los datos y estudios disponibles realizada por Thomas J. Bouchard[13], en personas adultas la heredabilidad se sitúa en torno a 0,85, pero, curiosamente, en niños solo alcanza un nivel de 0,45. Esto quizá nos resulte extraño: ¿cómo puede ser que los genes influyan más en el intelecto adulto que en el infantil? Pero nos equivocaríamos si esa fuera nuestra interpretación de los datos y del significado mismo del concepto de heredabilidad. Esta es una medida del grado en que la variación entre grupos de individuos tiene una naturaleza genética, no del grado en que los genes *causan* algo. Los genes pueden ser igual de influyentes a la hora de determinar la inteligencia de un niño o la de un adulto, pero, en el caso de los niños, parece haber *más* cosas susceptibles de influir también en su inteligencia. Los cerebros infantiles están desarrollándose y aprendiendo todavía, por lo que son muchos los factores que intervienen en ese momento y que pueden influir en la inteligencia aparente mostrada por cada niño o niña. Los cerebros adultos, sin embargo, están más «fijados»: han pasado ya por todo el proceso de desarrollo y maduración, por lo que los factores externos no tienen la potencia que tenían cuando eran niños. De ahí que las divergencias entre individuos adultos (que, en sociedades dotadas de sistemas de educación básica obligatoria, tienden a tener antecedentes de aprendizaje bastante similares) se deban con mayor probabilidad a diferencias más internas (genéticas).

Todo esto podría inducir en nosotros una idea engañosa sobre la inteligencia y los genes, dándonos a entender que forman una relación mucho más simple y directa de la que en realidad los une. Hay personas que piensan que existe (o que les gustaría que existiera) un gen de la inteligencia, algo capaz de hacernos más inteligentes si se activa o se refuerza. No parece probable que así sea: del mismo modo que la inteligencia es la suma de muchos procesos diferentes, cada uno de esos procesos está controlado por muchos genes diferentes, y todos ellos desempeñan un papel. Preguntarse qué gen es responsable de un rasgo como la inteligencia es como preguntarse qué tecla de un piano es la responsable de una sinfonía*.

La estatura también está determinada por numerosos factores, muchos de ellos genéticos, y hay científicos que piensan que podría existir un gen (o unos genes) que influye tanto en la inteligencia como en la altura de un individuo, lo que proporcionaría ese nexo entre ambas variables. Es perfectamente posible que un mismo gen tenga múltiples funciones. Es lo que conocemos por el nombre de pleiotropía.

Otro argumento explicativo de esa relación es el de quienes proponen que no existe ningún gen (o genes) que intervenga en la estatura y la inteligencia de una persona al mismo tiempo, sino que la asociación entre ambos factores se debe a la selección sexual, pues tanto la altura como la inteligencia son cualidades masculinas que normalmente atraen a las mujeres. Por consiguiente, es de esperar que los hombres altos e inteligentes tengan más compañeras sexuales y más oportunidades de diseminar su ADN en la población en general a través de su descendencia, descendientes que poseerán los genes de la altura y de la inteligencia en su propio material genético.

Esa es una teoría interesante, pero no cuenta con una aceptación generalizada. Para empezar, está muy sesgada del lado de los hombres, pues da a entender que estos solo necesitan manifestar un par de rasgos atractivos para que las mujeres se sientan inexplicablemente atraídas hacia ellos, como polillas fascinadas por el «resplandor» del primer larguirucho graciosillo que pase

---

* Sí, es verdad que hay genes implicados en lo que podría ser un papel fundamental como canalizadores de la inteligencia. Por ejemplo, el gen apolipoproteína E, que codifica la formación de unas moléculas ricas en grasa específicas que cumplen luego una amplia variedad de funciones en el organismo, está implicado en la enfermedad de Alzheimer y en la cognición. Pero la influencia de los genes en la inteligencia es abrumadoramente compleja, aun con las limitadas pruebas y datos de que disponemos, así que no nos aventuraremos aquí por tan complicado terreno.

por su lado. La estatura no es (ni mucho menos) el único rasgo de una persona por el que otras se sienten atraídas. Además, los hombres altos tenderán a tener también hijas más altas, y sabemos que a muchos hombres les «tiran para atrás» —o, incluso, les intimidan— las mujeres de mayor estatura (o eso me dicen mis amigas altas).

Lo mismo puede decirse que les sucede a no pocos hombres con las mujeres inteligentes (o eso me cuentan mis amigas inteligentes, aunque vaya por delante que *todas* mis amigas lo son). Tampoco existen indicios reales de que las mujeres se sientan atraídas invariablemente por hombres inteligentes. Y son varias las razones que podrían aducirse para explicarlo. Para empezar, la seguridad en uno mismo suele considerarse algo muy *sexy* y, como hemos visto, las personas inteligentes pueden ser *menos* seguras en general. Y eso sin mencionar que la inteligencia puede ser una característica desconcertante y hasta desagradable para muchas personas: puede que hoy muchos traten de reivindicar los términos «*nerd*» (traducible por «empollón» o «rata de biblioteca») o «*geek*» (aplicado generalmente a un obseso de la tecnología) como un signo de orgullo, pero lo cierto es que nacieron siendo insultos y continúan siéndolo para muchos, y según el estereotipo vigente, ser considerado cualquiera de esas dos cosas suele ser motivo automático de fracaso con las personas del otro sexo. Y esos solo son unos pocos ejemplos de hasta qué punto podría estar limitada la difusión de los genes de la estatura y la inteligencia.

Otra teoría vendría a decir que, para crecer y ser alta, una persona tiene que disponer de acceso a una buena salud y una buena nutrición, factores ambos que también podrían facilitar el desarrollo cerebral de ese individuo y, por ende, de su inteligencia. Quizá sea así de simple: cuanto mejor es el acceso a una alimentación abundante y equilibrada y a una vida más sana durante el desarrollo de la persona, más fácil será que de ello resulten una estatura y una inteligencia mayores. Pero no puede tratarse *solo* de eso, porque un sinfín de niños y niñas que disfrutan de la vida más privilegiada y saludable que se puede imaginar terminan siendo unos adultos bajos. O idiotas. O ambas cosas.

¿Podría tener que ver con el tamaño del cerebro? Las personas de más estatura suelen tener cerebros más grandes y existe incluso una correlación (aunque pequeña) entre el volumen cerebral y la inteligencia general de una persona[14]. Se trata de una cuestión muy discutida. La eficiencia del procesamiento y de las conexiones del cerebro desempeña un papel importante en la inteligencia de un individuo, pero tampoco hay que olvidar que ciertas áreas, como el córtex prefrontal y el hipocampo, son más extensas y tienen más materia gris en personas con mayor inteligencia. Es lógico suponer que unos cerebros más grandes hacen que eso sea más probable o posible por el simple hecho de que disponen de los recursos necesarios para la expansión y el desarrollo de cualquiera de sus áreas. La impresión más extendida en la comunidad científica es, al parecer, que un cerebro más grande tal vez constituye un factor favorable más, pero no una causa bien definida como tal. Los cerebros voluminosos quizá proporcionan a sus poseedores una oportunidad mayor de ser inteligentes, pero no hacen que esto último sea una consecuencia inevitable. De lo contrario, sería como suponer que, comprándonos un calzado deportivo nuevo y caro, automáticamente correremos más rápido: no lo haremos, pero puede animarnos a tratar de mejorar nuestros tiempos. Lo mismo puede decirse de cualquier gen concreto, en realidad.

La genética, la manera en que los padres crían a los hijos, la calidad de la educación, las normas culturales, los estereotipos, la salud general, las aficiones personales, los trastornos: todos esos factores (y más) pueden propiciar que el cerebro sea más o menos capaz de (o proclive a) llevar a cabo acciones inteligentes. No es más posible separar la inteligencia de la cultura humana de lo que lo es separar el desarrollo de un pez del agua en la que vive. Y si alguna vez se nos ocurriera separar un pez del agua, su desarrollo no pasaría nunca de ser «breve».

La cultura ejerce una influencia inmensa en cómo se manifiesta la inteligencia. Un ejemplo perfecto de ello nos lo dio Michael Cole allá por la década de 1980[15]. Él y su equipo fueron al remoto territorio de una tribu africana, la de los Kpelle, relativamente inalterada por la cultura moderna y el mundo exterior. Querían ver si los Kpelle podían evidenciar una inteligencia humana equivalente, aunque despojada de los factores culturales característicos de la civilización occidental. Al principio, su empeño resultó frustrante: los Kpelle solo podían mostrar una inteligencia rudimentaria y no eran capaces de resolver rompecabezas básicos como los que casi cualquier niño del mundo desarrollado no habría tenido problema en despachar. Incluso cuando el investigador daba «accidentalmente» alguna pista sobre las respuestas correctas, los Kpelle seguían sin comprenderlas. De todo aquello parecía deducirse que su primitiva cultura no era suficientemente rica o estimulante como para producir inteligencia avanzada, o incluso que alguna peculiaridad de la biología Kpelle les impedía alcanzar la sofisticación intelectual buscada por los investigadores. Uno de estos, frustrado, pidió a varios miembros de la tribu que hicieran el test «como lo haría un loco» y, al momento, comenzaron a dar las respuestas «correctas».

Ante las evidentes barreras lingüísticas y culturales presentes, los investigadores habían ideado unos tests consistentes en clasificar conceptos en grupos. Pensaron que sería más inteligente clasificar cosas por categorías (herramientas, animales, objetos hechos de piedra, madera, etcétera) por tratarse de algo que requería de un pensamiento y un procesamiento abstractos. Pero los Kpelle siempre clasificaban las cosas por su función (cosas que me puedo comer, cosas que me puedo poner, cosas con las que puedo excavar, etcétera). Esta otra forma de interpretación era considerada «menos» inteligente por los investigadores, pero es evidente que los Kpelle discrepaban de ese punto de vista. Hablamos de personas que viven de la tierra, por lo que clasificar cosas en categorías arbitrarias es una actividad que les parece absurda y una pérdida de tiempo, algo que solo un «loco» haría. Además de una importante lección para no juzgar a las personas según nuestras propias ideas preconcebidas (y seguramente también para hacer más trabajo de campo antes de comenzar un experimento de ese tipo), ese ejemplo enseña cómo el concepto mismo de inteligencia está fuertemente afectado por el ambiente y por las ideas preconcebidas de una sociedad.

Un ejemplo menos drástico de idéntico fenómeno es el conocido como «efecto Pigmalión». En 1965, Robert Rosenthal y Lenore Jacobson llevaron a cabo un estudio en el que dijeron a varios miembros del personal docente de centros de educación primaria que ciertos alumnos eran avanzados o intelectualmente superdotados, y que se les tenía que dar una enseñanza y un seguimiento acordes a semejante condición[16]. Como era de esperar, esos alumnos comenzaron a obtener unas notas y un rendimiento académico en consonancia con estudiantes de una inteligencia superior. El problema radicaba en que que no eran superdotados: eran alumnos normales. Pero al convencer a sus maestros y maestras de que había que tratarlos como si fueran más inteligentes, se consiguió que, básicamente, empezaran a rendir en el colegio al nivel acorde a las nuevas expectativas formadas en torno a ellos. Otros estudios similares con estudiantes universitarios han arrojado análogos resultados: cuando a un alumno se le dice que su inteligencia está fijada y no tiene remedio, tiende a rendir peor en las pruebas académicas. Cuando se le dice que es variable, tiende a rendir mejor.

¿Podría ser esa otra razón por la que las personas más altas parecen más inteligentes en conjunto? Si una persona crece más a una edad temprana, es posible que otras la traten como si fuera mayor de lo que es y la hagan partícipe de conversaciones más maduras, con lo que su cerebro en desarrollo se adaptará a esas acrecentadas expectativas. Pero, en cualquier caso, es evidente que la fe en uno mismo es importante. Así que cada vez que he mencionado en este libro que la inteligencia está «fijada», básicamente he puesto un palo más en la rueda de su desarrollo, señoras y señores lectores. Lo siento, culpa mía.

¿Quieren saber otra curiosidad interesante/extraña sobre la inteligencia? Pues que está aumentando a escala mundial y no sabemos por qué. Es lo que llamamos el efecto Flynn, concepto que describe el hecho de que el global de los índices de inteligencia, tanto de la fluida como de la cristalizada, se está incrementando en una amplia diversidad de poblaciones de todo el planeta a cada generación que pasa, en muchos países y a pesar de las variopintas circunstancias que se dan en cada uno de esos lugares. Esto tal vez se deba a una mejora de la educación en el conjunto mundial, que ha venido acompañada de mejoras paralelas en sanidad, en la conciencia de las personas sobre la salud y en el acceso a la información y a tecnologías complejas, y quién sabe si también del despertar de unos poderes mutantes latentes que pronto transformarán la raza humana en una sociedad de genios.

No hay indicio alguno de que esto último esté sucediendo, claro está, pero daría para una buena película.

Existen muchas explicaciones posibles de por qué la estatura y la inteligencia están relacionadas. Puede que sean todas correctas o que ninguna lo sea. La verdad, como siempre, probablemente reside en algún punto situado entre esos dos extremos. En el fondo, es un ejemplo más del viejo debate clásico entre la importancia relativa de la naturaleza (lo innato) y la crianza o el ambiente (lo adquirido).

¿Acaso nos sorprende semejante incertidumbre a la vista de lo (poco) que sabemos aún sobre la inteligencia? Se trata de algo difícil de definir, medir y aislar, pero que está sin duda ahí y que podemos estudiar. Es una aptitud general específica compuesta a su vez de otras. Son numerosas las regiones cerebrales que se usan para producir la inteligencia, pero, tal vez, sea el modo en que estas están interconectadas lo que verdaderamente importa. La inteligencia no garantiza la seguridad y la confianza en uno mismo, de igual manera que su ausencia tampoco es certificado alguno de un carácter inseguro, porque, por su propia forma de funcionar, el cerebro trastoca toda lógica en ese sentido (a menos, claro está, que tratemos a la persona como si fuera inteligente, algo que, al parecer, la hace realmente más inteligente: así que incluso el cerebro no está seguro de qué se supone que tiene que hacer con la inteligencia que tiene encomendada bajo su responsabilidad). Y el nivel de la inteligencia general de una persona está, en esencia, fijado por sus genes y su crianza, salvo que esta esté muy dispuesta a esforzarse para cambiarlo, en cuyo caso podría incrementarlo... quizá.

Estudiar la inteligencia es como intentar tejer un jersey sin un patrón previo y usando hilo de algodón de azúcar en vez de lana. Pero, en general, es ciertamente impresionante que podamos intentarlo siquiera.

5
¿SE VEÍAN VENIR ESTE CAPÍTULO?

Las caprichosas propiedades de los sistemas
observacionales del cerebro

Una de las aptitudes más fascinantes y (al parecer) singularmente humanas que nuestros poderosos cerebros nos proporcionan es la de la introspección. Tenemos conciencia de nosotros mismos, podemos sentir nuestro estado interior y nuestras
propias mentes, e incluso evaluarlas y estudiarlas. Eso hace
que tanto la introspección como el pensamiento filosófico
sean bienes preciados por muchas personas. Sin embargo, la
manera en que el cerebro percibe realmente el mundo que se
extiende más allá del cráneo en el que reside es también de
suma importancia, y buena parte de los mecanismos cerebrales están dedicados a uno u otro aspecto de esa percepción
exterior. Percibimos el mundo a través de nuestros sentidos,
nos centramos en los elementos importantes y actuamos en
consecuencia.

Muchos podrían pensar que lo que captan nuestras cabezas es
una representación cien por cien precisa del mundo tal como
es, como si los ojos y los oídos y el resto de órganos sensoriales

fuesen, en esencia, unos sistemas de grabación pasiva que reciben información y la transmiten al cerebro, el cual se encarga a su vez de clasificarla, organizarla y enviarla a sus destinos correspondientes, cual piloto en pleno proceso de comprobación de los instrumentos de vuelo. Pero eso no es para nada lo que sucede en realidad. Biología y tecnología no son la misma cosa. La información real que llega al cerebro a través de nuestros sentidos no es el rico y detallado torrente de visiones, sonidos y sensaciones que muchas veces creemos que es; en realidad, los datos en bruto que nos proporcionan los sentidos se parecen más a un hilillo de agua enfangada, y es nuestro cerebro el que realiza un trabajo ciertamente increíble depurando ese goteo turbio y dándole forma hasta conformar a partir de él la espléndida y completa visión del mundo que solemos manejar.

Imagínense a un dibujante de retratos robot policiales tratando de reconstruir la imagen de una persona a partir de descripciones proporcionadas por testigos no presenciales. Tengan en cuenta además que no es una sola persona la que facilita esas descripciones, sino cientos de ellas. Y todas a la vez. Y que no es el retrato robot de un sospechoso lo que tiene que crear, sino una versión tridimensional completa y a todo color de la ciudad en la que el crimen tuvo lugar y de todos sus habitantes. Y que hay que actualizarla a cada minuto. El cerebro es un poco como ese dibujante, aunque probablemente no esté ni de lejos tan agobiado como él estaría en una situación así.

Es impresionante, sin lugar a dudas, que el cerebro pueda crear una representación tan detallada de nuestro entorno a partir de una información tan limitada. Aun así, siempre se cuelan errores y fallos. El modo en que el cerebro percibe el mundo que nos rodea y en que selecciona a qué partes atribuir la suficiente importancia como para que sean merecedoras de nuestra atención es algo que ilustra tanto el asombroso poder del cerebro humano como sus muchas imperfecciones.

«LO QUE LLAMAMOS ROSA IGUAL DE DULCE OLERÍA CON CUALQUIER OTRO NOMBRE»
(Por qué el olfato es más potente que el gusto)

Como todos sabemos, el cerebro tiene acceso a cinco sentidos. Aunque, bueno, en realidad, los neurocientíficos creen que hay más.

Algunos de esos sentidos «extra» han sido mencionados ya aquí, como, por ejemplo, la propiocepción (el sentido de la disposición física del cuerpo y sus extremidades), el equilibrio (el sentido —transmitido por el oído interno— capaz de detectar la gravedad y nuestro movimiento en el espacio) e incluso el apetito, porque la detección de los niveles de nutrientes en nuestra sangre y nuestro organismo es otra forma de sentido. La mayoría de estos ejemplos adicionales tienen que ver con nuestro estado interno, mientras que los cinco sentidos «propiamente» dichos se encargan de vigilar y percibir el mundo que nos rodea, nuestro entorno. Son, huelga decirlo, la vista, el oído, el gusto, el olfato y el tacto. O, si nos ponemos «ultracientíficos», la oftalmocepción, la audiocepción, la gustocepción, olfatocepción y tactocepción, respectivamente (si bien la mayoría de científicos no usan nunca estos términos por aquello de ahorrar tiempo). Cada uno de esos sentidos está basado en mecanismos neurológicos sofisticados, una sofisticación apreciable, aún en mayor medida si cabe, en la manera en que el cerebro procesa la información que aquellos le proveen. Todos los sentidos funcionan esencialmente detectando cosas de nuestro entorno y traduciéndolas a las señales neuroeléctricas que recogen y transmiten unas neuronas conectadas con el cerebro. Coordinar todo esto es una labor ingente a la que el cerebro dedica mucho tiempo.

Ríos de tinta se podrían verter (y se han vertido) para escribir sobre cada uno de esos sentidos por separado, así que empecemos aquí con el que quizá sea el más raro de todos: el olfato. El olfato es un sentido que solemos pasar por alto (lo que no es de extrañar estando donde está, justo debajo de los ojos). Y es una lástima, porque el sistema olfativo del cerebro, la parte de este dedicada a oler (es decir, la que «procesa la percepción del olor»), es tan extraña como fascinante. Se cree que el olfato fue el primer sentido que evolucionó en nuestros antepasados remotos. De hecho, se desarrolla en fases muy tempranas de nuestro crecimiento: es el primero que lo hace cuando aún nos hallamos en el seno materno y se ha demostrado que un feto en desarrollo puede oler realmente lo que la madre está oliendo en ese momento. Algunas de las partículas inhaladas por una mujer embarazada van a parar al líquido amniótico, donde el feto puede detectarlas. Antes se creía que los seres humanos podíamos detectar hasta unos diez mil olores diferentes. Parecen muchos, pero ese total se obtuvo en un estudio de la década de 1920 y a partir (principalmente) de consideraciones y supuestos teóricos que nunca habían llegado a analizarse a fondo en realidad.

En 2014, Caroline Bushdid y su equipo de colaboradores estudiaron a fondo la fiabilidad de ese dato trabajando con sujetos a los que pidieron que diferenciaran entre cócteles químicos diversos pero con aromas muy similares, una diferenciación que debería resultarles casi imposible si el sistema olfativo humano estuviera limitado únicamente a diez mil olores. Sin embargo, y para gran sorpresa de todos, los sujetos fueron capaces de distinguirlos con bastante facilidad. Al final, se calculó que los humanos podemos oler en realidad en torno a *un billón* de olores distintos. Esa es una cifra más propia de las distancias astronómicas que de algo tan rutinario como un sentido humano. Para los investigadores, fue como descubrir que el armario donde guardamos la aspiradora es, en realidad, la puerta de entrada a una ciudad subterránea donde vive una civilización de personitas topo *.

___

* Hay científicos que ponen en entredicho esa conclusión del estudio del equipo de Bushdid y que sostienen que tan astronómica cifra de sensaciones olfativas diferentes se debe más a un estrambótico efecto de los cuestionables

Pero ¿cómo funciona el olfato? Sabemos que es una sensación que se transmite al cerebro por medio del nervio olfativo. Hay doce nervios faciales que enlazan las funciones de la cabeza con el cerebro y el olfativo es el nervio número 1 (el óptico es el número 2). Las neuronas olfativas que forman el nervio olfativo son únicas en muchos sentidos, entre los que destaca sobre todo que son uno de los muy pocos tipos de neuronas humanas que pueden regenerarse, lo que significa que el nervio olfativo es el Lobezno (de *X-Men*) del sistema nervioso. Las capacidades regenerativas de estas neuronas nasales son las responsables de que hayan sido ampliamente estudiadas con el objeto de mirar de aprovechar sus particulares propiedades y aplicarlas a neuronas dañadas en otras partes del cuerpo (por ejemplo, en la médula espinal de las personas parapléjicas).

Las neuronas olfativas se regeneran porque pertenecen a uno de los poquísimos tipos de neuronas sensoriales que están directamente expuestas al entorno «exterior», lo que tiende a degradar más rápidamente las frágiles células nerviosas. Las neuronas olfativas están ubicadas en el revestimiento de las partes superiores de nuestra nariz, donde los receptores especializados allí incrustados pueden detectar partículas. Cuando entran en contacto con una molécula específica, envían una señal al bulbo olfativo, la región del cerebro encargada de recopilar y organizar la información sobre los olores. Hay muchos receptores del olor diferentes; según un estudio publicado por Richard Axel y Linda Buck en 1991, por el que fueron galardonados con el Nobel, un 3 % del genoma humano está dedicado a codificar esos diversos tipos de receptores olfativos.[2] Este dato abunda en la idea de que el olfato humano es más complejo de lo que se creía anteriormente.

Cuando las neuronas olfativas detectan una sustancia específica (una molécula de queso, una cetona de algo dulce, o una ema-

---

cálculos matemáticos empleados en dicha investigación que a una muestra real de la potencia de nuestras fosas nasales[1].

nación de la boca de alguien con una cuestionable higiene dental), envían señales eléctricas al bulbo olfativo, que transmite a su vez esa información a áreas como el núcleo olfativo y el córtex piriforme, lo que hace que experimentemos un olor.

El olfato está asociado muy a menudo con la memoria. El sistema olfativo está ubicado justo al lado del hipocampo y de otros componentes primarios del sistema memorístico: tan cerca, de hecho, que, en los primeros estudios anatómicos, se creyó que esa era la función de la región del sistema memorístico en realidad. Pero no se trata solamente de dos áreas separadas y situadas casualmente en espacios contiguos, cual vegano que vive en la puerta de al lado de un carnicero. El bulbo olfativo forma parte del sistema límbico, al igual que las regiones dedicadas a procesar los recuerdos, y mantiene vínculos activos con el hipocampo y la amígdala. De ahí que ciertos olores estén asociados de un modo particularmente fuerte a recuerdos muy intensos y emotivos, como cuando el aroma de un asado nos hace evocar de pronto aquellas tardes de domingo en casa de nuestros abuelos.

Esto es algo que probablemente ustedes mismos habrán experimentado personalmente en muchas ocasiones: el cómo un determinado olor o aroma puede despertar recuerdos muy vivos de la infancia y/o inducir en nosotros estados de ánimo asociados a diferentes olores. Si, de niño, usted pasó muchos ratos felices en casa de su abuelo y él acostumbraba a fumar en pipa, es probable que usted sienta una especie de cariño nostálgico por el olor del humo de pipa. El hecho de que el olfato forme parte del sistema límbico implica que dispone de una ruta más directa que otros sentidos para activar emociones, lo que explicaría por qué el olfato puede provocar reacciones más intensas que la mayoría de los otros sentidos. Ver una barra de pan recién hecha despierta escasas o nulas sensaciones en nosotros, pero *olerla* puede resultarnos tan placentero como extrañamente reconfortante, pues ese olor es estimulante y está ligado a recuerdos agradables de cosas relacionadas con el aroma de masa horneada, que asociamos a una comida placentera. Obviamente, el olfato también puede tener en nosotros el efecto justamente contrario: ver carne podrida no es un espectáculo grato precisamente, pero olerla es lo que nos hace tener ganas de vomitar.

La fuerza del olfato y su tendencia a despertar recuerdos y emociones no es algo que haya pasado inadvertido a lo largo de la historia. Muchos han intentado e intentan sacar partido de ello: agencias inmobiliarias, supermercados, fabricantes de velas y otros muchos negocios tratan de utilizar los olores para controlar los estados de ánimo de los clientes y hacer que sean más proclives a gastarse el dinero. La eficacia de esos métodos es conocida, aunque probablemente también limitada, pues las personas varían mucho de unas a otras: el olor a vainilla difícilmente resultará reconfortante ni relajante para alguien que se haya intoxicado alguna vez por comer un helado de vainilla en mal estado, por ejemplo.

Otra idea falsa (y muy interesante) acerca de los olores: durante mucho tiempo, estuvo muy extendida la creencia de que no se podía «engañar» al olfato. Sin embargo, varios estudios han demostrado que sí. Las personas experimentan ilusiones olfativas continuamente, como cuando creen que el olor de una muestra en papel es agradable o desagradable en función de qué nombre lleve en la etiqueta (por ejemplo, no es lo mismo que allí ponga «árbol de navidad» que «limpiador de inodoro», y que conste que este no es un ejemplo humorístico: es real y está extraído de un experimento efectuado en 2001 por los investigadores Herz y Von Clef).

Al parecer, la razón por la que se creía que no existían ilusiones olfativas era que el cerebro solo recibe una información «limitada» de los olores. Diversas pruebas y experimentos han demostrado que, con la práctica, las personas pueden aprender a «rastrear» cosas por su aroma, pero ese rastreo está generalmente restringido a una mera detección básica. Olemos algo, sabemos entonces que hay una fuente cercana que emite ese olor y ya está;

nos limitamos a deducir que *está* ahí o que *no está* ahí. Así que si, además, resulta que el cerebro mezcla las señales olfativas hasta el punto de que es perfectamente posible que creamos estar oliendo algo que es distinto de lo que realmente está produciendo el olor en ese momento, ¿cómo vamos a saber siquiera si eso es lo que está ocurriendo en realidad? El olfato puede ser potente, pero tiene un ámbito de aplicaciones limitado para el ajetreado ser humano normal.

También existen las alucinaciones olfativas* —el oler cosas que no están ahí— y pueden ser preocupantemente comunes. Son muchas las ocasiones en que las personas dicen estar percibiendo un olor «fantasma» a algo que se está quemando: pan tostado, goma, pelo o simplemente un olor genérico a «chamuscado». Es un fenómeno suficientemente habitual como para que haya incluso numerosos sitios web dedicados a él. Está ligado a menudo a fenómenos neurológicos, como la epilepsia, los tumores o los ictus: cosas que podrían terminar causando una actividad inesperada en el bulbo olfativo o en algún otro punto del sistema de procesamiento de los olores, y ser interpretadas como una sensación de materia quemada.

El olfato no siempre actúa en solitario. Se le clasifica normalmente como un sentido «químico» porque detecta sustancias químicas específicas y es activado por ellas. El sentido químico por excelencia es el gusto. El gusto y el olfato suelen usarse de forma conjunta: la mayoría de cosas que comemos tienen un olor carac-

---

* Es importante aclarar la diferencia entre ilusiones y alucinaciones. Las ilusiones se producen cuando los sentidos detectan algo, pero lo interpretan de manera equivocada, con lo que terminamos percibiendo algo distinto de lo que la cosa percibida es en realidad. Sin embargo, si olemos algo cuando no hay fuente alguna de ese algo en la realidad, estamos ante una alucinación; percibir algo que, de hecho, no está ahí nos indica que algo no está funcionando como debería en las áreas cerebrales dedicadas al procesamiento sensorial. Las ilusiones son una peculiaridad del funcionamiento del cerebro; las alucinaciones son incidencias más graves.

terístico. Funcionan también con arreglo a un mecanismo similar, pues, en el caso del gusto, son también unos receptores (situados en la lengua y en otras zonas de la boca) los que responden a unas sustancias químicas específicas, generalmente, a moléculas solubles en agua (o, mejor dicho, en saliva). Estos receptores se agrupan en forma de papilas gustativas, de las que está recubierta la superficie de la lengua. La idea más generalmente aceptada es que existen cinco tipos de papilas gustativas en función de los sabores que detectan: salado, dulce, amargo, ácido y umami. Las que detectan este último sabor reaccionan al glutamato monosódico, que, en esencia, es el sabor «a carne». En realidad, hay más «tipos» de sabor, como el astringente o acre (por ejemplo, el de los arándanos), el pungente o picante (el jengibre) y el metálico (sí, lo han adivinado, el del metal).

El olfato está infravalorado, pero el gusto, sin embargo, no está exactamente a la altura de lo que su prestigio daría a entender. Es el más débil de nuestros sentidos principales; muchos estudios muestran que la percepción gustativa está muy influida por otros factores. Ustedes estarán seguramente familiarizados, por ejemplo, con la cata de vinos: esa práctica consistente en que un experto tome un sorbo de vino y dictamine acto seguido que se trata de un Shiraz de cincuenta años de los viñedos del sureste de Francia, con dejos de roble, nuez moscada, naranja y cerdo asado (me lo estoy inventando), y que cuyas uvas fueron pisadas por un joven de veintiocho años de edad llamado Jacques que tenía una verruga en el talón del pie izquierdo.

Todo muy impresionante, todo muy refinado. Sí, pero muchos estudios han revelado que tan preciso paladar tiene más que ver con la mente que con la lengua. Los catadores de vino profesionales suelen ser bastante poco coincidentes en sus valoraciones; uno de ellos puede dictaminar que un determinado caldo es el mejor jamás producido y otro, con idéntica experiencia a sus espaldas, puede acabar considerándolo poco menos que agua estancada[3]. ¿Acaso un buen vino no tendría que ser reconocido como tal por todo el mundo? La poca fiabilidad de nuestro sentido del gusto es tal que no, no todo el mundo saborea las cosas igual. Con los catadores también se ha hecho la prueba de darles a probar a ciegas varias muestras de vino y muchos han sido incapaces de determinar cuál de ellas era de una botella de una añada muy celebrada y cuál correspondía a una bazofia barata producida en masa. En peor posición aún dejan a los catadores aquellas pruebas en las que se les dieron muestras de vino tinto para que las evaluaran sin que, al parecer, supieran reconocer que lo que se les estaba dando a beber en realidad era vino blanco oscurecido con colorante alimentario. Así que es evidente que nuestro sentido del gusto no es lo más preciso ni lo más exacto del mundo.

Vaya por delante que los científicos no tenemos ninguna extraña cuenta pendiente con los catadores de vino que yo esté intentando saldar aquí: simplemente los menciono porque no hay tantas profesiones que dependan tanto de un sentido del gusto bien desarrollado. Y tampoco digo que estén mintiendo: es casi seguro que experimentan realmente los sabores que dicen sentir, pero estos son mayormente el resultado de las expectativas, la experiencia y la necesidad de que el cerebro sea creativo en esos momentos, y no de las papilas gustativas reales. Aun así, los catadores de vino seguramente tendrán muchas objeciones que poner a esta constante campaña de acoso y derribo contra su disciplina desde las filas de los neurocientíficos.

Lo cierto es que saborear algo es, en muchos casos, una experiencia multisensorial. Las personas que están muy acatarradas o que tienen la nariz tapada por algún otro problema de salud suelen quejarse de que la comida no les sabe a nada. Tal es la interacción entre sentidos a la hora de determinar el sabor de algo que tienden a entremezclarse bastante y a confundir al cerebro de paso, y el gusto, siendo débil como es, se ve constantemente influido por nuestros otros sentidos, sobre todo (como ya habrán adivinado), por el olfato. Mucho de lo que saboreamos se deriva del olor de lo que estamos comiendo. Se han realizado experimentos en los que los sujetos participantes, con la nariz y los ojos tapados (para descartar la influencia de la vista también), fueron incapaces de distinguir entre manzanas, patatas y cebollas cuando se les pedía que lo hicieran recurriendo a su sentido del gusto exclusivamente[4].

En 2007, Malika Auvray y Charles Spence escribieron un artículo[5] en el que revelaban que, si sentimos que algo tiene un olor fuerte mientras lo comemos, el cerebro tiende a interpretarlo como un sabor, en vez de como un olor, aun cuando sea la nariz la que transmite esas señales. La mayoría de las sensaciones se producen en la boca en ese momento, así que el cerebro generaliza de más y da por supuesto que es de ella de donde está viniendo todo y hace una interpretación acorde de esas señales. Pero el cerebro ya se encarga de hacer buena parte del trabajo a la hora de generar sensaciones gustativas, así que sería una grosería recriminarle que de vez en cuando haga suposiciones inexactas.

El mensaje que debemos recordar respecto a todo lo aquí explicado es que, si es usted mal cocinero, todavía tiene la oportunidad de quedar bien en las cenas que organice en su casa si sus invitados esa noche están muy resfriados y están dispuestos a sentarse a la mesa a oscuras.

VAMOS, SIENTE EL RUIDO
(De cómo, en el fondo, el oído y el tacto están relacionados)

El oído y el tacto están ligados a un nivel muy fundamental. Esto es algo que la mayoría de las personas desconocen, pero en lo que seguramente han pensado más de una vez. ¿No han notado nunca lo placentero que puede ser limpiarse la oreja con un bastoncillo de algodón? ¿Sí? Pues eso no tiene nada que ver con lo que iba a decir, pero es para que vean hasta qué punto es cierta mi afirmación previa. En cualquier caso, la verdad es que el cerebro puede percibir el tacto y el oído de formas completamente diferentes, pero que los mecanismos que usa para percibir uno y otro muestran un sorprendente solapamiento.

En la sección anterior, nos fijamos en el olfato y el gusto y en lo frecuentemente que coinciden. Ya hemos visto que suelen desempeñar funciones similares a la hora de reconocer los alimentos y que pueden influirse mutuamente (y más el olfato en el gusto que al revés), pero la conexión principal entre ellos es que tanto el olfato como el gusto son sentidos *químicos*. Los receptores gustativos y olfativos se activan en presencia de sustancias químicas específicas, como el zumo de frutas o los ositos de gominola.

Pero, claro, si hablamos del tacto y el oído..., ¿qué diantres podrían tener estos dos sentidos en común? ¿Cuándo fue la última vez que alguno de ustedes pensó que algo se oía pegajoso? ¿O que notó el «tacto» de una nota aguda? Nunca, ¿verdad?

Pues no, mentira. Los aficionados a los tipos de música más ruidosos suelen disfrutar de esta a un nivel muy táctil. Pensemos, si no, en los sistemas de sonido que nos encontramos en muchas discotecas, automóviles, recintos de conciertos, etcétera, especializados todos ellos en amplificar tanto los bajos de la música que nos hacen vibrar hasta las entretelas. Según la potencia o el tono que alcance, el sonido puede antojársenos una presencia muy «física».

El oído y el tacto se clasifican ambos como sentidos *mecánicos*, pues los activan la presión o la fuerza física. Puede que esto nos parezca extraño, dado que el oído se basa claramente en el sonido, pero lo cierto es que el sonido no deja de ser un conjunto de vibraciones en el aire que viajan por él hasta nuestro tímpano y hacen que este vibre a su vez. Estas nuevas vibraciones son transmitidas de allí a la cóclea, una estructura del oído interno con forma de espiral y rellena de líquido, y así es como el sonido entra en nuestras cabezas. La cóclea es todo un prodigio de ingeniería natural, pues consiste básicamente en un tubo largo enrollado y lleno de fluido. El sonido viaja a lo largo de ese tubo, pero, por la disposición y la estructura particulares de la cóclea, y la física misma de las ondas sonoras, la frecuencia del sonido (medida en hercios, Hz) determina lo lejos que las vibraciones llegan a propagarse por el tubo. Recubriendo dicho tubo se encuentra el órgano de Corti. Este es más una capa de la cóclea que una estructura separada e independiente, una capa que, a su vez, está recubierta de células pilosas, que no actúan realmente como pelos, sino como receptores (y es que, a veces, los científicos no se dan cuenta de hasta qué punto las cosas son ya suficientemente confusas por sí solas).

Estas células pilosas detectan las vibraciones en la cóclea y disparan señales en respuesta. Pero cada frecuencia específica activa solamente las células pilosas de una parte de la cóclea, en función de la distancia hasta la que viaja. Eso significa que la cóclea tiene en sí misma una especie de «mapa» de frecuencias: las regiones del principio de la cóclea son las que se estimulan con las ondas sonoras de frecuencia más alta (es decir, con los ruidos agudos, como el del chillido de un bebé que acabara de inhalar helio por accidente), mientras que el extremo «final» mismo de la cóclea es el que se activa con las ondas sonoras de frecuencia más baja (ruidos muy graves, como un ballena cantando canciones de Barry White). Las áreas que se extienden entre esos extremos de la cóclea responden al resto de frecuencias del espectro sonoro audible para los seres humanos (entre los 20 y los 20.000 Hz).

La cóclea está inervada por el octavo nervio craneal, denominado vestibulococlear. Este transmite información específica de las señales obtenidas de las células pilosas de la cóclea hasta el córtex auditivo en el cerebro (situado en la región superior del lóbulo temporal), que es el que se encarga de procesar la percepción del sonido. Y el cerebro reconoce la frecuencia del sonido por la parte concreta de la cóclea de la que procede la señal, lo que nos permite percibir el sonido y su tono. De ahí el «mapa» coclear. Todo muy ingenioso, la verdad.

El problema es que un sistema como ese, dotado de un mecanismo sensorial tan preciso pero, al mismo tiempo, sacudido (literalmente) casi sin descanso, es inevitablemente frágil. El tímpano mismo está formado por tres huesecillos dispuestos de un modo muy concreto que puede dañarse o alterarse a menudo por la entrada de líquido en el canal auditivo, o por la acumulación de cerumen, o por un trauma, da igual. El proceso de envejecimiento también hace que los tejidos del oído se vuelvan más rígidos con los años, lo que limita las vibraciones, y sin estas, no hay percepción auditiva. Sería razonable afirmar que el gradual declinar del sistema auditivo con la edad tiene tanto que ver con la física como con la biología.

El oído presenta también un amplio surtido de fallos y problemas, como los acúfenos y otros fenómenos y trastornos parecidos que hacen que percibamos sonidos que, en realidad, no están ahí fuera. Estos sucesos se conocen por el nombre de fenómenos endoaurales, pues son sonidos que carecen de una fuente externa y están causados por trastornos del propio sistema auditivo (como, por ejemplo, por la introducción de cerumen en áreas importantes del mismo, o por el endurecimiento excesivo de ciertas membranas fundamentales). Conviene diferenciarlos de las alucinaciones auditivas, que son más bien el resultado de la actividad de las regiones «superiores» del cerebro en las que se procesa la información, y no de la de aquellas partes donde esa información se origina. Entre tales alucinaciones, la más frecuente es la sensación de «oír voces» (que analizamos más adelante, en la sección dedicada a las psicosis), pero también está el síndrome del oído musical (quienes lo sufren oyen una música inexplicable) o ese otro trastorno de quienes oyen estrépitos o estallidos fuertes repentinos que no se están produciendo en realidad (conocido como el síndrome de la cabeza explosiva y perteneciente también a la categoría de los «trastornos que parecen mucho peores por el nombre de lo que realmente son»).

Pero, aun a pesar de todos esos posibles fallos, el cerebro humano realiza una impresionante labor de traducción de unas simples vibraciones que viajan por el aire en las ricas y complejas sensaciones auditivas que experimentamos cada día.

El oído es, en definitiva, un sentido mecánico que reacciona a la vibración del sonido y a la presión física ejercida por este. El tacto es el otro sentido mecánico. Si se aplica presión a la piel, podemos sentirla. Y podemos sentirla gracias a unos mecanoreceptores específicos situados por toda nuestra piel. Las señales de esos receptores son luego transmitidas a través de unos nervios específicos hasta la médula espinal (salvo que la estimulación se aplique en la cabeza, en cuyo caso son los nervios craneales los que directamente se encargan de ello), donde son luego transferidas al cerebro, en el que llegan al córtex somatosensorial del lóbulo parietal, que es el que interpreta de dónde proceden las señales y permite que las percibamos de acuerdo a ello. Todo muy fácil y directo, ¿no? Pues no, para nada (aunque, a estas alturas, seguramente ya habrán aprendido a suponer que nada lo es).

En primer lugar, lo que llamamos tacto tiene varios elementos que contribuyen a dicha sensación en su conjunto. Además de la presión física en sí, están también la vibración y la temperatura, el grado de estiramiento de la piel e, incluso, el dolor (según las circunstancias). Y todos esos factores tienen sus propios receptores específicos en la piel, en los músculos, en los órganos o en los huesos. Juntos forman lo que se conoce como el sistema somatosensorial (de ahí que también hablemos de un córtex somatosensorial) y todo nuestro cuerpo está inervado por los nervios que lo abastecen. El dolor (alias «nocicepción») tiene sus propios receptores y fibras nerviosas específicas por todo el cuerpo.

Básicamente, el único órgano que carece de receptores del dolor es el cerebro mismo y ello se debe a que es el encargado de recibir y procesar esas señales. Podría decirse que, si el cerebro doliera, se produciría una situación muy confusa: sería como intentar llamar a nuestro número de teléfono desde nuestro propio aparato y esperar que alguien atendiera la llamada al otro lado de la línea.

Lo interesante es que la sensibilidad táctil no es uniforme: las diversas partes del cuerpo responden de manera diferente a un mismo contacto. Como el córtex motor del que hablamos en un capítulo anterior, el córtex somatosensorial también está configurado como un mapa del cuerpo cartografiado según las áreas de las que recibe información: contiene una región de los pies (que procesa estímulos procedentes de los pies), una región de los brazos, etcétera.

No se trata, sin embargo, de un mapa a escala: no utiliza las mismas dimensiones que las del cuerpo real. Eso significa que la cantidad de información sensorial procesada no se corresponde necesariamente con el tamaño de la región de donde están llegando las sensaciones. Las áreas correspondientes al pecho y a la espalda ocupan una cantidad de espacio bastante pequeña en el córtex somatosensorial, mientras que a las manos y los labios les corresponde un área muy grande. Algunas partes del cuerpo son mucho más sensibles al tacto que otras; las plantas de los pies no son especialmente sensibles, lo que tiene sentido, pues no sería muy práctico que sintiéramos un dolor infinito cada vez que pisáramos una piedra o una ramita. Pero las manos y los labios ocupan áreas desproporcionadamente extensas del córtex somatosensorial porque las necesitamos para ciertos tipos especialmente finos y precisos de manipulación y sensación. Por eso son tan sensibles. Como también lo son los genitales, pero no hace falta que digamos más sobre ese tema.

Los científicos miden esa sensibilidad simplemente pinchando a un sujeto con un instrumento de doble punta y comprobando cuál es la distancia mínima a la que pueden estar dichas puntas sin dejar de ser reconocidas como focos de presión separados por la persona sobre la que se aplican[6]. Las yemas de los dedos son zonas especialmente sensibles, lo que explica por qué se desarrolló el sistema Braille. Pero tienen su límite: de hecho, los símbolos del Braille son más grandes que las letras del alfabeto porque las yemas de nuestros dedos no serían suficientemente sensibles para reconocerlos si fueran del tamaño de un texto normal[7].

Si se puede «engañar» al oído, no menos se puede «engañar» al sentido del tacto. Parte de nuestra capacidad para identificar cosas tocándolas se produce gracias a que el cerebro es consciente de cómo están dispuestos nuestros dedos, por lo que, si tocamos algo pequeño (una canica, por ejemplo) con los dedos índice y corazón de una mano, sentiremos un solo objeto. Pero si cruzamos esos dos dedos y cerramos los ojos, sentiremos más bien dos objetos distintos. Se produce así la conocida como ilusión de Aristóteles, que resulta del doble hecho de que no haya comunicación directa alguna entre el córtex somatosensorial que procesa el tacto y el córtex motor que mueve los dedos para señalarle a aquel la contradicción, y de que los ojos están cerrados en ese momento, con lo que no pueden proporcionar información que anule esa conclusión incorrecta extraída por el cerebro.

Así pues, hay más coincidencias entre tacto y oído de lo que podría parecer a simple vista y algunos estudios recientes han hallado indicios de que la conexión entre ambos sentidos pertenecería a una naturaleza más fundamental de lo que se creía hasta ahora. Si bien siempre hemos sabido que ciertos genes estaban fuertemente ligados a determinadas aptitudes auditivas o a un incremento del riesgo de sordera, un estudio de 2012 a cargo de Henning Frenzel y su equipo[8] descubrió que también hay genes que influyen en la sensibilidad táctil y que, curiosamente, quienes evidencian un oído muy sensible también demuestran tener un sentido del tacto más fino. Asimismo, quienes poseen genes que les han hecho tener mal oído también tienen una probabilidad mucho más alta de mostrar una mala sensibilidad táctil. En el estudio, se descubrió también que la mutación de un gen concreto provoca dificultades tanto de oído como de tacto en los mismos individuos.

Aunque queda todavía mucho trabajo por hacer en este campo, lo investigado hasta ahora parece indicar con bastante claridad que el cerebro humano emplea mecanismos similares para procesar tanto el oído como el tacto, por lo que ciertos problemas de raíz más profunda que afectan a uno de los dos sentidos pueden terminar afectando al otro también. Quizá no sea esa la configuración sensorial más lógica imaginable, pero es razonablemente congruente con la interacción gusto-olfato que ya vimos en la sección previa. El cerebro tiende a agrupar nuestros sentidos con mayor frecuencia de lo que podría parecernos verdaderamente práctico. Pero, por otra parte, eso mismo nos da a entender que las personas podemos «sentir el ritmo» de un modo más literal de lo que generalmente suponemos.

Jesús ha vuelto... ¿impreso en una tostada?
(Lo que usted no sabía acerca del sistema visual)

¿Qué tienen en común las tostadas, los tacos, las pizzas, los helados, los tarros de crema para untar, los plátanos, los *pretzels,* las patatas fritas de bolsa y los nachos? Que en todos ellos se ha creído ver estampada o reproducida la imagen de Jesús (lo digo en serio, búsquenlo si no me creen). No siempre es en comida donde se aparece: también se le ha visto a menudo en las texturas o las vetas irregulares de los artículos de consumo o de los muebles de madera barnizada. Y no siempre es Jesús quien se aparece: a veces es la Virgen María. O Elvis Presley.

Lo que sucede en realidad es que existen millones de millones de objetos en el mundo con líneas y colores dispuestos al azar, en franjas o manchas más claras y más oscuras, y que, por pura coincidencia, pueden recordarnos en algún momento a una imagen o un rostro conocidos. Y si la cara es la de una figura célebre a la que se atribuyen propiedades metafísicas (y Elvis entra dentro de esa categoría para muchos de sus admiradores), entonces la imagen puede obtener un eco y una atención mayores.

Lo raro del caso (desde el punto de vista científico) es que también quienes son conscientes en ese momento de que se trata solamente de un aperitivo tostado y no la reencarnación en pan del Mesías pueden *verlo*. Todos pueden reconocer en aquellas manchas lo que otros dicen que allí se ve, aun cuando no estén de acuerdo en cuanto a los orígenes de la aparición.

El cerebro humano prioriza la vista sobre todos los demás sentidos y el sistema visual hace gala de una impresionante lista de singularidades y rarezas. Como ocurre con los otros sentidos, la idea de que los ojos captan el mundo exterior y transmiten esa información intacta al cerebro como si fueran un par de cámaras de vídeo viscosas y blanduchas dista mucho de ser una descripción de cómo funciona realmente la cosa*.

Muchos neurocientíficos sostienen que la retina *forma parte* en realidad del cerebro, pues se desarrolla a partir del mismo tejido y está directamente conectada a él. Los ojos admiten luz a través de sendas pupilas y sendas lentes (los cristalinos) situadas en la parte anterior de ambos, y esa luz va a parar a la retina, situada en la parte posterior. La retina es una compleja capa de fotorreceptores, unas neuronas especializadas en detectar luz, algunas de las cuales pueden activarse con solo media docena de *fotones* (que son los «pedazos» de luz más pequeños posibles). Esa es una sensibilidad impresionante: es como si el sistema de seguridad de un banco se disparara con solo que a alguien se le ocurriera la idea de atracarlo. Los fotorreceptores que evidencian semejante

---

* No digo con esto que los ojos no sean impresionantes, porque lo son. Son tan complejos que son citados a menudo por los creacionistas y por otros adversarios de la teoría de la evolución como prueba evidente de que la selección natural no es real; el ojo es tan intrincado que, según ellos, jamás podría haber «llegado a ser» sin más, por lo que debe de ser el producto de un poderoso creador. Pero si nos fijamos realmente en el funcionamiento del ojo, deberemos deducir que ese creador lo creó seguramente un viernes por la tarde, o de resaca durante el turno matutino, porque buena parte del mismo no tiene mucha lógica ni sentido.

sensibilidad son los que se utilizan sobre todo para ver contrastes entre claridad y oscuridad, y se denominan bastones. Funcionan en condiciones de baja luminosidad, como, por ejemplo, por la noche. De hecho, la luz diurna brillante los satura y, por tanto, los inutiliza cual huevera de porcelana incapaz de contener el caudal de un cubo de agua que alguien vertiera sobre ella. Los otros fotorreceptores (estos sí, receptivos a la luz diurna) detectan fotones de ciertas longitudes de onda y así es como percibimos color. Son los que llamamos conos y nos proporcionan una visión mucho más detallada del entorno, si bien requieren de una luminosidad considerablemente mayor que los bastones para activarse, lo que explica por qué no vemos colores cuando la luminosidad es baja.

Los fotorreceptores no se distribuyen de manera uniforme por la retina. Las concentraciones y las composiciones varían entre unas áreas y otras. Tenemos una zona en el centro de la retina que reconoce los detalles menudos, mientras que buena parte de la periferia retinal no proporciona más que siluetas borrosas. Esto es debido a las distintas concentraciones de fotorreceptores diferentes en cada una de esas áreas y a las distintas conexiones que tienen en ellas también. Cada fotorreceptor está conectado a otras células (normalmente, a una célula bipolar y a otra ganglionar) que transmiten la información desde aquel hasta el cerebro. Cada fotorreceptor forma parte de un campo receptivo (compuesto por todos los receptores conectados a las mismas células transmisoras) que abarca una parte específica de la retina. Dicho campo cumple una función análoga a la de una antena fija de telefonía móvil que recibe toda la información diversa que le transmiten los aparatos telefónicos situados dentro de su radio de cobertura y la procesa. Las células bipolares y ganglionares son la antena, y los receptores, los teléfonos; y juntos forman un campo receptivo específico. Cuando la luz incide en ese campo, activa una célula bipolar o ganglionar concreta a través de los fotorreceptores asociados a ella, y el cerebro reconoce la señal.

En la periferia de la retina, los campos receptivos pueden ser bastante extensos, cual tela de paraguas desplegada en torno a un mango central. Pero eso hace que su precisión se resienta: a fin de cuentas, es difícil saber dónde se deposita exactamente cada gota de lluvia que cae sobre la tela de un paraguas abierto y lo más que deducimos es que están cayendo gotas en él, nada más. Por fortuna, hacia la parte central de la retina, los campos receptivos son suficientemente pequeños y densos como para permitir la formación de imágenes nítidas y precisas, lo bastante, al menos, como para que podamos ver detalles tan minúsculos como la letra pequeña, por ejemplo.

Curiosamente, solo una parte de la retina tiene la capacidad de reconocer tan finos detalles. Es lo que llamamos la fóvea, justo en pleno centro de la retina, de la que cubre menos del 1 % de su superficie total. Si la retina fuera una televisión plana de gran pantalla, la fóvea apenas representaría la huella de un pulgar en el medio de la misma. El resto del ojo nos proporciona siluetas más borrosas, y formas y colores poco definidos.

Tal vez piensen que esto no tiene sentido, porque ¿acaso las personas no ven el mundo con nitidez y claridad, exceptuando los pocos casos de quienes padecen de cataratas? Eso que he descrito en los párrafos inmediatamente previos equivaldría más bien a tener que mirar el mundo a través del extremo equivocado de un telescopio fabricado con vaselina. Pero, por inquietante que pueda parecernos, eso es lo que «vemos» en el sentido más estricto del término. Lo que pasa es que el cerebro realiza una labor inestimable depurando las imágenes antes de que lleguemos a percibirlas conscientemente. El más perfeccionado trabajo de procesamiento gráfico con Photoshop es poco más que un rayote con un lápiz de color amarillo comparado con cómo pule el cerebro nuestra información visual. Pero ¿cómo lo hace?

Los ojos se mueven de un lado a otro con mucha frecuencia y ello se debe en buena medida a que apuntamos con la fóvea hacia los diversos objetos de nuestro entorno que necesitamos mirar. Antiguamente, los experimentos dedicados a estudiar y registrar los movimientos del globo ocular de las personas recurrían a lentes de contacto especializadas... *de metal*. Dediquen luego un momento a reflexionar sobre eso y valoren hasta qué punto algunas personas se entregan a la causa de la ciencia*.

En esencia, sea lo que sea que estemos mirando, la fóvea lo explora tanto como puede y con la máxima velocidad posible. Sería como imaginarse un foco o un reflector luminoso apuntado hacia un campo de fútbol y manejado por alguien poseído por una sobredosis casi letal de cafeína: algo parecido es nuestra fóvea en funcionamiento. La información visual obtenida mediante ese proceso, unida a la imagen menos detallada (pero utilizable de todos modos) del resto de la retina, es suficiente para que el cerebro, a partir de una concienzuda depuración de los datos y de unas cuantas conjeturas más o menos «bien fundadas» acerca de la apariencia de las cosas, haga que veamos lo que vemos.

Un sistema como este, que depende de los datos que se extraen de un área tan reducida de la retina, puede parecer a todas luces ineficiente. Pero el secreto está en lo mucho que el cerebro dedica de sí mismo a procesar esa información visual: solo duplicando el tamaño de la fóvea para que esta representara más del 1 % de la superficie de la retina, la materia cerebral dedicada al procesamiento visual tendría que aumentar hasta tal punto que nuestros cerebros deberían tener el volumen de balones de baloncesto.

Pero ¿cómo es ese procesamiento? ¿Cómo extrae el cerebro una percepción tan detallada a partir de una información tan

---

* La moderna tecnología informática y de fabricación de cámaras hace mucho más fácil (y considerablemente menos incómodo) el seguimiento de los movimientos oculares. Algunas empresas de márketing han llegado incluso a instalar escáneres oculares en carros de supermercado para observar en qué se fijan los clientes en las tiendas. Y antes de eso se usaron también rastreadores láser instalados en las cabezas de los compradores. Pero la ciencia ha avanzado tanto actualmente que hasta los láseres han quedado anticuados. Se queda uno alucinado solo de pensarlo.

rudimentaria? Los fotorreceptores convierten la información lumínica en señales neuronales que son enviadas al cerebro a lo largo de los nervios ópticos (uno por cada ojo)*. El nervio óptico transmite información visual a varias partes del cerebro. Inicialmente, la envía al tálamo, la vieja estación central del cerebro, y de allí es difundida a zonas más lejanas y extensas. Parte de esa información termina en el tallo cerebral, bien en un lugar llamado *pretectum* (o zona pretectal), que dilata o contrae las pupilas en respuesta a la intensidad de la luz, bien en el colículo superior, que controla el movimiento de los ojos en saltitos cortos llamados sacadas.

Si nos concentramos en cómo se mueven nuestros ojos cuando miramos de derecha a izquierda o viceversa, nos daremos cuenta de que no se desplazan en un barrido continuo, sino mediante una serie de tirones cortos (háganlo poco a poco, si quieren, para percatarse mejor de ello). Esos movimientos son las sacadas. El cerebro percibe una imagen continua uniendo una serie rápida de imágenes «fijas», que son las que aparecen en la retina entre un tirón sacádico y otro. Técnicamente, no «vemos» prácticamente nada de lo que ocurre entre sacada y sacada, pero se trata de movimientos tan rápidos que no nos damos cuenta de

---

* Aprovecho la oportunidad para aclarar que, aunque hay personas que van por ahí diciendo que las operaron de la vista y que, para ello, tuvieron que «extraerles» el ojo y este se les quedó colgando del nervio óptico sobre la mejilla como en un dibujo de Tex Avery, tal cosa es imposible. El nervio óptico puede dar algo de sí, pero, desde luego, no lo suficiente como para aguantar el ojo cual si este fuera una cereza grotesca pendiendo de su pedúnculo. Para la cirugía oftalmológica suele ser necesario retirar los párpados hacia los extremos superior e inferior del ojo y fijar el globo ocular con pinzas e inyecciones anestésicas, lo que puede procurar una sensación extraña desde la perspectiva del paciente. Pero, dada la firmeza de la cuenca del ojo y la fragilidad del nervio óptico, sacar el globo ocular de su sitio destruiría dicho nervio, lo que terminaría siendo una maniobra bastante contraproducente para los fines que un cirujano oftalmológico persigue con su trabajo.

ello en realidad: son como el vacío entre fotogramas de unos dibujos animados o de una película. (La sacada es uno de los movimientos más rápidos que puede realizar el cuerpo humano, junto con el parpadeo... y el cierre de un ordenador portátil cuando una madre entra en el dormitorio de un adolescente sin llamar).

Experimentamos esas entrecortadas sacadas cada vez que movemos los ojos de un objeto a otro, pero, cuando seguimos visualmente algo que está en movimiento, nuestro desplazamiento ocular es tan continuo y fluido como el movimiento interno de un reloj de arena relleno de aceite extrarrefinado. Esto tiene sentido desde el punto de vista evolutivo: si, en la naturaleza, seguimos con los ojos un objeto en movimiento, lo normal es que se trate de una presa o de una amenaza, así que conviene que mantengamos la vista concentrada en él de forma constante. Pero eso es algo que solo podemos hacer cuando lo que seguimos es algo que se está moviendo. En cuanto ese objeto abandona nuestro campo de visión, los ojos, en virtud del llamado «reflejo optocinético», vuelven donde estaban y lo hacen moviéndose por medio de sacadas. Todo eso significa, en definitiva, que el cerebro *puede* mover nuestros ojos de forma continua, solo que, a menudo, no lo hace.

Pero ¿cómo es que cuando movemos los ojos, no percibimos el mundo a nuestro alrededor como si este estuviera en movimiento también? A fin de cuentas, bien podrían llegar proyectadas a la retina iguales imágenes si fuéramos nosotros quienes nos moviéramos que si fuera el mundo exterior el que no estuviera quieto, ¿no? Por fortuna, el cerebro dispone de un sistema muy ingenioso con el que abordar ese problema. Los músculos oculares reciben con regularidad *inputs* de los sistemas del equilibrio y el movimiento situados en nuestros oídos y los utilizan para distinguir entre el movimiento del ojo propiamente dicho y el movimiento en el (o del) mundo que nos rodea. Eso significa que también podemos mantener la vista enfocada en un objeto cuando nosotros estamos en movimiento. Ahora bien, hablamos de un sistema que puede prestarse a confusiones, pues los sistemas de detección de movimiento pueden terminar enviando señales a los ojos en momentos en que no nos estamos moviendo en realidad, lo que desencadena movimientos oculares llamados nistagmos. Los profesionales de la salud los consideran un síntoma importante a la hora de valorar el estado del sistema visual, porque no es bueno que nuestros ojos tiemblen o se muevan sin motivo: puede indicar que algo va mal en los sistemas fundamentales encargados de controlar los ojos. Los nistagmos son para los médicos y los optómetras lo que una vibración en un motor es para un mecánico: puede tratarse de algo bastante inocuo o puede que no, pero, en cualquier caso, *no tendría que estar pasando.*

Hasta aquí me he referido únicamente a lo que hace nuestro cerebro a la hora de determinar hacia dónde enfocar los ojos. Todavía no hemos comenzado siquiera a hablar de cómo se procesa la información visual.

Pues, bien, empezaré diciendo que dicha información se transmite principalmente al córtex visual, situado en el lóbulo occipital, en la parte posterior del cerebro. ¿Alguna vez han experimentado el fenómeno de darse un golpe en la cabeza y «ver las estrellas»? Pues una explicación de que eso ocurra es que el impacto hace que su cerebro se sacuda dentro del cráneo cual repugnante moscardón queda atrapado en un frasquito, y que la parte trasera de dicho órgano rebote contra la pared craneal. Esto provoca una presión y un trauma en las áreas encargadas del procesamiento visual, lo que las lastima brevemente y hace que, como consecuencia, veamos de pronto colores extraños e imágenes que recuerdan a estrellas, a falta de una mejor descripción.

El córtex visual está dividido en diferentes capas que se subdividen a su vez en otras.

El córtex visual primario —el primer lugar al que llega la información procedente de los ojos— está distribuido en «columnas» ordenadas, como pan en rebanadas. Estas columnas son muy sensibles a la orientación, lo que significa que reaccionan solamente a la visión de líneas direccionales determinadas. En la práctica, eso implica que reconozcamos los bordes de los objetos. La importancia de ese fenómeno es excepcional: los bordes entrañan límites, lo que significa que podemos reconocer objetos individuales y enfocar la vista en ellos más que en la superficie uniforme que ocupa la mayor parte de su forma. Y significa también que podemos seguir sus movimientos a medida que las diferentes columnas del córtex se activan en respuesta a los cambios. Podemos reconocer objetos individuales y su movimiento, y esquivar un balón de fútbol dirigido hacia nuestra cabeza, en vez de quedarnos ahí, preguntándonos por qué esa mancha blanca se hace cada vez más grande. El descubrimiento de esa sensibilidad a la orientación es tan fundamental que quienes lo realizaron en 1981 (David Hubel y Torsten Wiesel) terminaron siendo galardonados con el premio Nobel[9].

El córtex visual secundario es el responsable de reconocer los colores y es más impresionante aún (si cabe) por su capacidad para detectar la constancia cromática. Un objeto rojo a plena luz del día se proyecta en la retina con una tonalidad muy diferente de la de un objeto rojo cuando hay poca luz, pero, al parecer, el córtex visual secundario puede tener en cuenta la cantidad de luz ambiental y determinar de qué color «se supone» que es el objeto en cuestión. Eso es fabuloso, aunque no fiable al cien por cien. Si alguna vez han tenido una discusión con alguien a propósito de cuál es el verdadero color de una cosa (por ejemplo, si un coche es azul marino o negro), ya han vivido de primera mano lo que ocurre cuando el córtex visual secundario se confunde.

Y las sucesivas áreas de procesamiento visual se extienden progresivamente hacia el interior del cerebro y, cuanto más alejadas se encuentran del córtex visual primario, más específica es su función en cuanto a qué aspecto de la visión procesan. Llegan incluso a penetrar en otros lóbulos, como el parietal (que es el que contiene las áreas encargadas de la concepción espacial) o el temporal inferior, que procesa el reconocimiento de objetos específicos y (volviendo al tema de partida de la presente sección) caras. Tenemos partes del cerebro dedicadas a reconocer rostros, por eso los vemos por doquier. Incluso donde, en realidad, no hay más que una tostada.

Estas son solo algunas de las facetas más llamativas del sistema visual. Pero quizá su detalle más fundamental sea la capacidad que tenemos de ver en tres dimensiones (o en «3D», como dirían los niños de hoy en día). Es mucho lo que se le exige al cerebro para crear esas imágenes tridimensionales, pues, en el fondo, se le está pidiendo que genere una rica impresión en 3D del entorno a partir de una imagen fragmentaria en 2D. Técnicamente hablando, la retina es una superficie «plana», por lo que es un soporte gráfico tan bidimensional como una pizarra cualquiera. Por suerte, el cerebro conoce unos cuantos trucos para superar ese inconveniente.

Para empezar, es una gran ayuda que tengamos dos ojos y no uno solo. Puede que estén bastante juntos en nuestro rostro, pero mantienen una separación suficiente como para proporcionar al cerebro imágenes sutilmente diferenciadas. El cerebro usa luego esa diferencia para imprimir profundidad y distancia a la imagen que terminamos percibiendo finalmente.

Para ello, no se basa únicamente en el paralaje resultante de esa disparidad binocular (una manera técnica de decir lo mismo que en el párrafo anterior), pues este se produce cuando ambos ojos funcionan al unísono y, sin embargo, si cerramos o nos tapamos uno de los dos, el mundo que vemos a través del otro no se convierte automáticamente en una imagen plana. Esto último se debe a que el cerebro puede utilizar también aspectos de la imagen proporcionada por la retina para calcular profundidad y distancia. Me refiero a fenómenos como la oclusión (el hecho de que unos objetos —más cercanos— tapen a otros), la textura (la mayor riqueza de los detalles de las superficies que están próximas a nosotros que la de aquellas que están más lejos) y la convergencia (el hecho de que las cosas cercanas tiendan a verse más separadas entre sí que las que están distantes: imagínense, por ejemplo, una carretera larga que se pierde a lo lejos hasta terminar concentrada en un único punto), entre otros. Aunque tener dos ojos es la vía más beneficiosa y eficaz de calcular la profundidad, el cerebro puede arreglárselas bien solo con uno y puede incluso seguir coordinando tareas que implican una manipulación fina. Yo conocí a un dentista de éxito que solo tenía visión de un ojo y el suyo es un trabajo en el que nadie podría durar mucho sin procesar bien la percepción de profundidad.

Estos métodos de reconocimiento de la profundidad que emplea el sistema visual son los que aprovecha el cine en 3D para crear su particular impresión de tridimensionalidad. Cuando miramos una pantalla de cine, podemos ver la profundidad necesaria porque están presentes en ella todas las «pistas» comentadas en el párrafo anterior que nuestra visión necesita para apreciar esa ilusión de profundidad. Pero, hasta cierto punto, nunca dejamos de ser conscientes de que estamos mirando imágenes proyectadas sobre una pantalla plana (que es lo que sucede en realidad). Pero en las películas en 3D, dos flujos de imágenes muy ligeramente diferenciadas se proyectan superpuestos. Cuando nos ponemos gafas especiales para ese tipo de película, una de las lentes filtra una de las dos imágenes superpuestas y elimina la otra, y la otra lente deja pasar la que la primera elimina y suprime la que la primera deja pasar. Como consecuencia, cada ojo recibe una imagen global sutilmente diferente. El cerebro reconoce esa diferencia como una sensación de profundidad y, de pronto, las imágenes que vemos en pantalla comienzan a saltar hacia nosotros, que hemos tenido que pagar las entradas al doble de precio para verlo.

Tal es la complejidad y la densidad del procesamiento realizado por el sistema visual que existen muchas maneras de engañarlo. El fenómeno de la imagen de Jesús en una tostada ocurre porque existe una región del sistema visual en el córtex temporal que se encarga de reconocer y procesar caras, por lo que todo aquello que se parece un poco a un rostro humano tiende a ser percibido como tal rostro. El sistema de la memoria puede intervenir entonces y decirnos si se trata de una cara conocida o no. Otra ilusión habitual es la que hace que dos cosas que son exactamente del mismo color nos parezcan de tonos diferentes según la tonalidad del fondo sobre el que estén colocadas. El origen de esa impresión puede hallarse en una confusión inducida en el córtex visual secundario.

Otras ilusiones visuales son más sutiles. La clásica imagen que nos hace dudar de si lo que vemos son «dos caras mirándose una a otra o un candelabro» posiblemente es la más conocida de todas. Esa imagen nos plantea dos interpretaciones posibles: ambas son «correctas», pero mutuamente excluyentes. El cerebro no sabe manejar bien la ambigüedad, por lo que, a efectos prácticos, impone orden en lo que está recibiendo a base de elegir una de las interpretaciones posibles. Pero eso no impide que cambie de opinión en cualquier momento, pues existen dos soluciones interpretativas igualmente válidas.

Y con lo dicho hasta el momento apenas si comenzaríamos a tocar el tema más que a un nivel muy superficial. Lo cierto es que resulta imposible transmitir la verdadera complejidad y la sofisticación del sistema de procesamiento visual en solo unas pocas páginas, pero he considerado que intentarlo valía la pena porque la vista es un proceso neurológico sumamente complejo sobre el que se sostiene buena parte de nuestra vidas, y porque la mayoría de personas no reparan apenas en él hasta que comienza a funcionar mal por algún lado. Así pues, consideren esta sección solamente como un brevísimo tratado sobre la punta del iceberg del sistema visual del cerebro; queda una enormidad de ese iceberg sumergido en las profundidades del mar. Y si ustedes y yo podemos percibir semejantes profundidades bajo la superficie del agua no es por otra cosa que por la complejidad misma de nuestro sistema visual.

Por qué le zumban los oídos

(Puntos fuertes y débiles de la atención humana, y por qué no podemos evitar escuchar las conversaciones de otros)

Nuestros oídos proveen una información copiosa, pero el cerebro, pese a lo mucho que se esfuerza, no puede procesarla toda. ¿Y por qué iba a tener que hacerlo? ¿Cuánta de esa información es realmente relevante? El cerebro es un órgano muy exigente en cuanto a su consumo de recursos y usarlo para que se fije atentamente en cómo se seca la pintura recién aplicada a una pared del otro lado de la calle sería malgastarlos. El cerebro *tiene* que elegir en qué reparamos y en qué no. De ahí que sea capaz de orientar nuestra percepción y nuestro procesamiento consciente hacia cosas de un interés potencial para nosotros. A eso lo llamamos atención, y el modo en que usamos esa atención es muy importante de cara a determinar lo que observamos del mundo que nos rodea. O, lo que importa más todavía, a la hora de determinar lo que no observamos.

A la hora de estudiar la atención, dos son las preguntas importantes a las que nos enfrentamos. La primera es: ¿cuál es la capacidad de atención del cerebro? Es decir, ¿cuánta atención puede soportar (siendo realistas) sin saturarse? Y la otra es: ¿qué es lo que determina hacia dónde dirigimos la atención? Si el cerebro está sometido a un bombardeo constante de información sensorial, ¿qué hace que ciertos estímulos o *imputs* sean priorizados sobre otras cosas?

Comencemos por la capacidad. La mayoría de personas habrán notado alguna vez que su atención tiene un límite. Usted que me lee en este momento habrá pasado en alguna ocasión por la experiencia de estar entre un grupo de personas que intentan hablar con usted todas al mismo tiempo, «clamando por su atención». Es una sensación frustrante que, a menudo, termina con la paciencia de cualquiera y con ruegos a viva voz del tipo «¡uno a uno, *por favor*!».

Los experimentos realizados inicialmente sobre el tema, como los de Colin Cherry publicados en 1953[10], parecían indicar que la capacidad de atención humana era alarmantemente limitada, como demostraban las pruebas con una técnica denominada «escucha dicótica», en la que los sujetos llevan auriculares y reciben un flujo auditivo diferente (normalmente consistente en una secuencia de palabras) por cada oído. En el experimento de Cherry, se les decía que tendrían que repetir las palabras que recibieran por uno de los oídos y luego se les pedía que dijeran las que lograran recordar de las que oyeron por el otro. La mayoría de esas personas podían identificar si la voz de quien decía las palabras por el otro oído era masculina o femenina, pero eso era todo: ni siquiera acertaban a precisar en qué idioma las había dicho. Así que la atención humana debía de tener una capacidad tan limitada que no podía estirarse más allá de un único flujo auditivo.

De estos y otros hallazgos parecidos emergieron los modelos de «cuello de botella» de la atención, en los que se proponía que toda la información sensorial que se le ofrece al cerebro es filtrada por este a partir del estrecho margen que le proporciona la atención misma. Vendría a ser algo parecido al efecto de un telescopio: este nos facilita una imagen muy detallada de una pequeña parte de un paisaje o del cielo. Pero, más allá de ella, nada vemos.

En experimentos posteriores, cambió un poco esa concepción. En uno de 1975, Von Wright y su equipo de colaboradores condicionaban de entrada a los sujetos participantes diciéndoles que oirían ciertas palabras que los impresionarían profundamente. Luego, los sometían al consabido ejercicio de la escucha dicótica. En el flujo auditivo que recibían por el *otro* oído (no por el que se suponía que debía ser el foco de su atención en ese momento) era en el que se incluían las palabras escandalosas. Pues, bien, los sujetos no dejaban de evidenciar una reacción apreciable de miedo cuando oían tales palabras, lo que demostraba que el cerebro estaba claramente prestando atención también al «otro» flujo. Lo que sucede es que este no alcanza el nivel del procesamiento *consciente* y por eso no nos damos cuenta de que lo oímos. Los modelos de cuello de botella se vienen abajo ante datos de ese tipo, pues estos vienen a evidenciar que las personas pueden reconocer y procesar cosas aun cuando estas estén «fuera» de los supuestos límites de su atención.

Esto es algo que puede demostrarse también en contextos menos clínicos. El título de la presente sección alude a eso que se dice cuando oímos a otras personas hablar entre ellas de nosotros: se supone que, en un momento así, nos «zumban los oídos» con sus comentarios. Puede ser en una ocasión cualquiera. Alguno de nosotros está manteniendo una conversación de lo más agradable con otra persona sobre un tema que interesa a ambas (fútbol, repostería, apio, lo que sea) cuando, de pronto, alguien que está dentro de nuestro alcance auditivo menciona nuestro nombre. Quien lo dice no forma parte de nuestro grupo de conversación en ese momento; hasta entonces, quizá ni siquiera supiéramos que estaba allí. Pero ha dicho nuestro nombre, posiblemente seguido de las palabras «es un (o una) inútil total», y, de repente, prestamos atención al diálogo que está manteniendo ese otro grupo (en lugar de al nuestro propio) preguntándonos al mismo tiempo por qué se nos ocurriría nunca pedir a esa otra persona que fuera nuestro padrino de boda.

Si la atención fuera tan limitada como los modelos de cuello de botella dan a entender, esa situación sería imposible. Pero es evidente que no lo es. Ese tipo de sucesos se encuadran dentro del llamado «efecto de fiesta de cóctel» (ya ven lo refinados que somos los psicólogos profesionales).

Las limitaciones del modelo de cuello de botella llevaron a la elaboración del modelo de la capacidad de atención limitada, atribuido normalmente a los trabajos expuestos por Daniel Kahneman en 1973[11], pero propugnado por muchos autores desde entonces. Donde los modelos de cuello de botella proponían que la atención es un «flujo» único que salta de un objeto a otro como un foco de luz, dependiendo de dónde se la necesite, el modelo de la capacidad limitada se basa en la idea de que la atención se asemeja más a un recurso finito que puede dividirse entre múltiples flujos (y focos de atención) hasta donde tal recurso dé de sí sin agotarse.

Tanto los modelos de un tipo como los del otro explican por qué es tan difícil la multitarea; en el caso de los modelos de cuello de botella, el problema es que disponemos únicamente de un flujo de atención que salta entre tareas distintas, lo que dificulta enormemente el seguimiento de todas ellas a la vez. El modelo de la capacidad limitada sí contempla la posibilidad de que el individuo preste atención a más de una cosa a la vez, pero solo hasta allí donde le lleguen los recursos para procesarlas eficazmente; en cuanto una persona excede su capacidad, pierde la posibilidad de hacer el debido seguimiento de lo que pasa. Y los recursos son lo bastante limitados como para que parezca que, en muchas situaciones, sea un «único» flujo lo que podemos seguir.

Pero ¿por qué esa limitación de nuestra capacidad? Una explicación es que la atención está muy ligada a la memoria de trabajo, es decir, a la que usamos para almacenar la información que estamos procesando conscientemente. La atención proporciona la información que se ha de procesar, por lo que, si la memoria de trabajo ya está «llena», añadirle más información resulta difícil, cuando no imposible. Y ya sabemos que la memoria de trabajo (la memoria a corto plazo) dispone de una capacidad limitada.

Esta suele ser suficiente para las personas y los contextos humanos típicos, pero no todos lo son. Muchos estudios se han centrado en cómo utilizamos la atención cuando conducimos, una situación en la que la falta de atención puede tener consecuencias graves. En el Reino Unido, está prohibido utilizar un teléfono móvil mientras se conduce: solo puede hablarse por el móvil si se dispone de un dispositivo de «manos libres» para ello y se mantienen ambas manos al volante mientras tanto. Pero un estudio de la Universidad de Utah de 2013 reveló que, en cuanto a cómo afecta al rendimiento de un conductor, usar un dispositivo de manos libres es igual de negativo que usar el móvil directamente con las manos, ya que ambas actividades requieren de una dosis similar de atención[12].

Que tengamos dos manos al volante en un momento así en lugar de una puede darnos cierta ventaja, pero el citado estudio medía la velocidad global de las respuestas, del examen del entorno, de la advertencia en él de pistas importantes, etcétera, y comprobó que todos estos factores se veían reducidos en un grado preocupante tanto si se usaba un manos libres como si no, porque hablar de un modo y de otro requiere de similares niveles de atención. Es muy posible que tengamos los ojos puestos en la carretera, pero poca relevancia tendrá eso si no hacemos caso a lo que aquellos nos están mostrando.

Más preocupante aún es que los datos sugieren que no solo el teléfono nos distrae de la conducción: cambiar la emisora de la radio o conversar con un acompañante puede inducirnos igualmente a distracción. En vista de lo que crece la tecnología instalada en los automóviles y en los teléfonos (y de que, por ejemplo, actualmente no es ilegal leer nuestro correo electrónico mientras conducimos), las opciones para desviar nuestra atención no pararán de aumentar.

Sabiendo todo esto, se preguntarán cómo es posible que podamos conducir durante más de diez minutos seguidos sin vernos envueltos en un accidente catastrófico. Pues lo es porque hasta ahora solo hemos hablado de la atención *consciente,* que es donde la capacidad está tan limitada. Como ya hemos comentado anteriormente, si repetimos algo con la suficiente frecuencia, el cerebro se adapta a ello, lo que permite que se forme un recuerdo procedimental (véase el capítulo 2). Muchas personas dicen que pueden hacer algo «sin pensar» y esa es una forma muy precisa de describir aquello a lo que me estoy refiriendo aquí. Conducir puede ser una experiencia angustiosa y hasta abrumadora para los principiantes, pero, al final, termina convirtiéndose en algo tan familiar que son los sistemas inconscientes los que se ocupan de gran parte de esa tarea, con lo que la atención consciente puede aplicarse a otras labores. Aun así, conducir no es la clase de actividad que puede hacerse totalmente sin pensar: tener en cuenta a los demás usuarios de la vía pública y los riesgos presentes en esta requiere de un esfuerzo consciente, pues se trata de factores que cambian en cada ocasión en que se realiza la actividad.

En el plano neurológico, son muchas las regiones cerebrales que intervienen en la atención. Una de ellas es toda una reincidente en este libro: me refiero al córtex prefrontal, cosa lógica si se tiene en cuenta que es en esa zona de la corteza cerebral donde se procesa la memoria de trabajo. También está implicado el giro cingular (o circunvolución del cíngulo) anterior, una extensa y compleja región situada en una zona profunda del lóbulo temporal y que también se extiende por parte del lóbulo parietal, donde se procesa mucha información sensorial y esta es conectada con funciones superiores como la conciencia.

Pero los sistemas que controlan la atención son bastante difusos y eso tiene sus consecuencias. En el capítulo 1, vimos cómo las partes más avanzadas del cerebro y las más «reptilianas» (o primitivas) suelen interferir mutuamente en su funcionamiento respectivo. Algo similar sucede con los sistemas que controlan la atención: están mejor organizados, pero se da igualmente en ellos la conocida combinación (o conflicto) entre el procesamiento consciente y el subconsciente.

Por ejemplo, la atención es orientada por indicios o «pistas» tanto exógenas como endógenas. O, por decirlo en un lenguaje más llano, hay sistemas de control de la atención que funcionan «desde abajo» y sistemas de control de la atención que funcionan «desde arriba». O, más sencillamente dicho aún, nuestra atención responde a cosas que suceden bien fuera de nuestra cabeza, bien dentro de ella. De esa reacción a factores tanto exógenos como endógenos es buen ejemplo el efecto de fiesta de cóctel, por el que dirigimos nuestra atención hacia sonidos específicos (y que también se conoce como «escucha selectiva»). El sonido de nuestro nombre pronunciado por otra persona hace que, de pronto, nuestra atención se dirija hacia allí. No nos lo esperábamos, no éramos conscientes de ello hasta que hubo sucedido. Pero, en cuanto somos conscientes de ello, orientamos nuestra atención hacia la fuente de ese sonido y, de paso, excluimos cualquier otra cosa. Un sonido externo desvió nuestra atención y demostró con ello la activación de un proceso de atención «desde abajo», y nuestro deseo consciente de oír más mantiene nuestra atención en ese punto, lo que evidencia la activación simultánea de un proceso de atención interna «desde arriba», originado en el cerebro consciente*.

No obstante, la mayor parte de los estudios sobre la atención se centran en el sistema visual. Podemos apuntar (y físicamente apuntamos) con nuestros ojos al objeto de nuestra atención y, además, los datos a los que recurre el cerebro son principalmen-

---

* El cómo exactamente «enfocamos» nuestra atención auditiva no está muy claro. No hacemos girar las orejas hacia los sonidos que nos interesan. Una posibilidad de cómo lo hacemos realmente nos la proporcionaron Edward Chang y Nima Mesgarani (de la Universidad de California en San Francisco) con un estudio en el que analizaron el córtex auditivo de tres pacientes de epilepsia a quienes implantaron electrodos en las regiones relevantes (a fin de registrar la actividad durante sus ataques y de ayudar a localizarla, que no por diversión ni por nada de ese estilo)[13]. Cuando se les pedía que se concentraran en un flujo de audio específico entre dos o más que oían al mismo tiempo, solo aquel al que prestaban atención producía alguna actividad en el córtex auditivo. El cerebro busca el modo de reprimir el resto de la información en ese momento, lo que hace posible que prestemos plena atención a la voz que escuchamos entonces. Esto parece indicar que nuestro cerebro puede realmente «desconectarse» de lo que está diciendo otra persona: por ejemplo, cuando esta no para de hablar horas y horas sobre su tediosa afición a observar erizos en su entorno natural.

te de tipo visual. Es, pues, un evidente objeto de investigación que, además, ha producido mucha información sobre cómo funciona la atención.

Los campos oculares frontales, situados en el lóbulo frontal, reciben información de las retinas y crean un «mapa» del campo visual basado en ella, y apoyado y reforzado por más mapas e informaciones espaciales desde el lóbulo parietal. Si algo interesante ocurre en el campo visual, este sistema puede apuntar muy rápidamente nuestros ojos en esa dirección, para ver de qué se trata. Esta es la orientación que denominamos abierta o «conforme a un objetivo», pues el cerebro nos marca precisamente un objetivo en ese momento, que no es otro que «queremos mirar qué es eso». Digamos que ve usted un cartel en el que se lee «oferta especial: panceta gratis»: su atención se dirigirá hacia él de inmediato para ver cuál es el trato que allí le están proponiendo a cambio de cumplir con el objetivo de conseguir panceta. El cerebro consciente guía la atención en esos instantes, por lo que se trata de un sistema que funciona «desde arriba». Paralelamente a este, opera otro sistema, que es el de la llamada orientación *encubierta,* que funciona mucho más «desde abajo». Este sistema actúa de tal manera que usted detecta algo de relevante significación biológica (por ejemplo, el sonido producido por el rugido cercano de un tigre, o por el crujido de la rama del árbol a la que está usted encaramado en ese momento) y su atención se dirige automáticamente hacia ello, *antes* incluso de que las áreas conscientes del cerebro sepan siquiera qué está pasando. Por eso, es un sistema que funciona «desde abajo». Este sistema emplea los mismos *imputs* visuales que el otro, además de otros sonoros, pero está sustentado por un conjunto diferente de procesos neurales en regiones diferentes.

Según el modelo más ampliamente respaldado por los datos y pruebas actualmente disponibles, el córtex parietal posterior (ya mencionado aquí cuando hablamos del procesamiento de la vista) desconecta el sistema de atención consciente de lo que esté haciendo en ese momento cuando detecta algo potencialmente importante, como cuando un padre apaga la televisión para que su hijo baje de una vez la basura. El culículo superior del mesencéfalo desplaza entonces el sistema de atención hacia el área deseada, como si ese mismo padre llevara a su hijo a rastras hasta la cocina, donde está el cubo de la basura. El núcleo pulvinar, que forma parte del tálamo, reactiva entonces el sistema de atención, como si el ya mencionado padre pusiera la bolsa de la basura en la mano de su hijo y empujara a este hacia la puerta para que ¡la baje de una vez!

Este sistema puede anular temporalmente el sistema consciente —orientado a objetivos y que funciona desde arriba—, lo que resulta bastante lógico, pues tiene mucho de instinto de supervivencia. La forma desconocida que de pronto se cuela en nuestro campo de visión podría ser un atacante que viene hacia nosotros, o ese compañero de oficina pelmazo que se empeña en hablarnos de sus problemas de pie de atleta.

Estos detalles visuales no tienen por qué aparecer en la fóvea (ese importante punto central de la retina) para que atraigan nuestra atención. Prestar atención visual a algo suele implicar que movamos los ojos en esa dirección, pero *no tiene por qué ser así siempre*. Habrán oído hablar de la «visión periférica», referida a aquello que vemos sin estar mirándolo directamente. No es algo con lo que se obtenga una imagen muy detallada, que digamos, pero, si usted está sentado a su mesa de trabajo, con la vista puesta en su ordenador, y advierte con el rabillo del ojo un movimiento inesperado de algo que parece tener el tamaño de (y que usted mismo juraría que está donde cabría esperar que estuviera) una araña enorme, quizá no le interese mirar hacia allí, no sea que eso sea exactamente lo que es. Mientras teclea, seguramente se mantendrá muy alerta de cualquier movimiento procedente de ese punto en particular, a la espera de verlo otra vez (aunque deseando no verlo, al mismo tiempo). Esto demuestra que el foco de atención no está ligado directamente a lo que haya allá hacia donde apuntan exactamente nuestros ojos. Al igual que ocurre con el córtex auditivo, el cerebro puede especificar en qué parte del campo visual se concentra sin necesidad de mover los ojos hacia allí. Puede sonar como si los procesos que operan «desde abajo» fuesen los dominantes, pero hay más factores a tener en cuenta. La orientación hacia un estímulo anula el sistema de atención si el estímulo detectado es significativo, pero suele ser el cerebro consciente el que, en virtud de su evaluación del contexto, determina qué es «significativo» y qué no. En condiciones habituales, una explosión fuerte en el cielo sería sin duda algo que entraría en la categoría de lo significativo, pero si vamos por la calle un 5 de noviembre aquí en Gran Bretaña (o un 4 de julio en Estados Unidos), lo verdaderamente significativo sería *no oír* explosión alguna en el cielo, pues el cerebro estará esperando el estruendo de los fuegos artificiales ese día.

Michael Posner, una de las figuras más influyentes en el campo de los estudios sobre la atención, diseñó unos tests que consisten en pedir a los sujetos que detecten o discriminen un «objetivo» visual en una pantalla inmediatamente después de que aparezcan en ella unas señales con indicaciones (correctas o no) sobre dónde estará aquel. Pero basta con que aparezca más de una señal (solo dos incluso) para que a las personas que participan en tales experimentos les resulte más difícil esa detección. La atención humana puede dividirse entre dos modalidades diferentes de señales (como, por ejemplo, cuando se le pide a alguien que realice un test visual y otro auditivo al mismo tiempo), pero la gente suele fallar mucho más desde el momento en que tiene que responder a preguntas que lleven asociadas respuestas más complejas que la básica dicotomía del «sí» o «no». Es evidente que algunas personas pueden hacer dos tareas simultáneas, pero solo si se trata de cosas en las que son ya expertas (como cuando una mecanógrafa resuelve un problema matemático mientras escribe a máquina; o, por usar un ejemplo ya mencionado antes, como cuando un conductor experimentado mantiene una conversación profunda mientras maneja un vehículo).

De todos modos, nuestra atención puede ser muy potente. Uno de los estudios más conocidos a ese respecto se realizó en la Universidad de Uppsala (Suecia)[14]. Allí, se detectó que los voluntarios que se presentaron a un experimento reaccionaron con sudoración en las palmas de las manos ante la visión de unas imágenes de serpientes y arañas mostradas en una pantalla durante menos de una tricentésima de segundo. El cerebro tarda normalmente medio segundo (más o menos) en procesar un estímulo visual en la medida suficiente como para que lo reconozcamos conscientemente, lo que significa que aquellos sujetos estaban experimentando respuestas físicas a unas imágenes de arañas y serpientes en menos de una décima parte del tiempo que les llevaba «verlas» en realidad. Ya hemos dejado claro que el sistema de atención inconsciente responde a determinadas señales o estímulos biológicamente relevantes, y que el cerebro está predispuesto a detectar cualquier cosa que pudiera ser peligrosa, y que, al parecer, también ha desarrollado por vía evolutiva cierta tendencia a temer determinadas amenazas naturales, como esos amiguitos nuestros de ocho o de cero patas. Este experimento es, pues, una gran demostración de cómo la atención distingue algo y rápidamente pone en alerta aquellas partes del cerebro que canalizan respuestas antes de que la mente consciente siquiera haya terminado de decirse «¿eh, cómo?».

En otros contextos, la atención puede pasar por alto cosas muy importantes y nada sutiles. Como ya hemos comentado al mencionar el ejemplo de la conducción de vehículos, ocupar demasiado nuestra atención implica que no acertemos a percatarnos de cosas tan importantes como los peatones que se cruzan en nuestro camino (o, peor aún, que sí acertemos..., pero de lleno). Un ejemplo bastante crudo de esto que acabo de exponer nos lo proporcionaron Dan Simons y Daniel Levin en 1998[15]. En su estudio, un miembro del equipo investigador abordaba a peatones al azar con un plano en la mano y les preguntaba cómo ir a una determinada dirección. Mientras los peatones interpelados miraban el mapa, una persona que transportaba una puerta en brazos se interponía durante unos instantes entre ellos y el investigador. Durante ese breve periodo de tiempo en que la puerta bloqueaba al peatón la visión de quien le había pedido ayuda, el miembro del equipo investigador cambiaba su puesto con alguien cuya voz y aspecto no se parecía nada al de la persona original. Pues, bien, al menos en un 50 % de las ocasiones, el peatón que estaba consultando el plano no se dio cuenta de que se había producido un cambio de interlocutor, pese a que estaban hablando con una persona muy diferente de aquella con la que habían empezado a hablar apenas unos *segundos antes*. En esos casos, tiene lugar un proceso conocido por el nombre de «ceguera al cambio», en el que nuestros cerebros se ven incapaces, al parecer, de registrar una modificación importante en nuestro campo visual si la visión de este se ve interrumpida aunque sea solo por muy breve periodo de tiempo.

Ese estudio es conocido como el «estudio de la puerta», porque, al parecer, la puerta es el elemento más interesante de todos los en él presentes. Qué raros somos los científicos.

Los límites de la atención humana pueden tener (y, de hecho, tienen) serias consecuencias científicas y también tecnológicas. Por ejemplo, los sistemas de visualización llamados de *heads up* (o «cabeza arriba»), donde las lecturas de los instrumentos de aparatos como aviones y vehículos espaciales se proyectan sobre la pantalla frontal o la cubierta transparente de la cabina, en vez de verse en su posición convencional en los cuadros de mandos, pareció de entrada una gran idea para los pilotos. Les ahorra el tener que mirar hacia abajo para leer sus instrumentos y apartar así la vista de lo que ocurre frente a ellos, en el exterior. Seguro que aquello aumentaba su seguridad, ¿no?

Pues no, la verdad es que no. Terminó comprobándose que, cuando uno de esos sistemas de visualización de *heads up* se llena de cierto exceso de información (aunque no sea muy exagerado), la atención del piloto se satura[16]. Los pilotos tienen ante sí un sistema de visualización transparente, pero no están mirando más allá de él, en realidad. Se sabe de casos en los que han terminado aterrizando su avión sobre otro por culpa de ese efecto (en ejercicios de simulación, por fortuna nuestra). Y la propia NASA ha dedicado mucho tiempo a estudiar las mejores soluciones posibles para hacer viables esos sistemas de *heads up,* con un coste de cientos de millones de dólares.

Estas son solo algunas de las muchas formas en que el sistema de la atención humana puede verse seriamente limitado. Puede que usted opine lo contrario, pero, en ese caso, será evidente que no habrá estado prestando atención a lo que aquí se le explicaba. De todos modos, no se preocupe, ya hemos dejado claro que la culpa no sería realmente suya.

6
LA PERSONALIDAD, UN CONCEPTO DIFÍCIL

Las complejas y confusas propiedades de la personalidad

Personalidad. Todos tenemos una (a excepción, tal vez, de quienes se introducen en el mundo de la política). Pero ¿qué es una personalidad? Dicho a grandes trazos, es la combinación de las tendencias, las creencias y los modos de pensar y de comportarse de un individuo. Se trata claramente de una función «superior», una combinación de todos los procesos mentales sofisticados y avanzados para los que los seres humanos parecemos estar capacitados como ningún otro animal gracias a nuestros colosales cerebros. Pero lo sorprendente del caso es que muchos piensan que la personalidad no tiene nada que ver con el cerebro.

Históricamente, las personas creían en el dualismo, en la idea de que la mente y el cuerpo son entes separados. El cerebro, pensemos lo que pensemos de él, es una parte más del cuerpo: es un órgano físico. Los dualistas sostenían, pues, que los elementos más intangibles y filosóficos de una persona (sus creencias, sus actitudes, lo que aborrece y lo que le apasiona) residían en su mente o «espíritu», o cualquiera otro término que se le diera a los elementos inmateriales de un ser humano.

Pero entonces, el 13 de septiembre de 1848, a causa de una explosión imprevista, una barra de hierro de un metro de largo atravesó el cerebro de un trabajador del ferrocarril, Phineas Gage. Concretamente, le penetró el cráneo justo por debajo del ojo izquierdo, atravesó su lóbulo frontal izquierdo por el medio y salió por el cielo del propio cráneo. Finalmente, fue a aterrizar a unos veinticinco metros de distancia del infortunado Gage. Con semejante fuerza propulsora, la resistencia que una cabeza humana podía ofrecer a aquella barra difícilmente superaría la de una cortina de rejilla. Queda claro, pues, que aquel hombre sufrió algo más que un simple corte al afeitarse.

Cualquiera de nosotros daría por supuesto que semejante incidente debió de tener consecuencias fatales para aquel trabajador y nadie podría culparnos de tremendistas por ello. Incluso en nuestros días, «cabeza atravesada por gran barra de hierro» es un titular que resumiría una lesión con todos los visos de ser cien por cien letal. Y pensemos que el suceso tuvo lugar a mediados del siglo XIX, cuando solo con golpearnos un dedo del pie podíamos estar comprándonos un billete sin retorno a una penosa muerte por gangrena. Pero no fue así con Gage: él sobrevivió y aún tardaría doce años en morir.

Parte de la explicación de que superara semejante trance reside en el hecho de que aquel palo de hierro era muy liso y afilado, y que salió disparado a tal velocidad que la herida que provocó en la cabeza del trabajador fue sorprendentemente precisa y «limpia». Le destruyó la casi totalidad del lóbulo frontal del hemisferio izquierdo del cerebro, pero, tratándose de un órgano con impresionantes niveles de redundancia funcional incorporada como ese, el otro hemisferio pudo compensar aquella pérdida y suministrar el funcionamiento cerebral normal que necesitaba. Gage se convirtió en todo un icono en los campos de la psicología y la neurociencia desde entonces, pues, al parecer, su lesión le produjo un súbito y drástico cambio de personalidad. De ser un tipo afable y trabajador, pasó a ser una persona irresponsable, malhumorada, malhablada e incluso psicótica. El «dualismo» iba a tener que emplearse a fondo si quería ganar el combate, pues aquel hallazgo cimentaba sólidamente la idea de que es el funcionamiento del cerebro el que determina la personalidad de un individuo.

De todos modos, las crónicas que han llegado hasta nosotros sobre los cambios de Gage son muy diversas. En la época final de su vida, estaba empleado con un contrato fijo como conductor de diligencias, un trabajo de una gran responsabilidad y que comportaba un elevado grado de interacción con otras personas, por lo que, incluso si en su momento sufrió unos trastornadores cambios de personalidad, debió de recuperarse bastante bien de todos ellos. Pero las versiones más extremas sobre su transformación a raíz del accidente persisten, en gran medida, porque los psicólogos de la época (y pensemos que la psicología, en aquel entonces, era una profesión dominada por varones blancos adinerados muy dados al auto-engrandecimiento, a diferencia de hoy en día, en la que quienes la dominan son... bueno, pensándolo mejor, dejemos ese tema y sigamos con lo nuestro) vieron en el caso de Gage una oportunidad para promocionar sus propias teorías sobre el funcionamiento del cerebro, y si para eso había que atribuir cosas que nunca habían pasado a un simple trabajador del ferrocarril, ¿qué más daba? Hablamos del siglo XIX: aquel hombre no iba a enterarse tan fácilmente de nada consultando su cuenta de Facebook. De hecho, todo parece indicar que la mayoría de las descripciones más extremas de sus cambios de personalidad se formularon después de su muerte, así que, para entonces, ya era prácticamente imposible refutarlas.

Pero incluso aunque hubiera personas suficientemente dedicadas a la causa de la ciencia como para investigar los verdaderos cambios de personalidad o intelectuales que Gage había experimentado, ¿cómo habrían podido hacerlo? Los primeros tests de inteligencia aún tardarían medio siglo en aparecer y la de la capacidad intelectual solo es una de las múltiples propiedades que podrían haberse visto afectadas. Así que, si algo se dedujo finalmente del caso de Gage, fue que la personalidad es un producto del cerebro y que es realmente difícil de medir de un modo válido y objetivo.

E. Jerry Phares y William Chaplin, en su libro *Introduction to Personality*[1], expusieron una definición del concepto de personalidad que la mayoría de psicólogos estarían dispuestos a aceptar: «La personalidad es aquel patrón de pensamientos, sentimientos y comportamientos característicos que distingue a una persona de otra y que persiste a lo largo del tiempo y de situaciones diversas».

En las secciones siguientes de este capítulo, examinaremos algunos aspectos fascinantes de la personalidad: los métodos empleados para medirla, lo que enfada a las personas, lo que hace que acaben sintiéndose obligadas a hacer ciertas cosas, y el sentido del humor, ese árbitro universal de la buena personalidad.

NADA PERSONAL
(La cuestionable utilidad de los tests de personalidad)

Mi hermana Katie nació cuando yo tenía tres años, es decir, cuando mi propio cerebro de primate evolucionado estaba aún relativamente tierno y por estrenar. Tuvimos los mismos padres, nos hicimos mayores al mismo tiempo y en el mismo lugar. Fue durante los años ochenta, en una pequeña localidad de un valle galés. En general, pues, nos movimos por ambientes muy similares y con un ADN igualmente semejante.

Cabría esperar, por tanto, que ella y yo tuviéramos personalidades muy parecidas, ¿no? Pues justamente sucedió lo contrario. Mi hermana, por decirlo en términos muy suaves, era un terremoto hiperactivo, mientras que yo era tan tranquilo y apacible en general que los demás tenían que pincharme con un palo para comprobar que no me había quedado inconsciente. Hoy somos adultos los dos y continuamos siendo bastante diferentes. Yo soy neurocientífico; ella es una experta cocinera de magdalenas. Habrá a quien le parezca que, diciendo esto, estoy siendo condescendiente con ella, pero de verdad que no. Pregúntenle a cualquiera por ahí qué prefiere: una conversación sobre el funcionamiento científico del cerebro o una magdalena bien sabrosa. Ya verán cuál de las dos opciones es más popular.

El sentido de esta anécdota es mostrarles que dos personas con orígenes, ambientes y genética muy similares pueden desarrollar personalidades sumamente diferentes. Así que, ¿qué probabilidades podemos tener entonces de predecir o, siquiera, medir las personalidades de dos personas cualesquiera tomadas al azar del conjunto de la población?

Fijémonos en el caso de las huellas digitales. Las huellas dactilares consisten, básicamente, en el dibujo que forman (y dejan impreso) los surquitos que recubren la piel de las puntas de nuestros dedos. Y, sin embargo, a pesar de la simplicidad de semejante concepto, funciona como herramienta identificativa porque cada ser humano tiene unas huellas dactilares personales y únicas. Si el dibujo superficial de unas pequeñas extensiones de piel presenta tanta variabilidad como para que cada persona tenga el suyo propio y exclusivo, ¡cuánta más variedad no cabrá esperar de algo que es el resultado de infinidad de sutiles conexiones y complejas características del cerebro humano, la cosa más intrincada que conocemos! El solo intento de determinar la personalidad de alguien con una herramienta sencilla, como puede ser un test escrito, sería un esfuerzo en vano: una labor equivalente a tratar de esculpir el monte Rushmore con un tenedor de plástico.

Sin embargo, las teorías actuales sustentan la idea de que existen unos componentes predecibles y reconocibles de las personalidades, los llamados «rasgos», que pueden identificarse a partir del análisis apropiado. Del mismo modo que miles de millones de huellas digitales diferentes se resumen en solo tres grandes tipos de distribución de los surcos (en lazo, en espiral y en arco), y que la inmensa diversidad de configuraciones de ADN humano viene producida por secuencias de cuatro nucleótidos (G, A, T y C) nada más, muchos científicos sostienen que las personalidades pueden entenderse como combinaciones y expresiones particulares de ciertos rasgos compartidos por todas las personas. La conclusión, como dijo J. P. Gillard en 1959[2], es que «la personalidad de un individuo es, pues, su patrón único y singular de rasgos». Gillard se refirió a ese individuo en masculino (usando el posesivo *his* para aludir a «su» patrón), pero, claro, hablamos de los años cincuenta del siglo XX: a las mujeres no se les permitió tener personalidades hasta mediados de la década de los setenta.

De acuerdo, pero ¿cuáles son esos rasgos? ¿Cómo se combinan formando una personalidad? Posiblemente, el enfoque preponderante en la actualidad es aquel en el que se manejan «cinco grandes» rasgos de personalidad que, según esa teoría, son los cinco rasgos concretos que forman una personalidad, del mismo modo que cualquiera de los múltiples colores que conocemos puede formarse combinando el rojo, el azul y el amarillo. Esos rasgos suelen mantenerse constantes en diferentes situaciones y se traducen en unas actitudes y unas conductas predecibles en un individuo.

Todas las personas están situadas supuestamente entre los dos extremos de cada uno de esos «cinco grandes» rasgos, que son los siguientes:

— La *apertura* refleja lo abierta a experiencias nuevas que es una persona. Cuando les invitan a visitar una exposición de esculturas hechas de carne de cerdo podrida, las personas situadas cerca de uno u otro extremo de la escala de la apertura seguramente responden: «¡Sí, por supuesto que me apunto! Nunca antes había visto arte hecho de carne rancia, así que esto estará genial», o bien: «No, eso me pesca un par de calles más allá de por donde yo me muevo habitualmente, así que seguro que no me gusta».

— Lo responsable o *concienzuda* que es una persona refleja hasta qué punto esta es proclive a la planificación, la organización y la autodisciplina. Alguien muy concienzudo podría acceder a visitar la exposición de la carne de cerdo podrida, pero solo después de haber averiguado cuál sería la mejor línea de autobús para llegar hasta allí y haber consultado todas las opciones alternativas de transporte en caso de que hubiera problemas con el tráfico... y haberse pasado por el ambulatorio para que le inyectaran un refuerzo de la vacuna contra el tétanos, por si acaso. Alguien poco o nada concienzudo habría accedido a presentarse en el lugar en diez minutos y habría salido al momento hacia allí, sin pedir permiso para ausentarse del trabajo y recurriendo solo a su propio instinto particular para dar con el lugar.

— Las personas *extrovertidas* son sociables, encantadoras y buscan captar la atención, mientras que las *introvertidas* son calladas, reservadas y más solitarias. Si le invitan a la susodicha exposición de esculturas de carne podrida, el extrovertido extremo acudirá al lugar y llevará consigo su propia escultura realizada a toda prisa para alardear, y terminará posando junto a todas las obras expuestas para colgar las fotografías en su cuenta de Instagram. El introvertido extremo, sin embargo, no daría a nadie la oportunidad de hablar con él durante el tiempo suficiente como para invitarlo a ir a lugar alguno.

— La *agradabilidad* («*agreeableness*») mostrada por una persona refleja la medida en que su conducta y su forma de pensar están afectadas por el deseo de armonía social. Una persona muy propensa a agradar seguramente accedería a visitar la exposición de esculturas de carne podrida, pero solo si a la persona que la está invitando de verdad no le importa que vaya con ella (porque no quiere ser una molestia para nadie). Alguien que carezca totalmente de esa agradabilidad probablemente no sería invitado a nada por nadie, para empezar.

— Y una persona *neurótica* declina la invitación a visitar una exposición escultórica de carne de cerdo podrida y, acto seguido, explica con todo lujo de detalles las razones por las que ha declinado ir. Ejemplo: Woody Allen.

Dejando a un lado exposiciones de arte inverosímiles como la aquí inventada, lo cierto es que esos son los rasgos que conforman el conjunto de los «cinco grandes». Existen ya muchos datos y pruebas que indican que son bastante consistentes: una persona que puntúa alto en agradabilidad evidencia esas mismas tendencias en una gran variedad de situaciones diferentes. También hay datos que relacionan ciertos rasgos de personalidad con determinada actividad cerebral y con algunas regiones del cerebro. Hans J. Eysenck, uno de los grandes nombres del campo de los estudios de la personalidad, sostenía que los introvertidos presentan mayores niveles de excitación cortical (es decir, de estimulación y actividad en el córtex) que los extrovertidos[3]. Esto puede interpretarse como que las personas introvertidas no necesitan mucha estimulación y que las extrovertidas, por el contrario, quieren que las exciten más a menudo y desarrollan personalidades en torno a ese deseo o necesidad.

De algunos estudios recientes con escáneres cerebrales, como los realizados por Yasuyuki Taki y sus colaboradores[4], parece deducirse que los individuos que muestran un rasgo de neuroticismo presentan un tamaño menor que la media de ciertas áreas cerebrales, como el córtex prefrontal dorsomedial y el lóbulo temporal medial izquierdo, incluyendo el hipocampo posterior, y, al mismo tiempo, un mayor giro del cíngulo medio. Estas regiones están implicadas en la toma de decisiones, el aprendizaje y la memoria, lo que indica que una persona neurótica es menos capaz de controlar o reprimir predicciones paranoicas, y de darse cuenta de que esas predicciones no son fiables. La extroversión, por su parte, se refleja con una actividad incrementada en el córtex orbitofrontal, que está ligado a la toma de decisiones, por lo que es posible que sea precisamente esa mayor actividad en las regiones «decisoras» la que hace que los extrovertidos se sientan obligados a ser activos y a decidir más a menudo, y eso les lleve a tener un comportamiento más sociable como consecuencia.

Existen también indicios y datos que sugieren la intervención de factores genéticos como causa subyacente de la personalidad. Según un estudio presentado en 1996 por Jang, Livesley y Vernon, en el que participaron trescientas parejas de hermanos gemelos (idénticos y no idénticos), la heredabilidad de los «cinco grandes» rasgos de la personalidad oscilaría entre el 40 y el 60 %[5].

La conclusión a la que nos llevarían los párrafos inmediatamente precedentes es que hay unos determinados rasgos de la personalidad, concretamente cinco, cuya existencia estaría respaldada por un amplio conjunto de datos y pruebas y que parecen estar asociados también a determinados genes y regiones cerebrales. Entonces, ¿qué problema hay?

Pues, para empezar, que muchas son las voces que sostienen que los «cinco grandes» rasgos de la personalidad no nos proporcionan una descripción exhaustiva de la verdadera complejidad del concepto mismo de la personalidad. Nos ofrecen un buen abanico, sí, pero ¿y el sentido del humor? ¿O la tendencia a la religión o a la superstición? ¿O el carácter (bienhumorado o malhumorado) de una persona? Quienes critican el enfoque de los «cinco grandes» sugieren que estos funcionan más como indicadores de la personalidad «proyectada hacia el exterior»: todos esos son rasgos que pueden ser observados por otra persona, pero buena parte de la personalidad de un individuo es interna (el humor, las creencias, los prejuicios, etcétera) y tiene lugar principalmente dentro de su cabeza, sin que se vea necesariamente reflejada en su conducta.

Hemos apreciado indicios de que los tipos de personalidad se reflejan en la configuración cerebral de los individuos, lo que indicaría a su vez que la personalidad tiene orígenes biológicos. Pero el cerebro es flexible y cambia en respuesta a lo que experimenta, por lo que las configuraciones del cerebro que vemos podrían ser una consecuencia de los tipos de personalidad, en vez de una causa de estos. Que una persona sea muy neurótica o muy extrovertida la lleva a tener experiencias diferenciadas de las de otros individuos, y podría ser esa diferencia de vivencias la que esa distinta estructuración de las áreas del cerebro que observamos esté reflejando en realidad. Eso suponiendo que los datos en los que nos basamos se confirmen al cien por cien, que no siempre es el caso.

Tampoco hay que olvidar cómo se elaboró la teoría de los «cinco grandes» rasgos. Surgió de un análisis factorial (como el comentado en el capítulo 4) de datos producidos por décadas de estudios sobre la personalidad. Muchos análisis distintos realizados por muy diversas personas han detectado esos cinco rasgos de manera reiterada, pero ¿qué significa eso? El análisis factorial se aplica exclusivamente a los datos disponibles. Usarlo es como colocar varios cubos grandes por toda una ciudad para recoger el agua de lluvia. Si uno se llena sistemáticamente antes que los otros, podemos decir que su ubicación es la que recibe más precipitaciones de todas. Eso es algo que puede ser interesante, pero que no nos dice *por qué* (ni cómo) se forma la lluvia, ni otros muchos aspectos importantes. Es información útil, pero solo es un punto de partida para conocer lo que pasa, no la conclusión que nos permite explicar la globalidad del fenómeno en sí.

Aquí nos hemos centrado en el enfoque de los «cinco grandes» rasgos de la personalidad porque es el que está más extendido en la actualidad, pero no es el único, ni mucho menos. En la década de 1950, Friedman y Rosenman clasificaron las personalidades en dos tipos, A y B[6], siendo las del primero las propias de personas competitivas, que persiguen el éxito, impacientes y agresivas, y las de tipo B, lo contrario de todo eso. Estos son unos tipos de personalidad muy conectados con los entornos de trabajo de los individuos. Concretamente, quienes tienen personalidades de tipo A suelen acabar situados en puestos de dirección o de gran proyección debido precisamente a las características propias de su personalidad, aunque, según un estudio, son también individuos el doble de propensos a padecer ataques al corazón y otras afecciones cardiacas (así que tener un determinado tipo de personalidad puede matarnos..., literalmente: una perspectiva no muy halagüeña, que digamos). Sin embargo, en otros estudios posteriores de seguimiento, se han hallado indicios de que esa tendencia a las afecciones cardiacas y coronarias se debía más bien a otros factores consustanciales a esas profesiones y ocupaciones, como el tabaco, una mala dieta, la tensión de estar gritando a los subordinados cada ocho minutos, y ese tipo de cosas. Con el tiempo, se consideró que ese enfoque dicotómico de la personalidad (dividida entre el tipo A y el B) propendía a un exceso de generalización. Se hacía necesario, pues, un enfoque más sutil: de ahí ese interés más meticuloso por la identificación de unos «rasgos» concretos.

Muchos de los datos empíricos de los que emanaron las teorías de los rasgos estaban basados en el análisis lingüístico. Investigadores como sir Francis Galton en el siglo XIX y Raymond Cattell (el hombre a quien debemos la distinción entre inteligencia fluida y cristalizada) en la década de 1950 examinaron la lengua inglesa y buscaron en ella aquellas palabras que denotaban rasgos de personalidad. Descubrieron que adjetivos como «nervioso», «preocupado» y «paranoico» pueden describir el neuroticismo, mientras que otros como «sociable», «cordial», «comprensivo» y «servicial» pueden aplicarse a la agradabilidad. Su teoría era que había tantos términos calificativos de ese tipo como rasgos de personalidad a los que aplicarlos. De hecho, en eso consiste la llamada «hipótesis léxica»[7]. Los estudiosos de la cuestión recopilaron y ordenaron todas esas palabras descriptivas y las procesaron hasta obtener los tipos concretos de personalidad ya mencionados, además de numerosos datos para la formación de otras teorías posteriores.

Ahora bien, ese es un enfoque que también presenta algunos problemas, sobre todo, por el hecho de que toda su estructuración teórica depende de algo tan variable entre culturas y tan fluido como es la lengua. Otras voces más escépticas argumentan que enfoques como el de la teoría de los rasgos son demasiado restrictivos como para ser verdaderamente representativos de la personalidad: nadie se comporta del mismo modo en todos los contextos; la situación externa importa. Un extrovertido puede ser sociable e inquieto, pero, cuando está en un funeral o en una reunión de trabajo importante, es más que probable que no se comporte de esa forma tan extrovertida (salvo que tenga problemas realmente serios y profundos), lo que significa que maneja cada ocasión de manera diferente. Esta teoría es la que se conoce con el nombre de «situacionismo».

En cualquier caso, a pesar de todos esos debates científicos, lo cierto es que los tests de personalidad son algo bastante común.

Responder un cuestionario rápido para que nos digan que nos correspondemos con una personalidad u otra tiene su gracia. Pensamos que nuestra personalidad es de un cierto tipo, y el hecho de que nuestras respuestas a ese test confirmen que sí lo es valida (y nos reafirma en) nuestras suposiciones previas. Puede tratarse simplemente de un test gratuito que hemos encontrado en un sitio web de mala muerte que no deja de asaltarnos cada seis segundos con solicitudes para que nos inscribamos en un casino en línea, pero un test es un test. El test clásico es el de Rorschach, consistente en contestar qué «vemos» en cada una de las manchas (sin forma global definida) que nos va presentando el psicólogo o el preguntador de turno: me refiero a respuestas del tipo «una mariposa saliendo de su capullo de seda» o «la cabeza reventada de un terapeuta que hacía demasiadas preguntas». Aunque esto puede revelar algún que otro aspecto de la personalidad de un individuo, no aporta ningún dato realmente verificable. Mil personas muy parecidas podrían mirar esa misma imagen y dar otras tantas respuestas diferentes. Técnicamente, se trata de una demostración muy certera de la complejidad y la variabilidad de la personalidad, pero no es útil desde el punto de vista científico.

Pero no todo es tan frívolo. De hecho, donde más preocupante y extendido es el uso de los tests de personalidad es en el mundo de la empresa. Tal vez estén familiarizados ustedes con el «indicador de tipo de Myers-Briggs» (o MBTI por sus iniciales en inglés), una de las herramientas de medición de la personalidad más populares del mundo, capaz de mover un negocio de millones de dólares. El problema es que no está amparada ni aprobada por la comunidad científica. Parece rigurosa y correcta (también recurre a escalas de rasgos diversos, de los que el eje extrovertido-introvertido sea quizás el más conocido), pero se basa en supuestos no contrastados desde hace décadas y reunidos por unos aficionados entusiastas de la materia que trabajaron a partir de una única fuente[8]. No obstante, en un determinado momento, fue fagocitado por gente del mundo empresarial que buscaba la manera más eficaz de gestionar a los empleados y se hizo así mundialmente popular. Actualmente, tiene cientos de miles de defensores que confían ciegamente en él. Pero también los tienen los horóscopos.

Una explicación del entusiasmo que despierta el MBTI estriba en su relativa sencillez y en lo fácil que resulta de entender, además de que permite clasificar a los empleados en categorías útiles que sirven para predecir su comportamiento y para gestionarlos en consecuencia. ¿Que contrata usted a una introvertida? Colóquela en un puesto donde pueda trabajar sola y que nadie la moleste. Mientras tanto, ponga a los extrovertidos al mando de la publicidad y las relaciones públicas, que a estos les encantan.

Al menos, eso es lo que dice la teoría. Pero es imposible que funcione tal cual en la práctica, porque los seres humanos no somos tan simples ni por asomo. Muchas empresas usan el MBTI como un componente integral de sus políticas de contratación de personal, pero ese es un sistema que depende por completo de la sinceridad y la ingenuidad absolutas (o casi) del solicitante de trabajo. Y es que, si usted está presentándose a una oferta de empleo y le piden que rellene un cuestionario donde le preguntan «¿disfruta trabajando con otras personas?», lo menos probable es que se le ocurra contestar «no, las otras personas son ratas: seres infectos a exterminar», aun cuando realmente sea eso lo que piense. La mayoría de personas tienen la inteligencia suficiente como para ir sobre seguro en sus respuestas a las preguntas de esos tests, lo que hace que sus resultados puedan ser bastante poco significativos.

El MBTI es utilizado a menudo como una especie de regla de oro por asesores y gestores acientíficos que desconocen el trasfondo real del tema y quedaron abducidos en algún momento por el aura de infalibilidad en el que la publicidad ha envuelto dicho método. La única manera de que el MBTI fuera infalible sería si todas las personas que lo hicieran decidieran luego comportarse conforme a lo dictaminado por los respectivos diagnósticos de personalidad resultantes. Pero no lo hacen. El hecho de que la labor de los directivos y gerentes se viera muy simplificada si las personas se ajustaran a unas categorías limitadas y fáciles de entender no hace que esto último sea menos irreal.

En general, pues, los tests de personalidad serían más útiles si nuestras personalidades no lo estropearan todo.

PIERDA LOS ESTRIBOS
(Cómo funciona la ira y por qué puede ser buena)

Bruce Banner tiene una famosa frase hecha: «No me enfade. No le gustaría verme enfadado». Cuando Banner se enoja, se convierte en el Increíble Hulk, personaje de cómic de fama mundial y querido por toda una legión de seguidores. Así que es evidente que lo que afirma en esa frase no responde a la verdad.

Pero, por otra parte, ¿a quién le gusta ver a alguien cuando se enfada? Sí, de acuerdo, hay personas de quienes se apodera una especie de «furia justiciera» cada vez que se indignan ante una injusticia, y otras muchas que, acompañándolas en el sentimiento en ese momento, las animan a que se dejen llevar por él. Pero la ira es una reacción mal vista por lo general, sobre todo porque produce comportamientos irracionales, disgustos e, incluso, violencia. Si tan dañina es, ¿por qué es tan propenso el cerebro humano a generarla en respuesta incluso a los sucesos en apariencia más irrelevantes?

¿Qué es exactamente la ira? Un estado de excitación emocional y fisiológico que se experimenta típicamente cuando se transgrede algún tipo de límite o frontera. Digamos que alguien choca con usted por la calle: sus límites físicos han sido vulnerados. ¿Que alguien le ha pedido dinero prestado y no se lo devuelve? Entonces son sus límites económicos o de recursos personales los transgredidos. ¿Que alguien expresa una opinión que usted considera increíblemente ofensiva? Es su frontera moral la que han violado. Si le resulta evidente que quienquiera que haya transgredido esos límites suyos lo ha hecho a propósito, usted lo verá como una provocación y eso hará que aumenten aún más sus niveles de excitación y, con ello, su enfado. Esa es la diferencia entre que se le caiga a usted parte de la bebida que llevaba en la mano porque alguien le ha empujado sin querer y que ese alguien se la arroje directamente a la cara. En este segundo caso, no solo habrá alguien que ha franqueado sus límites transgrediéndolos, sino que lo habrá hecho deliberadamente, en provecho propio y a costa suya (de usted). Y es que el cerebro humano lleva respondiendo a las provocaciones de los troles desde mucho antes de que naciera internet.

Según la teoría del recalibrado como explicación del enfado, postulada por psicólogos evolucionistas[9], la ira es un producto de nuestra evolución y nos ha permitido lidiar mejor con situaciones como esas, erigida en una especie de mecanismo de autodefensa.

La ira nos proporciona un modo subconsciente y rápido de reaccionar a una situación que nos ha hecho salir perdiendo de algún modo, lo que aumenta la probabilidad de que actuemos tratando de restablecer el equilibrio previo y procurando nuestra propia conservación. Imaginemos un antepasado primate nuestro que se estuviera esforzando con denuedo por fabricar un hacha de piedra gracias a su recién evolucionado córtex. Siempre lleva tiempo y trabajo confeccionar «herramientas» modernas (en cualquier época de la historia o de la prehistoria), pero, desde que se inventaron por vez primera, siempre se han seguido fabricando porque resultan muy útiles. Ahora bien, supongan que, una vez ese lejano pariente nuestro terminaba el producto por fin, venía alguien y se lo quitaba (y se lo quedaba). Puede que nos parezca que un primate que respondiera a eso quedándose allí sentado en silencio y meditando sobre la irónica naturaleza de la propiedad y del trabajo era el verdaderamente inteligente en un caso así, pero lo cierto es que el que se enfadaba y derribaba al ladrón lanzándole un gancho de derecha al mentón con su puño simiesco era quien tenía más opciones de quedarse la herramienta que acababa de fabricar y de que no le volvieran a faltar al respeto de ese modo, lo que servía para incrementar su estatus y sus probabilidades de aparearse.

Eso dice esa teoría, al menos, aunque cierto es que la psicología evolucionista parece ser bastante aficionada a simplificar en exceso cosas como esa (algo que, por cierto, *enfada* bastante a mucha gente).

En un sentido estrictamente neurológico, la ira o el enfado suelen ser la respuesta a una amenaza y, de hecho, el «sistema de detección de amenazas» está muy implicado en la activación del enojo. La amígdala, el hipocampo y la materia gris periacueductal, regiones todas ellas del mesencéfalo encargadas en buena medida del procesamiento fundamental de la información sensorial, componen nuestro sistema de detección de amenazas y tienen por ello funciones en la activación de la ira. Sin embargo, el cerebro humano (como ya vimos anteriormente) continúa usando el sistema primitivo de detección de amenazas para orientarse y manejarse por el mundo moderno, e interpreta que el hecho de que unos compañeros de trabajo se rían de nosotros porque uno de ellos no deja de hacer imitaciones poco favorecedoras de nosotros es una «amenaza». No es algo que nos esté provocando un daño físico, pero pone en entredicho nuestra reputación y nuestro estatus social. Resultado final: nos enfadamos.

En estudios como los llevados a cabo por Charles Carver y Eddie Harmon-Jones con escáneres cerebrales, se ha demostrado que, cuando los sujetos se enfadan, evidencian niveles aumentados de actividad en el córtex orbitofrontal, una región del cerebro que se ha relacionado a menudo con el control de las emociones y la conducta orientada a objetivos[10]. Esto significa básicamente que, cuando el cerebro quiere que ocurra algo, induce o alienta un comportamiento que haga que eso suceda, y la vía que encuentra para tal inducción es, a menudo, la de las emociones. En el caso de la ira, la secuencia es: acontece algo, el cerebro lo experimenta, decide que no le gusta y produce una emoción (el enfado) para reaccionar a ello y abordarlo de un modo satisfactorio.

Pero es justo ahí donde la cosa se pone más interesante. La ira se considera algo destructivo, irracional, negativo y dañino. Sin embargo, da la casualidad de que la ira es útil en ocasiones: puede ser una ayuda para nosotros incluso. Las preocupaciones y las amenazas (de toda clase) provocan estrés, que es un gran problema para nuestro organismo, porque desencadena la secreción de la hormona cortisol, que genera a su vez las desagradables consecuencias fisiológicas que hacen del estrés un cuadro tan perjudicial. Pero muchos estudios —como el realizado por Miguel Kazén y sus colaboradores de la Universidad de Osnabrück[11]— han mostrado que, cuando experimentamos enfado, se *reducen* nuestros niveles de cortisol, lo que disminuye a su vez el daño potencial causado por el estrés.

Una posible explicación de esa paradójica observación la encontraríamos en ciertos estudios*que han mostrado que la ira provoca un incremento de actividad en el hemisferio cerebral izquierdo, en el córtex singular anterior, situado en medio del cerebro, y en el córtex frontal. Estas son regiones asociadas con la producción de motivación y de conductas reactivas. Están presentes en ambos hemisferios del cerebro, pero realizan tareas diferentes en cada uno de ellos; en el hemisferio derecho, producen reacciones negativas, de evitación o de retirada ante cosas desagradables, mientras que, en el izquierdo, generan comportamientos positivos, activos, de acercamiento.

Dicho en términos muy simples, cuando a ese sistema motivacional se le presenta una amenaza o un problema, la mitad derecha nos dice «no, mantente alejado, es peligroso, no lo empeores», lo que hace que retrocedamos o nos ocultemos. La mitad izquierda, sin embargo, dice «no, no voy a aguantar esto, hay que ponerle remedio», y se pone metafóricamente manos a la obra para solucionarlo. Esa particular pareja de ángel y demonio que nos hablan encaramados (metafóricamente hablando, también) a cada uno de nuestros hombros la llevamos alojada en realidad en el interior de nuestra cabeza.

Es probable que, en las personas que tienen una personalidad más extrovertida y que se sienten más seguras de sí mismas, el que domine sea el lado izquierdo, mientras que en las de tipo

---

* A modo de acotación al margen, vale la pena señalar que, allí donde quienes estudian la ira describen entre las tareas realizadas en sus experimentos la de «proporcionar a los sujetos estímulos dirigidos a aumentar sus niveles de enfado», la mayor parte de las veces se refieren en realidad a insultar a dichos sujetos. Es comprensible que no quieran revelar esto último de un modo demasiado patente: los experimentos psicológicos recurren siempre a participantes voluntarios y sería menos probable que los encontraran si estos supieran de antemano que participar en esos estudios supone que los aten a un escáner mientras un científico recurre a toda clase de metáforas subidas de tono para burlarse de lo supuestamente gordas que están sus madres.

más neurótico o introvertido, el derecho sea el dominante. Pero la influencia de ese lado derecho inhibe que hagamos nada a propósito de las amenazas aparentes, por lo que estas persisten, causándonos así inquietud y estrés. Los datos de que disponemos indican que la ira incrementa la actividad detectable en el sistema del hemisferio izquierdo[12], lo que potencialmente impele a la persona a actuar (como quien da un empujón a alguien que, subido a un trampolín, duda a la hora de dar el saltito final para zambullirse en el agua). Al mismo tiempo, la reducción de los niveles de cortisol limita esa respuesta de angustia o preocupación excesiva que puede dejar «heladas» a las personas. Al final, el hecho mismo de tratar de solucionar el factor causante del estrés disminuye más aún el cortisol presente en el organismo en esos momentos*. Además, se ha demostrado también que la ira puede hacer que las personas pensemos las cosas desde una perspectiva más optimista, hasta el punto de hacer que no reaccionemos temiéndonos lo peor de un resultado potencial, sino pensando que todo problema es tratable (aunque no lo sea en realidad) y minimizando así la magnitud de cualquier amenaza.

Algunos estudios han mostrado también que la visibilización del enojo es útil en las negociaciones, incluso cuando ambas partes muestran ostensiblemente su enfado, pues hay entonces más motivación para obtener algo, más optimismo acerca del resulta-

---

* Los mismos estudios mostraron que la ira dificulta nuestro rendimiento a la hora de realizar tareas cognitivas complejas y hace que no podamos «pensar con claridad». Ya sé que no parece una consecuencia particularmente útil de nuestras reacciones de enfado, pero hemos de situarla en el contexto de todo este sistema que estoy describiendo aquí. Las personas podríamos limitarnos simplemente a valorar con calma todas las propiedades de la amenaza de turno y decidir que, sumados todos los factores, es demasiado arriesgado abordarla. Pero, como la ira obstaculiza ese pensamiento racional y desbarata el delicado análisis que nos llevaría a escurrir el bulto, en el fondo nos compele a atacarlo frontalmente (con los puños por delante, si hace falta).

do final del proceso y una sensación de sinceridad implícita en torno a todo lo que se dice en él[13].

Todo esto pone en entredicho la idea de que debamos contener la ira en todo momento y viene a sugerirnos más bien que deberíamos dejar que saliera para reducir el estrés y conseguir que se hagan las cosas.

Pero, como ocurre con todo, la ira no es tan simple. A fin de cuentas, nos sale del cerebro. Hemos desarrollado múltiples formas de reprimir la respuesta airada. Las clásicas estrategias de «contar hasta diez» o «respirar hondo» antes de reaccionar tienen sentido si tenemos en cuenta lo rápida e intensa que puede ser una respuesta de ira.

El córtex orbitofrontal, muy activo durante las experiencias de enfado, está implicado en el control de las emociones y la conducta. En concreto, modula y filtra la influencia emocional sobre el comportamiento, enfriando o bloqueando nuestros impulsos más intensos y/o primitivos. Cuando existe una probabilidad elevada de que una emoción intensa nos induzca a comportarnos de forma peligrosa, el córtex orbitofrontal interviene a modo de solución provisional, como el desagüe superior de seguridad en una bañera que evita que esta se desborde (o que se desborde demasiado) cuando, por culpa de un grifo que no cierra bien, se llena de agua sin que nos demos cuenta: no soluciona el problema de fondo, pero impide que cause un destrozo excesivo.

Y nuestra reacción no siempre se queda en la sensación inmediata de ira visceral. Algo que nos enoja o nos irrita puede mantenernos furiosos durante horas o días, incluso semanas. El sistema de detección inicial de amenazas que desencadena la ira implica al hipocampo y a la amígdala, áreas que sabemos que participan también en la formación de recuerdos intensos y de fuerte carga emocional, por lo que el suceso que causa nuestra ira bien puede permanecer en la memoria, haciendo que pensemos (o «cavilemos», por usar el término oficial) sobre él continuamente. Los sujetos experimentales que cavilan sobre algo que los enfadó muestran una mayor actividad en el córtex prefrontal medial, otra área implicada en la toma de decisiones, la planificación y otras acciones mentales complejas.

De ahí que veamos tan a menudo que la ira perdura, e incluso se intensifica, durante mucho tiempo. Eso ocurre especialmente con aquellos motivos de irritación menor para los que no tenemos respuesta. La ira puede hacer que nuestro cerebro quiera solucionar el problema que nos exaspera, pero ¿y si este es una máquina expendedora que no nos devuelve el cambio? ¿O alguien que ha invadido peligrosamente nuestro carril en la autopista? ¿O nuestro jefe diciéndonos que tendremos que quedarnos más tiempo ese día en el trabajo cuando solo nos quedaban cuatro minutos para acabar la jornada? Todos estos son episodios que nos provocan enfado, pero que no tenemos más opción que aceptar, a menos que estemos dispuestos a cometer actos de vandalismo, a estrellar nuestro coche, o a que nos despidan. Y pueden perfectamente pasar el mismo día. Así que nuestro cerebro está muy a menudo en situación de tener múltiples factores irritantes sobre los que cavilar sin disponer de opciones obvias para ponerles remedio. El componente izquierdo de nuestro sistema de respuesta conductual nos insta a hacer algo, pero ¿qué quiere que hagamos?

Entonces, un camarero nos trae (sin querer) un café solo en vez de uno con leche como le habíamos pedido y nuestra paciencia rebasa su límite. El infortunado empleado de hostelería recibe toda la descarga de nuestra artillería. Es lo que se conoce como «desplazamiento». El cerebro tiene tanta ira acumulada a la que no ha podido dar escape que la transfiere hacia el primer blanco viable de la misma que encuentra, solo para liberar la presión cognitiva que está sintiendo en ese momento. Pero saber que eso es así no hace que la situación sea ni un gramo más agradable para la persona que abrió inintencionadamente las compuertas de ese embalse de furia contenida.

Si usted está enfadado pero no quiere que se le note, la versatilidad del cerebro le permite encontrar maneras de ser agresivo sin recurrir a la violencia en bruto. Puede mostrarse «agresivo pasivo», haciendo sufrir a otra persona a base de seguir con ella comportamientos a los que, en realidad, no cabría objetar nada concreto en primera instancia. Por ejemplo, hablando menos con ella, o mostrando un tono neutral en sus conversaciones cuando lo normal sería que fuera mucho más amistoso, o invitando a todos sus amigos mutuos a un acto social pero no a esa persona en particular: ninguna de esas acciones es abiertamente hostil, pero todas dejan un poso de incertidumbre. La otra persona está disgustada o incómoda, pero no puede determinar a ciencia cierta si usted está enfadado con ella. Y como al cerebro humano no le gusta la ambigüedad ni la incertidumbre, la situación le produce sufrimiento. La otra persona se ve así castigada sin que se haya recurrido a la violencia y sin que se hayan transgredido las normas sociales.

El método agresivo-pasivo es así de efectivo porque a los seres humanos se nos da muy bien reconocer cuándo está enfadada otra persona. El lenguaje corporal, la expresión, el tono de la voz, el que nos persiga con un machete oxidado mientras profiere alaridos contra nosotros: todas esas señales sutiles (y no tan sutiles) pueden ser captadas por un cerebro normal, que lee en ellas el enfado de otra persona. Significan que ese individuo puede representar una posible amenaza para nosotros o puede comportarse de un modo que nos perjudique o nos haga sufrir. Pero también nos revelan que algo le ha ofendido de verdad.

Otra cosa que es importante recordar es que la *experiencia* de la ira y la manera en que *reaccionamos* a esa sensación de enfado no son la misma cosa. La sensación de ira es posiblemente igual para todas las personas, pero nuestro modo de reaccionar a ella varía sustancialmente, lo que constituye una indicación más de nuestro tipo de personalidad. La respuesta emocional cuando alguien nos amenaza es la ira. Si reaccionáramos a ese sentimiento de ira comportándonos de tal modo que dañáramos a quienquiera que fuera responsable de habérnoslo inducido, estaríamos dando una muestra de *agresividad.* Y luego está la *hostilidad,* que es el componente cognitivo de la agresividad. Si sorprendemos a un vecino pintando una palabrota en el capó de nuestro coche, nos enfadamos. Pero también pensamos: «Voy a partirle la cara por esto». Eso es hostilidad. Y si lanzamos un ladrillo contra la ventana de la fachada principal de su casa, eso es agresividad*.

Así pues, ¿deberíamos enfadarnos o no? Yo no estoy insinuando que deban pelearse con sus compañeros y compañeras de trabajo o pasarlos por el destructor de documentos de la oficina cada vez que les irriten. Pero sean conscientes de que la ira no siempre es mala. De todos modos, la moderación es la clave. Las personas enfadadas tienden a conseguir que sus necesidades sean atendidas antes que las de quienes piden las cosas con buenos modales. Eso significa que muchos individuos se dan cuenta enseguida de que enfadarse los beneficia, por lo que se enojan más a menudo. El cerebro termina asociando la ira constante con la obtención de recompensas, así que la promueve cada vez más, y es entonces cuando terminamos teniendo a la típica persona que se enfada a la más mínima solo con el propósito se salirse siempre con la suya y, luego, sucede lo inevitable: que se convierte en un cocinero famoso de los *realities* televisivos. Si eso es bueno o malo, depende de ustedes mismos.

Cree en ti y podrás conseguir lo que te propongas... dentro de lo razonable
(Dónde encuentra y cómo usa la motivación cada persona)

«Cuanto más duro es el viaje, más dulce la llegada». «El esfuerzo no es más que la base sobre la que se fundan los cimientos de una casa que eres tú mismo».

---

* La agresividad también puede activarse sin que haya ira de por medio. Los deportes de contacto como el rugby o el fútbol conllevan a menudo agresividad, pero no hace falta invocar la ira para motivar tal actitud agresiva: bastan las ganas de ganar a costa de derrotar al otro equipo.

Hoy en día, no podemos entrar en un gimnasio, una cafetería o un comedor de empresa sin que nos reciba algún que otro cartel con insípidos mensajes motivacionales como los dos anteriores. La sección previa, dedicada a la ira, analizaba cómo esa emoción puede motivar a alguien para que responda a una amenaza de un modo específico a través de unos circuitos cerebrales destinados a ello, pero aquí hablaremos de la motivación a más largo plazo: entendida más como un «impulso» motor que como una reacción.

¿Qué es la motivación? Sabemos cuándo no estamos motivados: muchas son las misiones que se han ido al traste porque la persona responsable de llevarlas a cabo *procrastinó* (difirió, aplazó) por pura desgana demasiada parte de la tarea hasta que ya fue demasiado tarde. La procrastinación no deja de ser una consecuencia de dejarse llevar por la motivación para hacer lo que no toca (si lo sabré yo, que he tenido que desconectar mi wifi para terminar este libro). En un sentido muy amplio, la motivación podría definirse como la «energía» que una persona necesita para mantener su interés por (o trabajar en pos de conseguir) un proyecto, objetivo o resultado. Una de las primeras teorías sobre la motivación es del mismísimo Sigmund Freud. Según el principio hedónico freudiano (o, como se le llama en ocasiones, el «principio de placer»), los seres vivos se sienten compelidos a buscar e ir en pos de aquello que proporciona placer, y a evitar aquellas otras cosas que provocan dolor y malestar[14]. Que esto es algo que ocurre en realidad difícilmente podría negarlo nadie, como bien han demostrado también diversos estudios sobre el aprendizaje animal. Basta con colocar a una rata en una caja y poner en ella un botón. El animal lo presionará tarde o temprano por pura curiosidad. Si cuando lo presiona, le dan un alimento que le gusta, la rata no tardará en aficionarse a presionar el botón con frecuencia porque asociará esa acción a una sabrosa recompensa. No sería demasiado metafórico decir que, de pronto, se sentirá muy motivada para activar la palanquita de marras.

Tan fiable proceso es lo que se conoce como una condición operante, es decir, una forma de recompensa que incrementa o disminuye la frecuencia del comportamiento concreto asociado a ella. Eso es algo que ocurre también con nosotros, los humanos. Si a un niño le damos un juguete nuevo cada vez que ordena y limpia su habitación, es mucho más probable que quiera volver a hacerlo cuando se presente la ocasión. También funciona con personas adultas: en el caso de estas, basta con ofrecerles otra recompensa más adecuada a su edad. En cualquiera de esos casos, la consecuencia es que la desagradable tarea de limpiar y ordenar una habitación pasa a estar asociado a una consecuencia positiva, por lo que existe una motivación para llevarla a cabo.

Todo esto podría parecer una confirmación en toda regla del principio hedónico de Freud, pero ¿desde cuándo son tan simples los seres humanos y sus fastidiosos cerebros? Existen sobrados ejemplos cotidianos que demuestran que la motivación consiste en algo más que la simple búsqueda del placer o la aversión al desagrado. Las personas hacemos constantemente cosas que no nos proporcionan ningún placer físico inmediato o evidente.

Ir al gimnasio, por ejemplo. Aun cuando es verdad que la actividad física intensa puede producirnos euforia o sensaciones de bienestar*, eso no es algo que suceda siempre y tampoco pri-

---

* El motivo por el que algunas personas experimentan el llamado «subidón» del corredor no está claro. Hay quienes afirman que se debe al agotamiento de las reservas de oxígeno en los músculos y al consiguiente desencadenamiento de la respiración anaeróbica (actividad celular sin oxígeno que produce residuos ácidos que, a su vez, pueden causar dolores como rampas o «pinchazos»), algo a lo que el cerebro responde liberando endorfinas, unos neurotransmisores analgésicos e inductores de placer. Otros dicen que guarda relación más bien con la elevada temperatura corporal en esos momentos, o con la constante actividad rítmica: factores ambos que proporcionan una sensación de bienestar que el cerebro quiere fomentar. Los corredores de maratón son quienes más suelen reconocer haber sentido en algún momento ese «subidón» del corredor: una sensación gratificante que, como tal gratificación para

va de que siga haciendo falta realizar un esfuerzo penoso y agotador para llegar a ese punto, así que no hay ningún placer físico
obvio que obtener del hecho de hacer ejercicio (y digo esto como
alguien que nunca en su vida ha disfrutado en un gimnasio ni ras-
cándose la espalda). Y, sin embargo, la gente lo hace. Sea cual sea
su motivación para ello, está claro que se trata de algo que va más
allá del placer físico inmediato.

Hay más ejemplos. Las personas que donan regularmente
dinero a organizaciones y campañas benéficas para que se bene-
ficien de él unos desconocidos con los que no se encontrarán cara
a cara nunca en la vida. Las personas que hacen constantemente
la pelota a un jefe sumamente desagradable con la vaga esperanza de que un día les dé un ascenso. Las personas que leen libros
cuya lectura no están disfrutando en realidad, pero que perseveran en el empeño porque quieren aprender algo. Ninguna de esas
cosas supone un placer inmediato y algunas de ellas representan
incluso experiencias desagradables, de aquellas que, según Freud,
tenderíamos a evitar. Pero no las evitamos.

Esto nos da a entender que las tesis freudianas a este respecto pecan de un exceso de simplismo* y que se hace necesario

---

ellos mismos, solo parece ser superada por el gustazo de poder decir a otras
personas «me estoy entrenando para una maratón, ¿sabes?», a la vista de la
frecuencia con la que encuentran alguna excusa para decirlo.

* Freud continúa ejerciendo mucha influencia y sus teorías siguen teniendo no pocos adeptos, aun un siglo después de expuestas por primera vez, lo
que no deja de resultar un tanto extraño, la verdad. Sí, es cierto que fue el
padre del concepto del psicoanálisis y que ese es un mérito que bien cabe reco-
nocerle, pero eso no significa que sus teorías originales sean automáticamente
correctas por ello. Es la naturaleza difusa y poco dada a las certezas absolutas
de la psicología y la psiquiatría actuales la que permite que alguien como Freud
siga teniendo la influencia que tiene hoy día, y es que resulta difícil refutar
concluyentemente algo en este terreno. Sí, Freud fundó este campo, pero los
hermanos Wright inventaron los aviones y, si bien siempre serán recordados
por ello, no se nos ocurriría usar ahora los artilugios que ellos diseñaron y rea-

abordar el tema desde una perspectiva más compleja. Por ejemplo, podríamos sustituir la noción de «placer inmediato» por la de «necesidades». En 1943, Abraham Maslow ideó su famosa «jerarquía de necesidades» sobre la base de que hay ciertas cosas de las que todos los seres humanos precisamos para funcionar como tales y que, por tanto, esas son necesidades que sentimos la motivación de satisfacer[15].

La jerarquía de Maslow se presenta habitualmente en forma de una pirámide escalonada. En el nivel más bajo de la misma, se sitúan aquellos requerimientos biológicos como la comida, la bebida o el aire (y no cabe duda de que, si a alguien le falta el aire, estará motivadísimo para encontrarlo donde sea). Por encima de ese nivel, está el de las necesidades relacionadas con la seguridad: un techo, la seguridad personal, la seguridad financiera o todo aquello que nos protege de sufrir un daño físico, entre otras cosas. El siguiente es el nivel de la «pertenencia»: los humanos somos criaturas sociales y necesitamos aprobación, apoyo y afecto de los demás (o, cuando menos, interacción con ellos). Por algo el confinamiento en celdas de aislamiento en las prisiones está considerado un castigo severo.

Luego, está la «estima»: la necesidad, no ya de ser reconocidos o de gustar, sino de ser respetados realmente por los demás y por nosotros mismos. Las personas tenemos unos criterios morales y de conducta que valoramos y por los que nos regimos, y por los que esperamos que las demás nos respeten. Los comportamientos y los actos que puedan conducir a que seamos respetados por ello son, pues, una fuente de motivación para nosotros. Y, por último, está la «autorrealización», es decir, el deseo de (y, por tanto, la motivación para) desarrollar nuestro propio potencial personal. ¿Que usted cree que podría ser el mejor pintor del mundo? Pues le motivará precisamente eso, el convertirse

---

lizar con ellos vuelos de larga distancia hasta América del Sur. Ya saben todo eso que se dice de que los tiempos avanzan, ¿no?

en el mejor pintor del planeta. Aunque, con lo subjetivo que es el arte, puede que, técnicamente hablando, usted ya sea el mejor pintor del mundo. Felicidades, si es así.

La idea que subyace a la teoría maslowiana es que toda persona estará motivada para ir satisfaciendo sucesivamente las necesidades de cada nivel: primero, las del primer nivel, luego las del segundo, a continuación las del tercero, y así sucesivamente hasta satisfacer todas las necesidades e impulsos y llegar a ser la mejor persona posible. Es una idea hermosa y que está muy bien, pero el cerebro no es tan pulcro ni organizado. Muchas personas no siguen el orden marcado por la jerarquía de Maslow; algunas se sienten motivadas para dar hasta el último céntimo de su dinero a fin de ayudar a un extraño que lo necesita, o para ponerse ellas mismas en una situación de riesgo con tal de salvar a un animal en peligro (salvo que se trate de una avispa, claro), aun a pesar de que ese animal no puede por medio alguno respetarlas o recompensarlas por su heroicidad (especialmente si se trata de una avispa, que probablemente las aguijonearía y aun se regodearía con sus risitas de avispa malvada).

También está el sexo. El sexo es un motivador muy potente. Y para comprobarlo, basta abrir los ojos en cualquier momento y lugar. Maslow afirmaba que el sexo es una de las necesidades del nivel básico de la jerarquía, pues constituye un impulso biológico primitivo y potente. Pero las personas pueden vivir sin sexo. Tal vez no sea una opción totalmente de su agrado, pero es perfectamente posible. Además, ¿por qué quieren sexo las personas? ¿Por unas ansias primitivas de placer o de reproducirse, o por el deseo de tener un contacto próximo e íntimo con otra persona? ¿O acaso es porque las demás personas consideran las andanzas sexuales una señal de éxito y un motivo de respeto hacia quien las vive? El sexo está presente en todas las categorías de la jerarquía.

Ciertas investigaciones recientes sobre el funcionamiento del cerebro nos facilitan otra manera de enfocar e interpretar el concepto de motivación. Muchos científicos han establecido una diferencia entre la motivación intrínseca y la extrínseca. ¿Nos motivan factores externos o internos? Las motivaciones externas son las que se derivan de otras personas. Alguien que nos paga para ayudarle en una mudanza: he ahí una motivación externa. Usted no va a disfrutar haciendo esa actividad, que suele ser tediosa y nos obliga a levantar mucho peso, pero como obtendrá una recompensa económica por ello, la hace y ya está. También podría ser una motivación más sutil. Imaginen que todo el mundo comenzara a llevar sombreros de *cowboy* porque se han puesto «de moda» y usted también quisiera ir moderno y, por ello, se comprase un sombrero amarillo de vaquero del Oeste y lo llevase habitualmente por la calle. Tal vez no le gusten esos sombreros, y puede incluso que le parezca que la gente se ve estúpida con ellos puestos, pero como otras personas han decidido que no es así, usted también ha querido hacerse con uno y lo ha comprado. Lo que vemos ahí es otra forma de motivación extrínseca.

Las motivaciones intrínsecas, por su parte, son las que se dan cuando nos sentimos impulsados a hacer cosas por decisiones o deseos que vienen de nosotros mismos. Decidimos, basándonos en nuestra propia experiencia y nuestro propio aprendizaje personal, que ayudar a las personas enfermas es una actividad noble y gratificante y eso nos motiva para estudiar medicina y convertirnos en médicos. He ahí una motivación intrínseca. Si lo que nos mueve a estudiar medicina es que los médicos cobran mucho dinero, nos estaríamos apoyando en una motivación de índole más extrínseca.

Las motivaciones intrínsecas y extrínsecas mantienen un delicado equilibrio. Y no solo entre las primeras y las segundas, sino también entre las de cada uno de esos dos tipos por su lado. En 1988, Deci y Ryan formularon la teoría de la autodeterminación, concepto con el que se referían a lo que motiva a las personas en ausencia de toda influencia externa y que, por tanto, es cien por cien intrínseco[16]. Según sus tesis, las personas están motivadas para conseguir autonomía (control sobre las cosas), competencia (destreza a la hora de hacer cosas) y *relatedness* o conexión (reconocimiento por las cosas que hacen). Todo esto explica por qué los jefes obsesionados por «microgestionarlo» todo, controladores e intervencionistas, son tan irritantes: cuando tenemos a alguien sobrevolando continuamente nuestra mesa de trabajo y diciéndonos una y otra vez con todo lujo de detalles cómo tenemos que hacer hasta la tarea más simple, nos sentimos despojados de todo control sobre nosotros mismos, lo que destruye nuestra sensación de competencia y representa además una forma de comportarse con la que, a menudo, resulta imposible identificarse (la mayoría de esos jefes controladores al milímetro parecen poco menos que sociópatas, sobre todo para quienes tienen la mala suerte de estar a merced de alguno).

En 1973, Lepper, Greene y Nisbet apuntaron la existencia de un efecto de justificación excesiva[17]. Los autores del estudio dieron material de pintura artística a niños de guardería para que jugaran con él. A algunos les dijeron que les premiarían por usarlo; a los otros los dejaron jugar a su aire. Una semana después, los niños que *no* habían sido recompensados estaban mucho más motivados para usar el material de pintura de nuevo. Y es que quienes habían decidido por su propia cuenta que aquella actividad creativa era divertida y gratificante habían sentido mayor motivación para hacerla que quienes recibieron premios de otras personas por hacerla.

Parece que el hecho de que asociemos un resultado positivo con nuestros propios actos pesa más que si el resultado positivo viene de fuera de nosotros mismos. ¿Quién puede asegurar que nos van a recompensar la próxima vez? La motivación disminuye en consecuencia.

La conclusión evidente que se deduce de lo anterior es que premiar a las personas por que realicen una tarea puede, en realidad, *reducir* la motivación de estas para realizarla, mientras que darles más control o autoridad sobre sus propios actos incrementa su motivación. Esa idea ha sido recogida (con gran entusiasmo, cómo no) por el mundo empresarial, en buena medida, porque presta credibilidad científica a la noción de que es mejor ceder mayor autonomía y responsabilidad a los empleados que pagarles más por su trabajo. Y si bien algunos investigadores sugieren que esa es una apreciación correcta, también es cierto que existen datos de sobra que la contradicen. Si pagar a alguien por su trabajo reduce su motivación, entonces los altos ejecutivos que cobran millones no deben de estar haciendo nada de nada, ¿no? Pero que conste que yo no estoy afirmando tal cosa. ¡Ni a insinuarlo me atrevería siquiera!: a fin de cuentas, aunque los multimillonarios hayan perdido toda motivación para hacer nada, siempre pueden permitirse equipos de abogados muy motivados para trabajar velando por los intereses de sus clientes.

La tendencia egotista del cerebro también puede ser un factor en ese sentido. En 1987, Edward Tory Higgins elaboró la llamada teoría de la autodiscrepancia[18]. En ella, argumentaba que el cerebro tiene una serie de «yoes». Está el yo «ideal», que es aquello que *queremos* ser y que se deriva de nuestras metas, nuestras tendencias y nuestras prioridades. Usted podría ser un programador informático bajito y fornido de la Escocia profunda cuyo yo ideal consistiría más bien en ser un jugador de voleibol bien bronceado residente en una isla caribeña. Esto segundo sería entonces su aspiración máxima, la persona que usted quiere ser.

Está también el yo «que debería», que es cómo cree usted que *debería* comportarse para llegar a ser ese yo *ideal* al que aspira. Siguiendo con el ejemplo anterior, su yo «que debería» es alguien que evita las comidas ricas en grasa y el gasto superfluo de dinero, que aprende a jugar a voleibol y está atento a cómo evoluciona el precio del mercado inmobiliario en Barbados. Ambos yoes proporcionan motivación: el ideal aporta una motivación de tipo positivo que nos anima a hacer cosas que nos acerquen a nuestro ideal. El yo «que debería» nos motiva en un sentido más negativo, es decir, para «evitar» cosas, para impedir que insistamos en aquellas prácticas que nos alejan de nuestro ideal. ¿Que le apetece pedir pizza para comer? Ya, pero eso no es lo que *debería* hacer, ¿no? Hoy toca otra vez ensalada.

La personalidad también tiene su importancia. En lo que a motivarse respecta, el *locus* de control de una persona puede ser un elemento crucial. Recordemos que el *locus* es la medida en que un individuo siente que tiene control sobre los acontecimientos en los que se ve envuelto. Podríamos encontrarnos ante una persona egotista que cree que el planeta y quienes en él viven giran en torno a ella, porque ¿quién mejor para ser el centro del mundo? O podría tratarse de alguien mucho más pasivo, que siente que siempre está a merced de las circunstancias. Es posible que esas sensaciones, además, tengan mucho de cultural: las personas criadas en una sociedad capitalista occidental, a quienes se les dice desde muy pequeñas que pueden tener todo aquello que quieran o se propongan, tendrán mayor sensación de control sobre sus propias vidas, mientras que aquellas que vivan en un régimen totalitario probablemente carezcan de ella.

Sentirse como una víctima pasiva de los acontecimientos puede ser dañino para una persona: puede reducir su cerebro a un estado de impotencia aprendida. Alguien así no cree que pueda cambiar su situación, así que carece también de la motivación para intentarlo siquiera. Por consiguiente, esas personas no tratan de hacer nada, pero, con su inacción, solo consiguen empeorar las cosas. Esto, a su vez, reduce más aún el optimismo y la motivación de esos individuos, con lo que el ciclo prosigue hasta que terminan convertidos en una ruina incapaz de nada, paralizados por el pesimismo y una nula motivación. Cualquiera que haya pasado por una ruptura sentimental traumática probablemente comprenderá muy bien a qué me refiero.

El punto de origen exacto de la motivación en el cerebro humano no está claro. Interviene el circuito de recompensa del mesencéfalo, pero también la amígdala, debido al fuerte componente emocional implícito en aquellas cosas que nos motivan.

También están relacionadas ciertas conexiones con el córtex frontal y con otras áreas ejecutivas, pues buena parte de nuestra motivación está basada en la planificación y la expectativa de algún tipo de recompensa. Hay quienes sostienen incluso que existen dos sistemas de motivación separados: uno de índole cognitiva avanzada que nos provee de metas y aspiraciones vitales, y otro de carácter reactivo más básico que nos dice: «¡Qué miedo, corre!», o «¡Mira, pastel, cómetelo!».

Pero el cerebro tiene también otras singularidades que ayudan a producir motivación. En la década de 1920, la psicóloga rusa Bluma Zeigarnik advirtió, mientras estaba sentada en un restaurante, que el personal que atendía las mesas parecía ser capaz de recordar solamente aquellas comandas que estaban atendiendo en aquel preciso momento[19]. Una vez servido el cliente, los camareros parecían olvidar todo rastro de aquel pedido. El fenómeno fue luego estudiado de forma experimental. A los sujetos participantes se les asignaban unas tareas simples, pero a algunos de ellos se les interrumpía antes de que hubieran podido llevarlas a cabo. La evaluación posterior de los resultados reveló que aquellas personas a quienes se había interrumpido en pleno proceso de desempeño de su tarea habían podido recordarlas mucho mejor e incluso habían querido terminarlas aun después de que se hubiese dado por concluida su participación en la prueba experimental (y a pesar de que nadie les había prometido recompensa alguna por finalizarlas).

Aquello dio origen a lo que hoy se conoce como el efecto Zeigarnik, que es como se denomina el hecho de que al cerebro no le guste que las cosas se queden a medias. Esto explica por qué las series (y otros programas) de televisión recurren tan a menudo a terminar los episodios con una situación de suspense: esa trama argumental pendiente de resolución obliga a los espectadores a mirar el episodio siguiente, solo por poner fin a la incertidumbre.

Así pues, al parecer, la segunda manera más efectiva de motivar a las personas para que hagan algo es dejarlo inconcluso y limitarles las posibilidades de concluirlo. Bueno, sí, hay un modo más eficaz aún de motivar a las personas..., pero eso lo revelaré en mi próximo libro.

YO NO LE VEO LA GRACIA
(Los extraños e imprevisibles mecanismos del humor)

«Explicar la gracia de un chiste es como diseccionar una rana: terminas entendiéndolo mejor, pero, para entonces, ya está muerto» (E. L. White). La ciencia consiste en gran medida en el análisis riguroso y la interpretación de las cosas, lo que tal vez explique por qué, por desgracia, ciencia y humor se consideran incompatibles tan a menudo. Aun así, no han sido pocos los intentos científicos de investigar el papel del cerebro en el humor. A lo largo del presente libro, hemos referido numerosos experimentos psicológicos: tests de CI, tests de recitación de palabras, elaboradas preparaciones alimenticias para estudiar el apetito y/o el gusto, etcétera. Una de las propiedades comunes a todos ellos (y, en general, a un sinfín de otros más que se emplean en psicología) es que dependen de la introducción de ciertos tipos de manipulaciones o «variables», por usar el término técnico.

En psicología, los experimentos incorporan dos tipos de variables: las independientes y las dependientes. Las variables independientes son aquellas que el experimentador controla (el test de CI específico para medir la inteligencia, las listas de palabras para el análisis de la memoria..., elementos todos ellos diseñados y/o proporcionados por el investigador); las variables dependientes son todo aquello que el experimentador mide basándose en las respuestas de los sujetos (las puntaciones en el test de CI, el número de cosas recordadas, las diminutas áreas de cerebro que se iluminan, etcétera).

Las variables independientes tienen que resultar fiables a la hora de invocar la respuesta deseada, como, por ejemplo, la realización satisfactoria de una prueba o test. Y es ahí donde surge un problema, ya que, para estudiar de forma efectiva cómo funciona el humor en el cerebro, los sujetos tienen que experimentar esa sensación de humor. Lo ideal, por tanto, sería contar con algo que *todas las personas, sean quienes sean, encuentren gracioso.* Si alguien pudiera idear algo así, probablemente dejaría pronto de ser un científico, pues enseguida estaría cobrando grandes sumas de dinero de las cadenas y las productoras televisivas, ávidas de sacar partido de semejante habilidad. Los humoristas profesionales dedican años de esfuerzo a acercarse a ese ideal, pero jamás ha habido un cómico que haya sido del gusto de todos.

Para complicar aún más las cosas, resulta que la sorpresa es un elemento fundamental de la comedia y el humor. Las personas se ríen la primera vez que se les cuenta un chiste que les gusta, pero ya no se ríen tanto la segunda, la tercera, la cuarta o la enésima vez que lo oyen, porque para entonces ya se lo conocen. Así que cualquier intento de repetir un experimento de esta índole* precisará de otro instrumento nuevo que sea fiable al cien por cien en el objetivo de conseguir que la gente se ría.

También hay que tener en cuenta el entorno. La mayoría de laboratorios son lugares sumamente esterilizados y regulados, diseñados para minimizar riesgos e impedir que nada interfiera en los experimentos. Esto, que es genial para la ciencia, no es precisamente lo más propicio para incitar a la risa. Y si, encima, quien queremos que se ría está siendo sometido a un escáner cerebral, más complicado será que se encuentre suficientemente dis-

---

* No es por despilfarro ni por pereza: la respetabilidad es muy importante en ciencia porque repetir un experimento y obtener los mismos resultados nos ayuda a asegurarnos de que los hallazgos son fiables y no pueden atribuirse a un mero golpe de suerte o a una manipulación artera. Ese es un problema particularmente importante en psicología, dada la imprevisibilidad y la poca fiabilidad del cerebro humano, que, haciendo gala de otra fastidiosa propiedad suya, tiene incluso la capacidad de frustrar nuestros intentos de estudiarlo.

tendido para ello. Los escáneres de imagen por resonancia magnética, por ejemplo, se realizan introduciendo al sujeto en un tubo estrecho y frío donde un enorme imán emite toda clase de ruidos raros a su alrededor. No es el mejor modo de poner a alguien en situación de que le cuenten chistes de Jaimito.

Pero, pese a todo, varios han sido los científicos que no han dejado que tan considerables obstáculos los disuadieran de investigar los mecanismos del humor, aunque para ello hayan tenido que adoptar alguna que otra estrategia poco convencional. Pensemos, por ejemplo, en el profesor Sam Shuster, que investigó cómo funciona el humor y cómo diverge entre distintos grupos de personas[20]. Para ello se subió a un monociclo y pedaleó con él por varias zonas concurridas de Newcastle a fin de registrar los tipos de reacciones que su aparición provocaba. Aun reconociendo que se trata de una forma de investigación ciertamente innovadora, los «monociclos» no parecen candidatos probables a estar en ninguna lista de las diez cosas que la gente encuentra más graciosas en ningún lugar del mundo.

También hay un estudio, dirigido por la profesora Nancy Bell de la Universidad Estatal de Washington[21], que consistió en deslizar un chiste deliberadamente malo en conversaciones informales para determinar la naturaleza de las reacciones de la gente a semejantes ejercicios de humor malo. El chiste utilizado fue: «¿Qué le dijo la chimenea grande a la pequeña? Nada, las chimeneas no hablan».

Las respuestas de los interlocutores oscilaron entre la incomodidad y la hostilidad manifiesta. En general, da la impresión de que el chiste no le *gustó* a nadie, por lo que ni siquiera está claro que este pueda considerarse un estudio sobre el humor.

Desde el punto de vista técnico, estos tests examinan el humor por una vía indirecta, a través de las reacciones y las conductas que concitan quienes intentan ser graciosos. *¿Por qué* nos hacen gracia según qué cosas? ¿Qué sucede en el cerebro que nos induce a responder a ciertos hechos o dichos con una risa involuntaria? Este es un asunto al que le han dado vueltas científicos y filósofos. Nietzsche sostenía que la risa es una reacción a la sensación de soledad existencial y de mortalidad que invade a los seres humanos, aunque, a juzgar por lo dicho en gran parte de su obra, no parece que Nietzsche estuviera muy familiarizado con la hilaridad como experiencia personal. Sigmund Freud teorizó que la risa viene causada por la liberación de una tensión o «energía psíquica». Ese enfoque suyo ha sido desarrollado posteriormente y ha devenido en lo que hoy se conoce como teoría del humor entendido como una «liberación» de tensión[22]. El argumento subyacente es que el cerebro percibe primero cierta forma de peligro o riesgo (para nosotros o para otras personas), pero en cuanto la situación se resuelve de forma inocua, se activa la risa con el objeto de liberar la tensión acumulada y reforzar más aún el carácter positivo del resultado. El «peligro» puede ser de índole física, o puede tratarse de algo inexplicable o impredecible —como la lógica retorcida o distorsionada presentada en un chiste—, o puede ser la represión de respuestas o deseos debida a las restricciones sociales (posiblemente por eso, los chistes ofensivos o sobre tabúes suelen arrancar fuertes carcajadas). Esta teoría parece particularmente relevante para el humor visual basado en bufonadas: que alguien resbale con una piel de plátano y se quede aturdido tras ello es gracioso, pero no lo es en absoluto que alguien resbale con una piel de plátano, se fracture el cráneo y se muera a raíz de esas lesiones, porque, en este segundo caso, el peligro ha sido «real».

Hay una teoría formulada por D. Hayworth en la década de 1920 que se basa precisamente en esta idea[23] y que viene a decir que el proceso físico real de la risa es una reacción desarrollada a lo largo de la evolución humana que permite que las personas hagan saber las unas a las otras que el peligro ha pasado y que todo está bien. No se sabe con certeza dónde encajaría entonces esa expresión tan inglesa que dicen las personas que aseguran «reírse ante el peligro».

Algunos filósofos (Platón sería su precedente histórico) han llegado a sugerir que la risa es una expresión de superioridad. Cuando alguien se cae, o hace o dice una idiotez, nos sentimos complacidos porque ha rebajado su estatus comparado con el nuestro. Reímos porque disfrutamos con esa sensación de superioridad y porque así ponemos más de relieve los fallos o defectos de la otra persona. Esto serviría ciertamente para explicar nuestra facilidad para disfrutar con las desgracias ajenas (el famoso sentimiento de *Schadenfreude),* pero cuando vemos a cómicos de fama internacional actuando como auténticas estrellas sobre el escenario de un estadio ante miles de espectadores regocijados, cuesta creer que todo ese público esté pensando «esa persona es idiota, ¡y yo soy mejor que ella!». Así que tampoco esa puede ser la única explicación.

La mayoría de teorías sobre el humor ponen el énfasis en el papel de las incongruencias y de las expectativas trastocadas. El cerebro siempre está intentando hacer un seguimiento de lo que sucede externa e internamente, es decir, tanto en el mundo que nos rodea como dentro de nuestras cabezas. Para facilitarse esa tarea, cuenta con una serie de sistemas que simplifican las cosas, como esquemas, por ejemplo. Los esquemas son unos modos específicos que nuestros cerebros tienen de pensar y organizar información. Es habitual que aplique esquemas preestablecidos según el contexto: en un restaurante, en la playa, en una entrevista de trabajo o cuando interactuamos con ciertos individuos o con ciertos tipos de personas, por ejemplo. Esperamos entonces que esas situaciones se desarrollen y se resuelvan de unas formas determinadas y limitadas. También disponemos de recuerdos y experiencias detallados que nos sugieren cómo se «supone» que deben ocurrir las cosas en circunstancias y escenarios reconocibles.

La teoría vendría a decirnos entonces que el humor es el resultado de que nuestras expectativas se vean alteradas en esas situaciones. Un chiste verbal emplea una lógica disparatada por la que los hechos no se desarrollan tal como creemos que deberían desarrollarse bajo una lógica normal. Difícilmente vemos en la realidad que un caballo entre él solo en un bar y se siente a la barra, como se cuenta en un muy conocido chiste inglés. Pero el humor proviene potencialmente del hecho de que nos veamos enfrentados a esas incongruencias lógicas o contextuales que nos causan incertidumbre. El cerebro tolera mal las situaciones inciertas, sobre todo, si estas ponen de manifiesto de algún modo que los sistemas que aquel utiliza para construir y predecir nuestra visión del mundo son potencialmente defectuosos (el cerebro espera que algo suceda de un modo determinado y el hecho de que no suceda así le estaría indicando la existencia de ciertos problemas de fondo en sus funciones predictivas o analíticas fundamentales). Pero, luego, la incongruencia se resuelve o se desactiva gracias al «remate» del chiste o a otro final equivalente. «¿Cómo que "a qué viene esa cara larga"? Un caballo tiene una "cara" larga, pero eso es algo que se le pregunta a alguien que está triste o desanimado, ¿no? ¡Ah, claro! ¡Es un juego de palabras! ¡Ya lo he entendido!». Esa resolución es una sensación positiva para el cerebro, pues la incongruencia ha quedado neutralizada y puede que incluso hayamos aprendido algo. Señalamos nuestra aprobación de esa resolución por medio de la risa, que también entraña numerosos beneficios sociales.

Eso explica asimismo por qué es tan importante el factor sorpresa y por qué un chiste nunca es igual de gracioso cuando se escucha por segunda vez: la incongruencia que propició el humor en la situación original ya no nos resulta desconocida la segunda vez, por lo que su impacto queda muy amortiguado. El cerebro recuerda el truco y es consciente de que es inofensivo, de ahí que no se sienta tan afectado como la primera vez.

Son muchas las regiones cerebrales que se han relacionado con el procesamiento del humor. Está, por ejemplo, el circuito mesolímbico de recompensa, pues es el que produce la gratificación que sentimos con la risa. También están implicados el hipocampo y la amígdala, pues necesitamos tener recuerdos de lo que *debería* pasar para que se frustraran esas previsiones, y también necesitamos respuestas emocionales intensas a que tales frustraciones ocurran. Numerosas regiones del córtex frontal desempeñan algún papel en la experiencia cerebral del humor, pues buena parte de este procede de la perturbación de las expectativas y de la lógica, lo que hace que intervengan nuestras funciones ejecutivas superiores. También participan regiones del lóbulo parietal implicadas en el procesamiento lingüístico, pues gran parte de la comicidad de las situaciones se basa en juegos de palabras o en la transgresión de las normas del discurso y la expresión oral.

Este elemento de procesamiento lingüístico asociado al humor y la comedia les es más consustancial de lo que mucha gente cree. La expresión, el tono, el énfasis, el ritmo..., todos esos factores pueden potenciar o estropear un chiste. Un hallazgo particularmente interesante a ese respecto tiene que ver con los hábitos de risa de las personas sordas que se comunican mediante la lengua de signos. En una conversación hablada convencional en la que alguien cuenta un chiste o una anécdota graciosa, las personas se ríen (si lo encuentran divertido) durante las pausas, al término de las frases, o básicamente, durante aquellos momentos en que la risa no obstaculice el relato del chiste. Esto es importante, porque tanto la risa como la manera en que se cuenta un chiste suelen tener una evidente base sonora. Ese no tendría por qué ser el caso cuando se trata de los hablantes de la lengua de signos. Alguien podría pasarse todo un chiste riendo mientras otro lo cuenta con lenguaje de signos, pues no obstaculizaría para nada que lo siguiera contando. Y, sin embargo, no lo hacen. Los estudios muestran que, durante un chiste contado con signos, las personas sordas se ríen en los mismos momentos de pausa y vacío en que se ríen las personas no sordas en los chistes hablados, aun cuando el ruido de la risa no represente factor alguno en el caso de las primeras[24]. La lengua y el procesamiento del discurso claramente influyen en cuándo consideramos que es momento de reírse, por lo que esta no es una reacción tan espontánea como creemos.

Por lo que sabemos actualmente, no existe ningún «centro de la risa» concreto en el cerebro; nuestro sentido del humor parece surgir de innumerables conexiones y procesos que son resultado de nuestro desarrollo, de nuestras preferencias personales y de numerosas experiencias. Esto explicaría por qué cada persona tiene su particular y (en apariencia) único sentido del humor.

A pesar de la aparente individualidad de los gustos de una persona en cuanto a la comedia y el humor, podemos demostrar que tales gustos están fuertemente influidos por la presencia y las reacciones de otras personas. Que la risa tiene una potente función social es innegable; los seres humanos podemos experimentar muchas emociones tan súbita e intensamente como el humor, pero la mayoría de las mismas no desencadenan espasmos incontrolados (que, a menudo, nos incapacitan momentáneamente para hacer nada más) como los de la risa. Y alguna ventaja debe de tener para nosotros el hacer nuestro elevado estado de diversión de dominio público en esos momentos, porque la evolución nos ha llevado a las personas a hacerlo lo queramos o no.

Estudios como el dirigido por Robert Provine, de la Universidad de Maryland, sugieren que una persona es treinta veces más propensa a reírse si forma parte de un grupo que si está sola[25]. Las personas reímos con mayor frecuencia y sonoridad cuando estamos con amigos, aun si no nos estamos contando chiste alguno: puede tratarse de simples comentarios, recuerdos compartidos o anécdotas de lo más mundano acerca de un conocido mutuo. Es mucho más fácil reírse cuando se está en grupo y, por eso, los humoristas difícilmente podrían tener el mismo éxito si contaran su repertorio de chistes y monólogos a un público de una sola persona. Otro aspecto interesante acerca de las cualidades del humor en el terreno de la interacción social es el siguiente: al cerebro humano parece dársele muy bien el distinguir entre la risa real y la fingida. Los estudios realizados al respecto por

Sophie Scott han revelado que las personas son sumamente certeras a la hora de detectar si alguien se está riendo de verdad o si solo está haciendo ver que se ríe, por mucho que ambos sonidos parezcan muy similares[26]. ¿Alguna vez ha encontrado inexplicablemente molestas esas risas evidentemente enlatadas que ha oído en alguna comedia televisiva de situación de mala calidad? Las personas reaccionamos a la risa con gran intensidad y siempre nos contraría que alguien trate de manipular esa reacción.

Y es que, cuando un intento de hacernos reír fracasa en su empeño, fracasa *rotundamente*.

Cuando alguien nos cuenta un chiste, está dejando muy claro de entrada que pretende hacernos reír. Ha supuesto o deducido que conoce nuestro estilo de humor y que será capaz de conseguir que riamos, y por tanto, en cierta medida, está dando a entender que es capaz de controlarnos y, por consiguiente, que es superior a nosotros. Si, encima, hace eso en presencia de terceras personas, entendemos que está poniendo muy mucho el acento en esa pretendida superioridad. Así que más vale que merezca la pena.

Pero supongamos que no la merece, que el chiste no ha tenido ninguna gracia. Eso es algo que, básicamente, sentimos como una traición que nos ofende a varios niveles (mayormente subconscientes). No es de extrañar que las personas se enfaden a menudo por algo así (para conocer ejemplos de ello, basta con que pregunten a cualquier aspirante a humorista de cualquier época o lugar). Pero para comprender del todo lo que aquí digo, hay que entender también hasta qué punto las interacciones con otras personas influyen en el funcionamiento de nuestros cerebros. Y ese es un tema al que merece la pena que dediquemos su propio capítulo.

Solo así podremos penetrar verdaderamente a fondo en la cuestión, dijo el sabio refiriéndose a la vaselina.

7
¡ABRAZO DE GRUPO!

Cómo influyen en el cerebro las otras personas

Muchos dicen que no les importa lo que otros piensen de ellos. Lo dicen con frecuencia y en voz alta, y hasta son capaces de hacer cualquier cosa con tal de dejar muy patente a todo el mundo que ellos son así. Al parecer, que no nos importe lo que las demás personas opinen de nosotros es una actitud que solo se confirma si es del conocimiento público y manifiesto de las suso-dichas personas cuya opinión supuestamente nos trae sin cuida-do. Quienes desprecian las «normas sociales» siempre terminan formando un grupo aparte y claramente reconocible. Desde los *mods* y los *skinheads* (o «cabezas rapadas») de mediados del siglo XX hasta los góticos y los *emos* de la actualidad, lo primero que hace un individuo cuando no quiere conformarse a las conven-ciones normales es buscarse otra identidad grupal a la que ajus-tarse en lugar de aquellas. Hasta en las pandillas de moteros o en la Mafia se tiende a seguir un cierto código común en el vestir: tal vez sean personas que no tengan respeto alguno por la ley, pero lo que sí quieren es el respeto de sus iguales.

Si ni los más empedernidos delincuentes y forajidos son capa-ces de resistirse al impulso de formar grupos, muy arraigado debe de estar dicho instinto en nuestros cerebros. Colocar a un preso en una celda de aislamiento durante un tiempo excesivo es una práctica considerada como tortura psicológica[1], lo que demuestra que el contacto humano tiene más de necesidad que de simple deseo. La verdad es que, por extraño que nos pueda parecer, gran parte del cerebro humano está dedicada a (y formada por) las interacciones con otras personas y que, incluso de adultos, dependemos de los demás..., hasta extremos sorprendentes.

Conocemos el clásico debate en torno a qué hace que una persona sea como es: ¿lo innato o lo adquirido?, ¿los genes o el ambiente? Y la respuesta hay que buscarla en una combinación de ambos tipos de factores. Los genes tienen obviamente un gran impacto en cómo terminamos siendo, pero también lo tienen todas aquellas cosas que nos ocurren mientras nos desarrollamos. Y, en el caso de un cerebro en desarrollo, una de las fuentes principales de información y experiencia (si no *la* principal) es la que forman los otros seres humanos. Lo que las personas nos dicen, cómo se comportan o qué hacen y piensan/sugieren/crean/creen son cosas que tienen una repercusión directa en el cerebro cuando todavía está en proceso de formación. Además, mucho de nuestro yo o de nuestro ser (nuestra autoestima, nuestro ego, nuestras motivaciones, nuestras aspiraciones, etcétera) se deriva de lo que piensan otros individuos y de cómo se portan estos con nosotros.

Si tenemos en cuenta lo mucho que influyen otras personas en el desarrollo de nuestro cerebro y lo mucho que ellas están siendo controladas a su vez por sus propios cerebros, solo cabe extraer una conclusión posible: ¡los cerebros humanos controlan su propio desarrollo! Muchas obras de ciencia ficción postapocalíptica basan su trama precisamente en la idea de que los ordenadores hagan (o estén haciendo ya) eso mismo, pero no nos parece tan aterrador si son los cerebros quienes obran así porque, como ya hemos visto reiteradamente, los cerebros humanos son demasiado irrisorios para eso. Y ello implica que también las personas somos demasiado poca cosa por separado. De ahí que tengamos una parte tan extensa de nuestro cerebro dedicada a la interacción colectiva.

En lo que sigue del capítulo, hallaremos numerosos ejemplos de las estrambóticas consecuencias a que tal configuración mental puede dar lugar.

LO LLEVAS ESCRITO EN LA CARA
(Por qué cuesta tanto esconder lo que realmente estamos pensando)

A la gente no le gusta, en general, ver a nadie con una expresión facial de tristeza, aun cuando tenga motivos sobrados para esbozar un gesto así (desde haber reñido con su pareja hasta haberse dado cuenta de que acaba de pisar un excremento de perro, por poner un par de casos). Pero, sea cual sea la razón de esas caras largas, lo normal es que, el hecho de que un desconocido nos pida que sonriamos en un momento así, empeore aún más nuestro disgusto.

Las expresiones faciales permiten que otras personas deduzcan lo que alguien está pensando o sintiendo en un instante dado. Es como si le leyeran la mente, pero a través de su rostro. Lo cierto es que constituye una útil forma de comunicación, cosa que no debería sorprendernos teniendo en cuenta la excepcionalmente extensa gama de procesos que el cerebro dedica a que nos comuniquemos con los demás.

Tal vez hayan oído ya aquello de que «el 90 % de la comunicación es no verbal». La cifra del «90 %» varía considerablemente en función de quién la diga, pero, en realidad, esa variación se debe a las personas se comunican de manera distinta según los contextos; quienes intentan comunicarse en una discoteca abarrotada de gente recurren a métodos diferentes de los que usarían si estuvieran atrapados en una jaula con un tigre dormido. Lo que quiero decir es que mucha (o la mayor parte) de nuestra comunicación interpersonal se efectúa por medios que no son necesariamente los de la palabra hablada.

Disponemos de diversas regiones cerebrales dedicadas al procesamiento del lenguaje y el habla. Así pues, ni que *decir* tiene (nótese la ironía) lo importante que resulta la comunicación verbal para nosotros. Durante muchos años, esta se atribuyó a dos regiones cerebrales específicas. En concreto, se creía que el área de Broca (situada en la parte posterior del lóbulo frontal y bautizada así en honor de Pierre Paul Broca) era un elemento fundamental para la formación del discurso verbal. Pensar en qué decir y poner las palabras relevantes en el orden correcto: esa se suponía que era la labor del área de Broca.

La otra región era el área de Wernicke, detectada originalmente por Carl Wernicke y situada en la región del lóbulo temporal. A esta se le atribuía la comprensión lingüística. Cuando entendemos las palabras (es decir, tanto sus significados como sus numerosas interpretaciones posibles), se supone que es el área de Wernicke la que interviene. Esa combinación de dos componentes bien diferenciados representa un mecanismo sorprendentemente claro y sencillo para lo que acostumbran a ser los mecanismos cerebrales, y de hecho, según se ha demostrado más recientemente, la realidad del sistema lingüístico del cerebro ha resultado ser considerablemente más compleja. Pero, durante décadas, fueron las áreas de Broca y de Wernicke las que se tuvieron por únicas y exclusivas responsables del procesamiento del habla.

Para entender por qué, hay que tener en cuenta que ambas áreas fueron identificadas en el siglo XIX a través de estudios con personas que habían padecido lesiones localizadas en esas regiones cerebrales. Sin tecnología moderna como la de los escáneres y los ordenadores, aquellos pioneros de la neurociencia tenían que conformarse con estudiar a los infortunados individuos que estuvieran afectados por formas concretas de daños encefálicos.

No era el método más eficiente del mundo, que digamos, pero, al menos, consolémonos con la idea de que no eran aquellos estudiosos quienes infligían tales lesiones a sus sujetos (hasta donde nosotros sabemos, al menos).

Las áreas de Broca y Wernicke fueron detectadas a raíz de que, cuando se observaban daños en las mismas, los pacientes sufrían afasias (trastornos profundos del habla y de la comprensión lingüística). Por ejemplo, quien padece afasia de Broca —conocida también como «afasia expresiva»— no puede «producir» lenguaje verbal. No le pasa nada en la boca ni en la lengua, y de hecho, puede seguir comprendiendo perfectamente lo que otras personas le dicen, pero es incapaz de producir la más mínima comunicación fluida y coherente de su parte. Tal vez llegue a emitir alguna que otra palabra relevante, sí, pero le es prácticamente imposible ligar frases largas y complejas.

Lo curioso del caso es que esta afasia se manifiesta en muchos casos por vía tanto oral *como escrita*. Y esto es importante. El habla es auditiva y se transmite por la boca; la escritura es visual y requiere de las manos y los dedos. Pero que ambas se vean impedidas en igual medida significa que algún elemento común tiene que estar siendo afectado, y solo puede tratarse de algo relacionado con el procesamiento del lenguaje, algo que corresponde al cerebro por separado.

La afasia de Wernicke consiste básicamente en el problema contrario. Los aquejados de ese trastorno no parecen capaces de comprender el lenguaje verbal. Sí parece que pueden reconocer la entonación, las inflexiones, el ritmo, etcétera, pero las palabras en sí mismas les resultan carentes de sentido. Y dan respuestas acordes con esa impresión, es decir, en forma de frases largas, en apariencia complejas, pero transformadas: un «bajé a la tienda y compré pan» se convierte en «bajele a tienda la la la y cómpreda búsqueda pan pam pum», es decir, en una combinación de palabras reales e inventadas enlazadas sin un significado lingüístico reconocible, porque el cerebro está dañado hasta tal punto que no puede reconocer el lenguaje verbal y, por consiguiente, tampoco es capaz de producirlo.

Esta afasia suele extenderse también al lenguaje escrito y quienes la padecen son generalmente incapaces de darse cuenta de que haya problema alguno con su habla. Creen estar hablando con normalidad, y esa confusión, como es de imaginar, es un motivo de graves frustraciones.

Fueron estas afasias las que propiciaron las teorías sobre la importancia de las áreas de Broca y Wernicke para el lenguaje y el habla. Sin embargo, la tecnología de los escáneres cerebrales ha cambiado mucho las cosas en ese terreno. El área de Broca, que es una región del lóbulo frontal, continúa considerándose importante para el procesamiento de la sintaxis y de otros detalles cruciales de carácter estructural, y es bastante lógico que sea así, pues es al manejo de información compleja en tiempo real a lo que está asociada buena parte de la actividad en el lóbulo frontal. El área de Wernicke, sin embargo, ha quedado degradada en la práctica a una categoría muy inferior, dado que los datos muestran la implicación en el procesamiento del habla de áreas mucho más extensas a su alrededor, en el propio lóbulo temporal[2].

Áreas como el giro temporal superior, el giro frontal inferior, el giro temporal medio y otras regiones «más profundas» del cerebro (incluido el putamen) están todas muy implicadas en el procesamiento del lenguaje verbal y se encargan de manejar elementos como la sintaxis, el significado semántico de las palabras, los términos asociados guardados en la memoria, etcétera. Muchas de esas áreas se encuentran cerca del córtex auditivo, que procesa cómo suenan las cosas, y eso tiene sentido (¡por fin algo que lo tiene!). De todos modos, aunque las áreas de Wernicke y de Broca no sean tal vez tan básicas para el lenguaje verbal como se suponía que eran, siguen estando muy implicadas en el procesamiento del mismo. Sabemos que cualquier lesión localizada en ellas trastoca las múltiples conexiones existentes entre las regiones procesadoras del lenguaje, de lo que resultan las afasias. Pero

que esos centros de procesamiento del lenguaje estén tan ampliamente extendidos nos indica hasta qué punto la comunicación
verbal es una función fundamental del cerebro, en vez de algo
que aprendemos captándolo esencialmente de nuestro entorno.

Hay quienes defienden que el lenguaje verbal tiene una
importancia neurológica mayor aún. La teoría de la relatividad
lingüística postula que la lengua hablada por una persona determina el procesamiento cognitivo de esa persona y su aptitud para
percibir el mundo[3]. Por ejemplo, si alguien fuera educado en un
idioma que careciera de vocablos para denotar un concepto como
«fiable», sería incapaz de entender o expresar la fiabilidad y, por
lo tanto, se vería forzado a buscarse un trabajo de agente inmobiliario.

Evidentemente, ese es un ejemplo extremo a la vez que difícil
de estudiar, porque, para comprobarlo, se necesitaría encontrar
una cultura que utilice una lengua en la que se echen a faltar ciertos conceptos importantes. (Se han realizado numerosos estudios
de culturas más aisladas que manejan un abanico más restringido de etiquetas para designar colores, y han detectado, por ejemplo,
que los miembros de estas son menos capaces de *percibir* ciertos
colores muy conocidos; de todos modos, distan mucho de ser
investigaciones fiables o concluyentes)[4]. Aun así, hay muchas teorías sobre la relatividad lingüística, la más famosa de las cuales es
la hipótesis de Sapir-Whorf*.

Algunos proponentes de ese tipo de tesis llegan aún más lejos
y afirman que el cambio del idioma que habla una persona puede

---

* La hipótesis de Sapir-Whorf es una de aquellas cosas que irrita un poco
a los lingüistas, porque no deja de ser una etiqueta bastante engañosa. Sus
supuestos creadores, Edward Sapir y Benjamin Lee Whorf, nunca llegaron a
ser coautores de nada y jamás propusieron una hipótesis concreta. En esencia,
la hipótesis de Sapir-Whorf no existió hasta que se le acuñó esa denominación,
lo que la convierte en un muy buen ejemplo de sí misma. Nadie dijo que la
lingüística fuera fácil.

conducir a un *cambio en su manera de pensar*. El ejemplo más destacado de esa idea nos lo proporciona la llamada programación neurolingüística, o PNL. La PNL es una mezcolanza de psicoterapia, desarrollo personal y otros enfoques conductuales, y su premisa básica es que el lenguaje, la conducta y los procesos neurológicos están entrelazados. Si alteramos el uso y la experiencia lingüísticos específicos de una persona, es posible cambiar su modo de pensar y de comportarse (se supone que para bien) como quien edita el código de un programa informático para depurarlo de errores y problemas técnicos.

A pesar de su popularidad y su atractivo, son muy pocas las pruebas que nos indican que la PNL realmente funciona, lo que la sitúa en el mismo territorio que las pseudociencias y las medicinas alternativas. A fin de cuentas, este libro está lleno de ejemplos de cómo el cerebro humano va a la suya aun a pesar de la inmensa cantidad de información que el mundo moderno pone a su disposición, así que difícilmente se va a adaptar sin más a lo que le marquen solo porque le pongan delante una manera estudiadamente elegida de decir algo.

No obstante, algo que desde la PNL se afirma a menudo es que el componente no verbal de la comunicación es muy importante, y eso es muy cierto. Y la comunicación no verbal se manifiesta de muchas maneras diferentes.

En el muy influyente libro *El hombre que confundió a su mujer con un sombrero*, que Oliver Sacks publicó originalmente en 1985[5], el conocido neurólogo británico refirió el caso de un grupo de pacientes con afasia que no podían entender el lenguaje hablado, pero que encontraban graciosísimo un discurso del presidente que estaba siendo televisado en aquellos momentos, a pesar de que esa no era ni mucho menos la intención con la que el mandatario estaba pronunciando dicha alocución. La explicación era que los pacientes, despojados de su comprensión de las palabras, se habían vuelto expertos en reconocer pistas y señales no verbales que la mayoría de personas pasamos por alto, distraídas como nos tienen las palabras que se dicen en momentos así. El presidente no dejaba de presentarse (a ojos de aquellos pacientes) como alguien que revelaba continuamente su insinceridad mediante sus tics faciales, su lenguaje corporal, su ritmo de discurso, su elaborada gestualidad, etcétera. Estas son cosas que, para un paciente con afasia, funcionan como grandes señales de alarma de la insinceridad. Y si vienen del hombre más poderoso del mundo, es comprensible que nos hagan reír por no llorar.

Que una información así pueda deducirse por vía no verbal no es algo que nos deba extrañar. Como ya se ha dicho aquí, la cara humana es un excelente dispositivo comunicador. Las expresiones faciales son importantes: es fácil detectar si alguien está enfadado, contento, asustado, etcétera, porque su rostro adopta una expresión asociada con ese estado de ánimo y, por tanto, lo revela. Y eso es algo que contribuye en gran medida a la comunicación interpersonal. Alguien puede decirnos «¿cómo se te ha ocurrido algo así?» y sus palabras querrán decir cosas muy distintas dependiendo de si las pronuncia con una expresión de felicidad, de enfado o de asco.

Las expresiones faciales son bastante universales. Se han llevado a cabo estudios en los que se han enseñado imágenes de expresiones faciales específicas a individuos de diferentes culturas, algunas de ellas muy apartadas y apenas tocadas por la civilización occidental. Se aprecia cierta variación cultural, pero, en general, todas las personas participantes en tales experimentos, con independencia de sus orígenes, son capaces de reconocer el significado de los diferentes semblantes. Parece, pues, que nuestras expresiones faciales son innatas y no aprendidas: están «cableadas» en los circuitos que el cerebro humano trae de fábrica. Alguien que haya vivido toda la vida en los más recónditos trechos de la selva amazónica pondrá la misma cara si algo le sorprende, que alguien que haya vivido siempre en el centro de Nueva York.

Nuestros cerebros son muy hábiles reconociendo rostros e interpretando semblantes. En el capítulo 5 se explicó que el córtex visual contiene subsecciones dedicadas al procesamiento de caras y que, por eso mismo, tendemos a verlas por todas partes y en toda clase de objetos. Tal es la eficiencia del cerebro en ese apartado que es capaz de deducir una expresión a partir de una información mínima. De ahí que se haya vuelto tan común usar signos de puntuación básicos para transmitir estados como la felicidad :-) la tristeza :-(la ira >;-(la sorpresa :-O y muchos más. Y hablamos de simples sucesiones de líneas y puntos. Ni siquiera están en la posición vertical que las haría más identificables. Y, aun así, seguimos percibiendo en ellas unos tipos específicos de expresión.

Las expresiones faciales pueden parecer una forma de comunicación limitada, pero nos resultan sumamente útiles. Si todas las personas que nos rodean tienen un semblante de miedo, nuestro cerebro concluye de inmediato que hay algo cerca que todas ellas están viendo en ese momento como una amenaza y nos prepara para luchar o huir. Si tuviéramos que fiarnos específicamente de que alguien dijera «no es mi intención alarmarte, pero parece que una manada de hienas rabiosas vienen directas hacia nosotros», las fieras probablemente se nos habrían echado ya encima antes de que nuestro interlocutor hubiera terminado la frase. Las expresiones faciales también son una gran ayuda para las interacciones sociales; si estamos haciendo algo y vemos que todos tienen un gesto de alegría en la cara, sabemos que debemos seguir haciéndolo para ganarnos la aprobación general. Pero si todos nos miran con un semblante de horror, enfado, asco o las tres cosas a la vez, sabremos que conviene que dejemos de hacer enseguida eso que tanto los está disgustando. Esas reacciones nos ayudan a orientar nuestros propios comportamientos.

Hay estudios que han revelado que la amígdala está muy activa cuando interpretamos expresiones faciales[6]. La amígdala, encargada de procesar nuestras propias emociones, parece ser un elemento necesario para el reconocimiento de las emociones de otras personas. También intervienen otras regiones situadas en zonas profundas del sistema límbico y responsables del procesamiento de emociones concretas (es el caso del putamen con el asco o la repugnancia, por ejemplo).

La ligazón entre emociones y expresiones faciales es fuerte, pero no infranqueable. Algunas personas sofocan o controlan sus expresiones faciales a fin de que difieran de su verdadero estado emocional interno. El ejemplo obvio de esa práctica es el de quienes ponen «cara de póquer». Los jugadores profesionales de ese conocido juego mantienen unas expresiones neutrales (o falsas) con el fin de ocultar qué efecto tienen las cartas que les han repartido en sus probabilidades reales de ganar la mano. Sin embargo, el rango de posibilidades cuando se reparten cartas de una baraja de cincuenta y dos en total es limitado y, gracias a ello, los jugadores de póquer pueden estar preparados y concienciados de antemano para todas ellas, incluida una tan imbatible como la escalera real. Ser conscientes de que algo vendrá o puede venir nos facilita retener el dominio sobre los controles más conscientes de nuestras expresiones faciales. Ahora bien, si durante la partida, un meteorito atravesara el techo de la sala y se estrellara contra la mesa de juego, dudo mucho que ninguno de los jugadores pudiera evitar una mueca de asombro en su cara.

Esto nos indica otro más de los conflictos o contradicciones que pueden presentarse entre las áreas avanzadas y las más primitivas del cerebro. Las expresiones faciales pueden ser voluntarias (y como tales, controladas por el córtex motor, localizado en el telencéfalo) o involuntarias (controladas por las regiones más profundas, ubicadas en el sistema límbico). Las expresiones faciales voluntarias son aquellas que adoptamos por elección (como, por ejemplo, cuando ponemos cara de entusiasmo al tener que mirar las tediosas fotografías que un conocido nuestro sacó durante sus recientes vacaciones y nos ha querido enseñar sin dejarse ni una). Las expresiones involuntarias son las producidas por las emociones reales. El neocórtex humano avanzado puede ser perfectamente capaz de transmitir información que no es verdad (o sea, de mentir), pero el sistema de control límbico (más antiguo en nuestra historia evolutiva) es implacablemente franco, así que el uno y el otro entran en conflicto con bastante frecuencia, porque las normas de la sociedad suelen obligarnos muchas veces a no dar nuestra opinión sincera. Si el peinado nuevo de una persona nos repele, no está bien visto que se lo digamos.

Por desgracia, el hecho de que nuestros cerebros sean tan sensibles a la hora de detectar e interpretar caras significa que, a menudo, podemos determinar si alguien está experimentando esa contradicción interna entre la franqueza y los modales (sonriendo con los dientes apretados, por ejemplo). Por suerte, la sociedad también considera grosero recriminarle o señalarle a cualquiera que está comportándose así, con lo que, cuando menos, puede decirse que alguna forma de tenso equilibrio hemos alcanzado en ese terreno.

PALOS Y ZANAHORIAS
(Cómo hace posible el cerebro que controlemos a otras personas y que seamos a su vez controlados)

Detesto tener que comprarme un coche. Recorrer todos esos patios de concesionario con filas y filas de automóviles en exposición, comprobar interminables detalles en cada modelo, mirar vehículos y vehículos hasta perder todo interés por ellos y comenzar a preguntarme si no tendría sitio en el jardín para un caballo en su lugar. Luego está lo de fingir que sé de coches haciendo cosas como dar patadas de comprobación a los neumáticos de las ruedas. ¿Por qué? ¿Acaso alguien ha inventado cómo analizar el caucho vulcanizado con la punta de un zapato?

Pero, para mí, son los propios vendedores de coches quienes representan lo peor de esa experiencia. No puedo con ellos. Todo ese machismo que destilan (todavía no me he encontrado con ninguna vendedora en esos sitios), toda esa exagerada camaradería con el cliente, la famosa táctica del «tendré que consultarlo con el gerente», todo ese darme a entender que están perdiendo dinero desde el momento mismo en que llegué allí. Esas técnicas me confunden y me alteran, y hacen que el conjunto del proceso sea para mí fuente de una gran angustia.

Por eso, siempre llevo a mi padre conmigo cuando tengo que pisar un concesionario. A él sí que le divierten estas cosas. La primera vez que me ayudó en la compra de un coche, yo iba muy concienciado para negociar lo que hiciera falta, pero su táctica consistió básicamente en llamarles de todo a los vendedores y tratarlos de criminales para abajo hasta que accedieran a rebajar el precio. Poco sutil, sí, pero ciertamente eficaz.

Sin embargo, el hecho de que los vendedores de coches de todo el mundo utilicen tan consolidados y reconocibles métodos nos da a entender que estos realmente funcionan. Y no deja de resultar un tanto extraño. Cada cliente tiene su personalidad, sus preferencias y su capacidad de atención particulares y diferenciadas, así que la idea de que unas tácticas tan simples y conocidas de todos incrementen la probabilidad de que alguien acceda a entregar un dinero que le ha costado mucho ganar debería resultarnos poco menos que absurda. No obstante, hay unos determinados comportamientos que potencian la conformidad y hasta la docilidad, favoreciendo que los clientes lleguen a un acuerdo con alguien y se «sometan a su voluntad».

Ya hemos comentado aquí que el miedo a ser juzgados en nuestros entornos sociales nos provoca ansiedad; que la provocación dispara el sistema de la ira; y que la búsqueda de aprobación puede ser un poderoso factor motivador. En el fondo, muchas son las emociones de las que puede decirse que existen únicamente en un contexto con presencia de otras personas: uno puede enfadarse con objetos inanimados, por ejemplo, pero la vergüenza y el orgullo requieren del juicio de otras personas, y el amor es algo que existe entre dos individuos (el «amor propio» es otra cosa muy distinta). Así que no debería sorprendernos tanto descubrir que unas personas puedan conseguir que otras hagan lo que ellas quieren a base de sacar partido de las tendencias del cerebro humano. Cualquiera que se gane la vida convenciendo a otros individuos para que le den dinero (a cambio de lo que sea) emplea unos métodos más o menos contrastados para incrementar la docilidad de los clientes, y los propios mecanismos del cerebro son los responsables principales de que esas tácticas funcionen.

Eso no significa que existan técnicas que nos permitan adquirir un control absoluto sobre una persona. Los seres humanos somos demasiado complejos para que eso sea posible, por mucho que los ligones expertos puedan hacernos creer lo contrario. De todos modos, sí se pueden emplear ciertos medios cuya efectividad a la hora de conseguir que unos individuos se plieguen a los deseos de otros, aun no siendo absoluta, sí está científicamente reconocida.

Entre ellos se encuentra, por ejemplo, la técnica del «pie en la puerta». Un amigo le pide dinero prestado para el billete del autobús. Usted se lo da. Luego le pide si le puede dar un poco más para un bocadillo. Y usted va y también se lo da. Luego le dice que por qué no van al bar y se ponen al día de cómo les va la vida mientras se toman unas copitas..., si a usted no le importa invitar, porque él no lleva dinero encima, ¿recuerda? Y usted piensa: «¿Por qué no?, solo son unas copitas». Pero luego son unas cuantas más de las inicialmente previstas y, como quien no quiere la cosa, ese amigo de marras termina pidiéndole dinero para un taxi porque ha perdido el último autobús de la noche, y usted suspira y accede porque ya le ha dicho que sí a todo lo anterior.

Si este presunto amigo suyo le hubiera dicho de entrada: «Invítame a cenar y a unas bebidas, y subvencióname un cómodo viaje de vuelta a mi casa», usted le habría dicho que no, porque le habría parecido una petición exagerada. Y, sin embargo, al final, eso es justamente lo que ha hecho. En eso consiste la llamada técnica del «pie en la puerta»: acceder inicialmente a una petición modesta aumenta nuestra disposición a acceder a otra posterior de mayor envergadura. Quien nos formulará la segunda petición habrá puesto ya su «pie en la puerta» con la primera para que no se la cerremos en las narices.

La táctica del «pie en la puerta» tiene sus limitaciones, gracias a Dios. Para empezar, tiene que haber cierto espaciamiento temporal entre la primera y la segunda solicitudes: si alguien accede a prestar cinco libras a otra persona, esta no puede pedirle cincuenta más solo diez segundos después. Y diversos estudios han evidenciado también que, si bien el «pie en la puerta» puede funcionar hasta días o semanas después de la petición inicial, al final, la asociación entre la primera y la segunda solicitudes termina perdiéndose.

Además, el «pie en la puerta» funciona mejor si las peticiones son «prosociales», es decir, si lo que se solicita se percibe como algo que ayuda o hace un bien. Comprarle comida a alguien ayuda a esa persona y prestarle dinero para que vuelva a casa también, así que esta es una solicitud que tiene mayores probabilidades de verse satisfecha por la persona a quien le sea requerida. Vigilar mientras alguien garabatea obscenidades en el capó del coche de su «ex» no está bien, por lo que lo más normal es que, cuando ese alguien pida luego al improvisado «vigilante» que lo lleve en coche hasta la casa de su «ex» para romperle una ventana de un ladrillazo, este se niegue. Y es que, en el fondo, la gente suele ser bastante buena.

El «pie en la puerta» requiere también de un mínimo de coherencia entre lo que se pide en las diversas ocasiones para ser un método efectivo: por ejemplo, si primero se presta dinero, funciona mejor que luego también se preste dinero. Que alguien acceda a acercar a otra persona en coche hasta el domicilio de esta no significa que luego vaya a acceder a cuidar un mes entero de la pitón que esa persona tiene de mascota, porque ¿qué conexión habría entre lo primero y lo segundo? Para la mayoría de personas, una cosa es «acercar a alguien en mi coche hasta algún lugar» y otra muy distinta es «tener una serpiente gigante en mi casa».

Pero, pese a todos esos condicionantes, la del «pie en la puerta» es, sin duda, una técnica potente. Probablemente, muchos de ustedes habrán «sufrido» ya a ese pariente que comienza pidiéndoles que le ayuden a instalar un ordenador y termina usándoles de servicio técnico abierto las veinticuatro horas del día y los siete días de la semana, por ejemplo. Eso es el «pie en la puerta».

Según un estudio publicado por N. Guéguen en 2002, esa táctica funciona incluso en entornos digitales en línea[7]. Los estudiantes que accedían a una petición enviada por correo electrónico para que abrieran un archivo adjunto eran más proclives a aceptar participar luego en una cíber-encuesta más larga y difícil. La persuasión depende a menudo del tono, la presencia, el lenguaje corporal, el contacto visual, etcétera, pero ese estudio nos muestra que no son elementos necesarios. Y es que el cerebro parece estar inquietantemente ansioso por mostrarse solícito con las peticiones de otras personas.

Hay otra técnica que consiste, por el contrario, en sacar partido del hecho de que una persona no haya accedido a una solicitud que se le ha formulado anteriormente. Digamos que alguien le pide a alguno de ustedes guardar todas sus cosas en su casa (de usted) mientras él está de mudanza. Eso supone un engorro para usted, así que le responde que no. Pero luego le pide si, por lo menos, le podría prestar su coche durante el fin de semana para trasladar sus cosas a un guardamuebles. Esa es una petición más asequible, así que usted le dice entonces que sí. Pero eso no significa que prestarle el coche a otra persona durante todo el fin de semana no sea también una molestia para usted: lo que pasa es que es *menos* molestia que la que le habría supuesto acceder a la petición original. El caso es que, al final, una persona acaba usando el coche de la otra cuando esta normalmente no habría accedido de entrada a algo así.

He ahí un ejemplo de uso de la llamada técnica de la «puerta en la cara». Suena agresiva, pero no se confundan: es la persona que está siendo manipulada la que, presuntamente, le «da con la puerta en las narices» a quien le está pidiendo algo. Pero quien le cierra la puerta a alguien (metafórica o literalmente hablando) se siente mal por hacerlo y eso despierta en esa persona un deseo de «compensar» a la otra por ello, lo que hace que acceda a otras peticiones más asequibles que esta le pueda formular a continuación.

Las solicitudes cursadas a través de la táctica de la «puerta en la cara» (PEC) pueden estar mucho más próximas entre sí en el tiempo que las del «pie en la puerta» (PEP). A fin de cuentas, en un caso de PEC (a diferencia de lo que ocurre en un caso de PEP), la primera petición ha sido denegada, por lo que la persona a quien se le ha pedido hacer algo no ha accedido a hacer nada todavía. También hay datos que indican que la de la PEC es una técnica más potente. Según un estudio presentado en 2011 por Annie Cheuk-ying Chen y sus colaboradores, en el que se recurrió tanto al PEP como a la PEC para convencer a diversos grupos de estudiantes de que realizaran un test de aritmética[8], el «pie en la puerta» obtuvo un porcentaje de «convicciones» del 60 %, mientras que la «puerta en la cara» se acercó al ¡90 %! La conclusión de dicho estudio fue que, si queremos que los alumnos hagan algo determinado, es mejor aplicar un método de «puerta en la cara», un nombre que sin duda habría que cambiar si quisiéramos incluir dicha técnica en la política educativa nacional y anunciarla públicamente a la ciudadanía en general.

La fuerza y la fiabilidad de la PEC seguramente explican por qué se utiliza tanto en el entorno de las transacciones económicas. Los científicos han llegado incluso a evaluar sus efectos en ese terreno: así, un estudio a cargo de Ebster y Neumayr, publicado en 2008[9], mostró que la PEC resultó muy eficaz para vender queso en un refugio de alta montaña a los viajeros y excursionistas que estaban por allí de paso. (Nótese que los refugios de montaña son un escenario bastante poco habitual para los experimentos en nuestro campo).

También existe una técnica de la «bola baja», que se asemeja a la del «pie en la puerta» por cuanto es el resultado de que alguien acceda inicialmente a una petición, aunque tiene un desenlace distinto.

La táctica de la «bola baja» consiste en que alguien acceda a algo (a pagar un precio determinado, o a finalizar un trabajo en un plazo concreto, o a redactar un documento de un cierto número de palabras) para que, acto seguido y sin que esta se lo espere, la otra persona incremente la petición inicial. Lo sorprendente es que, a pesar de la frustración y el enojo que esa incrementada exigencia genera, la mayoría de personas acceden a ella de todos modos. En un sentido puramente técnico, tendrían sobrados motivos para negarse: no deja de ser un gesto por el que una persona está rompiendo un acuerdo previo y lo está haciendo para su beneficio personal. Pero las personas nos amoldamos casi sin excepción a esa petición súbitamente incrementada, siempre y cuando no sea demasiado excesiva: es obvio que, si accedemos a pagar setenta libras por un reproductor de DVD de segunda mano, no lo haremos si de pronto nos piden por él los ahorros de toda una vida y el primer hijo que engendremos a partir de entonces.

La «bola baja» puede usarse para hacer que las personas *trabajemos gratis*. Más o menos. En un estudio de Burger y Cornelius (investigadores de la Universidad de Santa Clara) publicado en 2003, se pedía a las personas participantes que accedieran a rellenar una encuesta a cambio de un obsequio: una taza para café[10]. Cuando ya habían dicho que sí, se les decía que no quedaban tazas. Pues, bien, la mayoría se decidían igualmente a rellenar la encuesta, aun sabiendo que no recibirían la recompensa inicialmente prometida. Otro estudio de 1978 (este a cargo de Cialdini y su equipo de colaboradores) constató que era mucho más probable que los estudiantes universitarios a quienes se lo pedían se presentaran a un experimento programado para las siete de la mañana si antes ya habían accedido a presentarse a ese mismo experimento cuando se les había dicho que sería a las nueve, que si se les pedía de entrada que acudieran a un experimento programado desde el primer momento para las siete de la mañana[11]. Y está claro que la magnitud de la recompensa o del coste no son los únicos factores que condicionan la eficacia de la táctica de la «bola baja»: muchos estudios del funcionamiento de esta técnica han mostrado que el hecho de dar un consentimiento activo y voluntario a un acuerdo antes de que la otra parte lo cambie es consustancial a seguir dándolo después de que se haya producido esa modificación unilateral.

Los tres aquí mencionados son los más conocidos de los múltiples métodos existentes para manipular a otras personas con el fin de que se amolden a nuestros deseos (otro ejemplo es la «psicología inversa», del que bajo ningún concepto deberían ustedes buscar información). La cuestión es: ¿tiene todo esto alguna lógica evolutiva? Se supone que la evolución funciona potenciando la «supervivencia de los más aptos», pero ¿en qué sentido puede ser una ventaja para un individuo el hecho de que sea fácilmente manipulable? Analizaremos esta cuestión más a fondo en una sección posterior, pero de lo que no hay duda es de que las técnicas de persuasión o búsqueda de conformidad aquí descritas pueden explicarse sin excepción a partir de ciertas tendencias de nuestro cerebro*.

---

* Son muchas las teorías y las especulaciones que circulan en torno a qué procesos y áreas cerebrales son responsables de esas tendencias socialmente relevantes, pero sigue siendo muy difícil precisarlos, incluso hoy en día. Los procedimientos de escaneo cerebral más profundo, como la IRM o la EEG (electroencefalografía), obligan a inmovilizar con sujeciones a la persona estudiada dentro de un aparato de grandes dimensiones en un laboratorio, y es difícil conseguir que se dé una interacción social mínimamente realista en un entorno así. Si alguno de ustedes estuviera embutido en un escáner de IRM y algún conocido suyo se dejara caer por allí y comenzara a pedirle favores, su

Muchas de esas tendencias están ligadas a la imagen que tenemos de nosotros mismos. En el capítulo 4 vimos que el cerebro (a través de sus lóbulos frontales) posee las capacidades de la introspección y la autoconciencia. Así que no es tan descabellado que usemos la información así procesada y almacenada y «ajustemos» en función de ella cualquier posible fallo o defecto personal nuestro. Habrán oído que, a veces, las personas nos «mordemos la lengua» para no decir algo, pero ¿por qué lo hacemos? Puede ser que pensemos que el bebé de un conocido nuestro es feo de verdad y que, sin embargo, nos reprimamos y, en vez de eso, digamos: «¡Oh, pero qué ricura de niño!». Esto hace que otras personas tengan un mejor concepto de nosotros, un concepto que no tendrían si les dijéramos la verdad. Se trata de un fenómeno conocido como «gestión de las impresiones»: intentamos controlar la impresión que las personas se llevan de nosotros a través de los comportamientos sociales. Nos importa (a un nivel neurológico incluso) lo que los demás piensen de nosotros y somos capaces de hacer lo imposible para gustarles.

En 2014, Tom Farrow y sus colaboradores en la Universidad de Sheffield llevaron a cabo un estudio en el que hallaron que la gestión de las impresiones genera cierta activación en el córtex prefrontal medial y en el córtex prefrontal ventrolateral izquierdo, así como en otras regiones, entre las que se incluyen el mesencéfalo y el cerebelo[12]. No obstante, esas áreas solo se volvían sensiblemente activas cuando los sujetos estudiados intentaban dar una *mala* impresión de sí mismos adrede, es decir, cuando elegían conductas con el propósito de desagradar a las demás personas. Si optaban por comportamientos con los que proyectar una *buena* imagen de sí mismos, no se apreciaba diferencia detectable alguna con respecto a la actividad cerebral normal.

_____

cerebro probablemente no pasaría del estado de confusión general generado por la situación en su conjunto.

La conclusión extraída por los autores del estudio no solo fue que los sujetos demostraron procesar mucho más rápido aquellos comportamientos proyectores de una buena imagen de sí mismos que aquellos otros difusores de una mala imagen, sino también que procurar ofrecer una buena impresión de nosotros mismos a los demás es *algo a lo que el cerebro se dedica constantemente*. Intentar detectar algo así en un escáner es como buscar un árbol concreto en un bosque muy denso: no hay nada que haga que destaque de su entorno. El estudio en cuestión era reducido, limitado únicamente a veinte sujetos, por lo que es posible que, con el tiempo, terminemos encontrando procesos asociados específicamente a esas conductas. Pero el hecho de que se observara tal disparidad entre las personas que proyectaban una imagen favorable de sí mismas y las que proyectaban otra desfavorable es ciertamente llamativo.

Pero ¿qué tiene eso que ver con el manipular a otras personas? Para empezar, nos indica que el cerebro parece estar diseñado para que gustemos (o, según cómo se mire, para que él mismo guste) a otras personas. Todas las técnicas dirigidas a conseguir la conformidad de otros individuos, posiblemente aprovechan ese deseo que tenemos los seres humanos de causar una impresión positiva en los demás. Y es aprovechable precisamente por lo arraigado que está ese impulso en nosotros.

Si usted accede a satisfacer una petición de otra persona, el hecho de que luego le niegue otra de similar índole probablemente cause una decepción y dañe la opinión que esa persona tenga de usted, así que la táctica del «pie en la puerta» tiene ahí un resquicio por el que hacerse efectiva. Si usted ha rechazado una petición muy grande, será consciente de que quien se la ha hecho no estará muy contento con usted por ello, así que estará más dispuesto a acceder a una petición más modesta a modo de «consolación»: por eso funciona la «puerta en la cara». Y si ha accedido a hacer o pagar algo y luego le incrementan inesperadamente lo que le piden, echarse atrás también causaría una decepción y proyectaría una imagen negativa de usted: de ahí que la «bola baja» también funcione. Y todo simplemente porque queremos que las demás personas tengan una buena opinión de nosotros, hasta el punto incluso de que ese deseo anula nuestro buen juicio o nuestra lógica.

Ni que decir tiene que la cosa no se reduce solamente a esto y que es más compleja. La imagen que tenemos de nosotros mismos tiene que ser coherente a lo largo del tiempo y, por eso, en cuanto el cerebro toma una decisión al respecto, modificarla puede resultar sorprendentemente difícil, como bien sabrá cualquiera que haya intentado explicarle a un pariente anciano que no todos los extranjeros son unos ladrones mugrientos. Ya vimos anteriormente que pensar una cosa y hacer otra contradictoria con lo que pensamos crea una disonancia, un estado agobiante en el que pensamiento y acción no se corresponden. Como respuesta a ello, el cerebro suele cambiar su modo de pensar para ajustarlo a la conducta y restablecer así la armonía.

Digamos que un amigo suyo quiere dinero y usted no quiere dárselo. Pero opta por prestarle una cantidad ligeramente menor. ¿Por qué hace usted algo así si no pensaba que la petición fuera aceptable? Pues porque usted quiere ser coherente consigo mismo, pero también quiere gustar, así que su cerebro decide que usted sí quiere realmente darle dinero a esa persona y ahí interviene la dinámica que se explota con la táctica del «pie en la puerta». Eso también explica por qué hacer una elección activa es importante para la efectividad de la «bola baja»: el cerebro ha tomado una decisión y se ceñirá a ella para ser coherente, aun cuando el motivo inicial para haber tomado esa decisión haya desaparecido: usted se ha comprometido y la gente cuenta con usted.

Hay que tener en cuenta también el principio de reciprocidad, un fenómeno singularmente humano (por lo que sabemos) por el que las personas corresponden portándose bien con quienes se portan bien con ellas, saltándose incluso lo que su propio interés particular les dictaría que hicieran[13]. Si usted rechaza la petición de otra persona y esta le viene luego con otra más pequeña, usted lo percibe como si la peticionaria se estuviera portando bien con usted y accede entonces a ser desproporcionadamente bueno con ella como respuesta. Se cree que el «pie en la puerta» saca partido de esa tendencia nuestra, pues el cerebro interpreta que ese «rebajar la petición con respecto a la inmediatamente anterior» es como si esa persona *nos* estuviera haciendo un favor. ¿Por qué? Porque el cerebro es idiota.

Al mismo tiempo, está la cuestión del dominio y el control sociales. A algunas personas (¿a la mayoría quizá?), en las culturas occidentales al menos, les gusta que las consideren dominantes y/o en posesión del control, porque el cerebro interpreta que ese estado es más seguro y gratificante. Esa tendencia puede manifestarse muchas veces de algún que otro modo ciertamente cuestionable. Si alguien nos pide algo, entendemos que está supeditándose a nosotros y que, concediéndoselo, conservamos nuestra posición de dominio (y nuestra imagen favorable y agradable). El «pie en la puerta» encaja a la perfección en esa dinámica.

Si usted rechaza la petición que le formula alguien, también está ejerciendo un dominio. Si esa persona le viene luego con una petición más modesta, le estará dando a entender que ha entendido que está subordinada a usted, por lo que, accediendo a concederle lo que le pide, usted podrá seguir siendo un individuo dominante y querido: doble ración de buenas sensaciones. La táctica de la «puerta en la cara» puede sustentarse sobre eso mismo. Y pongamos por caso que usted ha decidido hacer algo y que alguien le cambia luego los parámetros. Si usted se echa atrás entonces, estará dando a entender que ese alguien tiene control sobre usted. Ni hablar. Usted seguirá adelante con la decisión original igualmente, porque usted es *buena* persona, qué demonios: entra en escena entonces la «bola baja».

Resumiendo, nuestros cerebros hacen que queramos gustar, ser superiores y ser coherentes con nosotros mismos. De resultas de ello, nuestros propios cerebros nos vuelven vulnerables a cualquier persona sin escrúpulos que quiera nuestro dinero y tenga unas mínimas nociones de regateo. Desde luego, se necesita un órgano increíblemente complejo para hacer algo así de estúpido.

«NO ROMPAS MÁS / MI POBRE *CEREBRO*»
(Por qué las rupturas sentimentales son un golpe tan tremendo para nosotros)

¿Alguno (o alguna) de ustedes ha pasado alguna vez varios días seguidos hecho (o hecha) un ovillo en el sofá, con las persianas bajadas, sin responder al teléfono y moviéndose únicamente para limpiarse los mocos y las lágrimas de la cara, mientras se preguntaba por qué el universo mismo se había conjurado contra usted para atormentarlo (o atormentarla) con tanta crueldad? Los desengaños amorosos pueden ser devoradores y extenuantes. Es una de las experiencias más desagradables por las que previsiblemente puede pasar un humano moderno. Es fuente de inspiración tanto de grandes obras artísticas y musicales como de algunos poemas ciertamente horribles. Técnicamente hablando, la persona no ha sufrido ningún mal físico. No la han herido ni lesionado. No ha contraído ningún virus devastador. Lo único que ha sucedido es que ha cobrado conciencia de que dejará de estar o de salir con otra persona con la que mantenía una intensa interacción hasta entonces. Eso es todo. Entonces, ¿por qué la deja tocada, tambaleante incluso, durante semanas, meses o, en algunos casos, hasta durante el resto de su vida?

Pues porque las otras personas tienen una gran influencia sobre el bienestar de nuestro cerebro (y, por tanto, sobre el de toda nuestra persona en general), y rara vez se hace esto más evidente que con motivo de las relaciones amorosas.

Buena parte de la cultura humana parece dedicada a que terminemos embarcándonos en una relación a largo plazo o a que reconozcamos que ya estamos inmersos en una (pongo como ejemplos el día de san Valentín, las bodas, las comedias románticas, las baladas de amor, la industria de la joyería, un porcentaje nada desdeñable de la producción poética mundial, la música *country,* las tarjetas de felicitación de los aniversarios, el concurso televisivo *Su media naranja* y tantos otros). La monogamia no constituye la norma entre otros primates[14] y puede parecer incluso extraña si tenemos en cuenta que vivimos muchos más años que el simio medio, lo que nos daría tiempo para tener escarceos amorosos con muchas más parejas. Si el mecanismo motor de la selección natural es la «supervivencia de los más aptos» para asegurar que nuestros genes se propaguen antes y mejor que los de otros individuos, ¿no sería más lógico que nos reprodujéramos con el máximo número de parejas posible, en vez de mantenernos fieles a una persona toda la vida? Pero no: es exactamente esto último lo que los humanos tendemos a hacer.

Existen numerosas teorías de por qué los seres humanos nos sentimos aparentemente obligados a formar relaciones sentimentales monógamas, teorías que implican factores que van desde la biología hasta la cultura, el ambiente o la evolución. Hay quien sostiene que las relaciones monógamas conducen a que sean dos los padres que cuidan de la descendencia, en vez de uno solo, con lo que sus vástagos tienen así mayores probabilidades de supervivencia[15]. Otros dicen que esta tendencia nuestra es debida más bien a influencias culturales, como la religión y los sistemas de clase dirigidos a mantener la riqueza y las influencias dentro del estrecho ámbito de las mismas familias de origen (a fin de cuentas, el único modo de asegurarnos de que es nuestra familia la que hereda nuestras ventajas es manteniendo muy controlado hasta dónde se extiende dicha familia)[16]. Otra interesante teoría nueva la atribuye a la influencia de las abuelas en su calidad de cuidadoras de los niños, pues esto favorecería la supervivencia de las parejas a largo plazo. Y es que, a la fuerza ahorcan: piensen, si no, en qué abuela (ni que fuera la más maternal del mundo) estaría dispuesta a cuidar de los vástagos que su exnuera tuviera a partir del momento en que partiera peras con su propio hijo[17].

Sea cual sea la causa inicial, lo cierto es que los seres humanos parecen predispuestos a buscar y formar relaciones sentimentales monógamas, y eso se refleja en toda la serie de cosas raras que hace el cerebro cuando terminamos por enamorarnos de alguien.

La atracción se rige por muchos factores. Muchas especies desarrollan características sexuales secundarias, que son rasgos físicos que aparecen en sus individuos al llegarles la edad de madurez sexual, pero que no están directamente implicados en el proceso reproductivo, como, por ejemplo, la cornamenta de un alce o la cola de un pavo real. Son impresionantes y muestran lo apta y sana que esa criatura individual es, pero no *sirven* para mucho más aparte de eso. Los seres humanos no somos una excepción. De adultos desarrollamos muchos rasgos que, según parece, están ahí básicamente para atraernos unos a otros: la voz grave, la mayor corpulencia y el vello facial en los hombres, o los pechos más prominentes y las curvas más pronunciadas en las mujeres. Ninguno de esos elementos es «imprescindible», pero, en el pasado remoto, algunos de nuestros ancestros decidieron que eso era que lo que querían en sus compañeros o compañeras sexuales y la evolución siguió su curso a partir de ahí. Pero eso nos ha llevado a una especie de dinámica de «pescadilla que se muerde la cola» en lo que al estudio del cerebro humano se refiere, pues este encuentra ciertos rasgos inherentemente atractivos *porque ha evolucionado para que así se lo parezcan*. ¿Qué fue primero: la atracción o el reconocimiento de esa atracción por parte del cerebro primitivo? Difícil decirlo.

Todo el mundo tiene sus propias preferencias y tipos ideales, como bien sabemos, pero podemos apreciar igualmente ciertos patrones generales. Algunas de las cosas que los humanos encontramos sexualmente atractivas en otra persona son predecibles, como es el caso de los rasgos físicos arriba mencionados. Otros individuos se sienten atraídos por alguna cualidad más cerebral, de las que las más sexis suelen ser el ingenio o la personalidad de otra persona. Mucha de la variedad de gustos en ese terreno es de origen cultural, pues lo que se considera atractivo está muy influido por factores como los medios de comunicación o lo que se tiene por «diferente». Comparen, si no, la popularidad de los bronceados artificiales en culturas más occidentales con el gigantesco volumen de ventas de las lociones blanqueadoras de la piel en muchos países asiáticos. Algunas cosas son simplemente extrañas, como sugieren aquellos estudios que señalan que las personas se sienten más atraídas por individuos que se les parecen[18], lo que nos llevaría de vuelta a la cuestión del sesgo egocéntrico del cerebro.

De todos modos, es importante diferenciar entre el deseo sexual propiamente dicho y esa otra atracción y vinculación sentimental más profunda y personal que asociamos al romanticismo y al amor, cosas que se buscan y se encuentran más a menudo en relaciones a largo plazo. Las personas pueden disfrutar (y a menudo disfrutan) con interacciones sexuales puramente físicas con otras personas por las que no sienten nada «especial» más allá de un aprecio por su aspecto, y a veces ni siquiera eso es necesario. Cuesta mucho buscar una explicación del sexo en el cerebro porque aquel subyace a gran parte de nuestros pensamientos y comportamientos adultos. Pero, en cualquier caso, esta sección no tiene como tema el deseo sexual: aquí hablaremos más bien de *amor,* en el sentido romántico del término y orientado a individuos concretos.

Son muchos los datos que nos indican que el cerebro procesa esas dos cosas de manera diferente. Según los estudios de Bartels y Zeki, cuando se enseña a unos individuos que dicen estar enamorados imágenes de sus parejas románticas, se observa un incremento de actividad (no observado en los casos de relaciones más puramente físicas o más etéreamente platónicas) en una red de regiones cerebrales que comprende la ínsula medial, el córtex cingular anterior, el núcleo caudado y el putamen. También se aprecia una actividad *más baja* en el giro cingular posterior y en la amígdala. El giro cingular posterior se asocia frecuentemente con la percepción de las emociones dolorosas, así que tiene sentido que la presencia de nuestro enamorado o enamorada apague un poco esa parte del cerebro. La amígdala procesa emociones y recuerdos, aunque se trata más a menudo de los relacionados con cosas *negativas* como el miedo y la ira, así que también en ese caso tiene sentido que no se active cuando se visualizan esas fotos: las personas que están en una relación más o menos consolidada pueden parecer más relajadas y menos preocupadas por los inconvenientes y molestias del día a día, hasta el punto de dar cierta impresión de «suficiencia» al observador neutral. También disminuye la actividad en regiones como el córtex prefrontal, encargado de la lógica y de la toma racional de decisiones.

Intervienen asimismo ciertas sustancias químicas y transmisores*. Estar enamorados eleva en nosotros, al parecer, la actividad dopamínica en el circuito de recompensa[20], con lo que experimentamos placer ante la presencia de esa otra persona, casi como lo experimentaríamos si ingiriéramos una droga (véase el capítulo 8). Y la oxitocina recibe a menudo el apelativo de «hormona del amor» (o alguna otra denominación similar), aunque esa no deja de ser una simplificación ridículamente excesiva de lo que, en realidad, es una sustancia bastante compleja. Aun así,

---

* Un tipo de sustancia química que se asocia a menudo a la atracción son las feromonas, unos compuestos específicos que emanan con el sudor y que, al ser detectados por otros individuos, alteran la conducta de estos, sobre todo, en forma de una mayor excitación y atracción por la persona que es origen de esas feromonas. Pero, si bien se habla mucho de las feromonas humanas (podemos incluso comprar aerosoles especiados con ellas para incrementar nuestro atractivo sexual, o eso dicen), no existe actualmente ninguna confirmación definitiva de que los seres humanos emitamos unas feromonas específicas que influyan en la atracción y la excitación[19]. Puede que el cerebro se comporte a menudo como un idiota, pero eso no significa que sea tan fácil de manipular.

sí parece que sus niveles se elevan en aquellas personas que mantienen una relación y se la ha vinculado con las sensaciones de confianza y conexión entre seres humanos[21].

Esa no es más que la parte más crudamente biológica de lo que sucede en nuestros cerebros cuando nos enamoramos. Hay también otros muchos factores que considerar, como la expandida conciencia del yo y del éxito personal que acompaña al hecho de estar en una relación. O la inmensa satisfacción y sensación de logro que se deriva del hecho de que otra persona nos tenga en tan alta estima y quiera estar en nuestra compañía en toda clase de contextos. Y dado que, en la mayoría de culturas, el hecho de estar en una relación se ve como una especie de meta o éxito universal (como cualquier persona felizmente soltera bien sabrá reconocernos, generalmente con los dientes apretados), estar en pareja también confiere un estatus social mejorado.

La flexibilidad del cerebro hace asimismo que, en respuesta a tantas profundas e intensas consecuencias que acompañan al hecho de estar en un compromiso sentimental con alguien, se adapte a esperarlo. Nuestros compañeros o compañeras sentimentales son así integrados en nuestros planes, objetivos y aspiraciones a largo plazo, además de en nuestras predicciones y esquemas vitales, y en nuestro modo general de pensar el mundo. Pasan a ser, en todos los sentidos, una parte muy grande de nuestra vida.

Pero llega un día en que se termina. Quizá porque uno de los dos miembros de la pareja no estaba siendo fiel; quizá porque no existe suficiente compatibilidad entre ambos; quizá porque el comportamiento de uno de los dos hizo que el otro se distanciara. (Hay estudios que han mostrado que las personas con mayor tendencia a la preocupación y la ansiedad suelen exagerar y amplificar más los conflictos de las relaciones, posiblemente hasta llevarlos más fácilmente al punto de la ruptura definitiva)[22].

Pensemos en lo mucho que invierte el cerebro en conservar una relación: todos los cambios que experimenta, todo el valor que atribuye a estar en una, todos los planes a largo plazo que elabora, todas las rutinas familiares que termina esperando que se repitan. Si eliminamos todo eso de un plumazo, está claro que el cerebro se va a ver seriamente afectado.

Todas las sensaciones positivas que este se ha acostumbrado a esperar se marchitan en muy poco tiempo. Nuestros planes para el futuro, lo que esperamos del mundo en general: todo eso deja de ser válido, lo que representa un elemento de elevadísima aflicción para un órgano que, como ya hemos visto reiteradas veces, no gestiona bien la incertidumbre y la ambigüedad. (El capítulo 8 tratará más a fondo todo esto.) Y no hay duda de que, si la relación que se rompe es una a largo plazo, la incertidumbre práctica es copiosa y abundante. «¿Dónde viviré a partir de ahora?». «¿Perderé a todos mis amigos?». «¿Cómo se resolverán los asuntos económicos?».

El elemento social es también muy perjudicial en las rupturas, debido a lo mucho que valoramos la aceptación y el estatus sociales. Tener que explicar a todas las amistades y parientes que se ha «fracasado» en una relación ya es malo de por sí, pero lo peor es considerar lo que la ruptura en sí significa: alguien que nos conoce mejor que nadie en el mundo, y al nivel más íntimo posible, nos ha considerado no aceptables. Alguien ha propinado una patada a nuestra identidad social. Y nos ha dado donde de verdad duele.

Esto, por cierto, es literalmente así: algunos estudios han mostrado que la ruptura de una relación activa las mismas regiones cerebrales que procesan el dolor físico[23]. En este libro se han expuesto numerosos ejemplos de cómo el cerebro procesa algunos factores sociales igual que procesa otros factores auténticamente físicos (por ejemplo, vimos que los miedos sociales son igual de desconcertantes para nosotros que el peligro físico real), y los que tienen que ver con las relaciones sentimentales y su ruptura no son ninguna excepción. Dicen que «el amor duele» y sí, es así. Incluso el paracetamol puede ser un analgésico eficaz para el «mal de amores».

Añadamos a todo lo anterior que la persona que deja de estar en una relación amorosa tiene incontables recuerdos de la otra que, de ser oficialmente felices, pasan de pronto a estar relacionados con un hecho tan negativo como es la ruptura. Eso socava una gran parte de la conciencia de su propio yo personal. Y a eso se le suman las repercusiones de las similitudes (ya mencionadas aquí) entre estar enamorado y la adicción a una droga: la persona estaba acostumbrada a sentir algo constantemente gratificante para ella que, de pronto, le ha sido retirado. En el capítulo 8 veremos cómo la adicción y la abstinencia pueden ser un grave trastorno (y perjuicio) para el cerebro, y un proceso no muy disímil tiene lugar cuando experimentamos una ruptura inesperada con una pareja con la que manteníamos una relación estable[24].

Eso no quiere decir que el cerebro no disponga de capacidad suficiente para lidiar con una ruptura. Puede volver a ponerlo todo en orden con el tiempo, aun cuando ese sea un proceso lento. Algunos experimentos han mostrado que centrarse específicamente en las consecuencias positivas de una ruptura amorosa puede traducirse en una recuperación y un crecimiento emocionales más rápidos[25], como ya se comentó anteriormente al hablar del sesgo del cerebro en cuanto a su preferencia por el recuerdo de las cosas «positivas». Y, algunas (contadas) veces, la ciencia y los tópicos coinciden y las cosas realmente mejoran con el tiempo[26].

De todos modos, en general, el cerebro dedica tanto de sí mismo a consolidar y mantener una relación que sufre (como sufrimos nosotros) cuando esta se viene abajo. «Romper es difícil» (*Breaking Up Is Hard to Do*) cantaba Neil Sedaka... ¡Y se quedaba corto!

El poder del pueblo
(Cómo reacciona el cerebro al hecho de formar parte de un grupo)

¿Qué es exactamente un «amigo»? Esa es una pregunta que, formulada en voz alta, nos reviste de la inconfundible aureola de un personaje de tragedia clásica. Pero el caso es que, en esencia, un amigo (o una amiga) es alguien con quien compartimos un vínculo personal (que no es de parentesco ni sentimental romántico). No obstante, la cosa se complica un poco si tenemos en cuenta que las personas tenemos muchas categorías diferentes de amigos: amigos del trabajo; amigos del colegio; viejos amigos; conocidos; amigos que, en realidad, no nos caen bien, pero a quienes conocemos desde hace demasiado tiempo como para desembarazarnos de ellos sin más; etcétera. Internet también nos permite actualmente tener amigos «digitales», pues las personas pueden formar ahora relaciones significativas con extraños de cualquier otro rincón del planeta que piensan como ellas.

Es una suerte que tengamos unos cerebros potentes y capaces de manejar tantas relaciones diferentes. De hecho, según algunos científicos, no se trata solamente de una oportuna casualidad: es posible que tengamos unos cerebros grandes y potentes precisamente *porque* formamos relaciones sociales complejas.

Esa es la llamada hipótesis del cerebro social, según la cual, los complejos cerebros humanos son el resultado de la simpatía y la sociabilidad de nuestra especie[27]. Otras muchas especies forman también grandes grupos de individuos, pero eso no equivale automáticamente a una mayor inteligencia. Las ovejas componen rebaños, pero la existencia de sus miembros parece dedicada básicamente a pacer hierba y a huir en grupo. No se necesita mucho ingenio para eso.

Cazar en manada sí requiere algo más de inteligencia, como de hecho la requiere cualquier comportamiento coordinado. De ahí que los cazadores en grupo —los lobos, por ejemplo— tiendan a ser más listos que sus presas, más dóciles (aunque también más numerosas). Las primeras comunidades humanas fueron ya sustancialmente más complejas aún. Algunos humanos cazaban, mientras otros se quedaban a cuidar de los pequeños y de los enfermos, protegían la casa, buscaban comida, fabricaban herramientas, etcétera. Esta cooperación y esta división del trabajo proporcionaban un entorno más seguro para todos ellos, lo que permitió que la especie sobreviviera y prosperara.

Esa forma de organización también hace que los seres humanos tengan que ocuparse de otros individuos *que no están biológicamente relacionados con ellos*. Y esa es una labor que trasciende el mero instinto de «proteger nuestros genes». Formamos entonces amistades, lo que significa que nos importa el bienestar de otros, aun cuando la única conexión biológica que tengamos con ellos sea la pertenencia a una misma especie (y la existencia misma del «mejor amigo del hombre» evidencia que ni siquiera esa identidad de especie es un elemento esencial de la amistad).

Coordinar todas las relaciones sociales requeridas para vivir en comunidad exige un voluminoso procesamiento de información. Para que nos entendamos, si equiparáramos la sofisticación de los animales que cazan en manada con la necesaria para jugar unas partidas esporádicas al tres en raya, la de las comunidades humanas estaría al nivel de la requerida para organizar torneos de ajedrez permanentes. De ahí que necesitemos de unos cerebros potentes.

El estudio directo de la evolución humana es ciertamente difícil para nosotros: necesitaríamos disponer de varios cientos de miles de años y de *toneladas* de paciencia. Así que no es fácil determinar hasta qué punto es correcta la hipótesis del cerebro social. Los autores de un estudio de 2013 de la Universidad de Oxford afirmaron haberla demostrado a través de unos sofisticados modelos informáticos que mostraban que las relaciones sociales requieren realmente de una mayor capacidad de procesamiento y, por consiguiente, de un cerebro más potente[28]. Una tesis interesante, pero no concluyente: ¿cómo construimos un modelo informático de la amistad? Los seres humanos tenemos una fuerte tendencia a formar grupos y relaciones, y a preocuparnos por otras personas. Incluso en nuestros días, la ausencia absoluta de interés o de compasión por los demás está considerada una anomalía (una psicopatía).

La tendencia inherente a querer pertenecer a un grupo puede ser útil para la supervivencia, pero también da pie a ciertos efectos surrealistas y pintorescos. Por ejemplo, formar parte de un grupo puede anular nuestro buen juicio o, incluso, nuestros sentidos.

Todo el mundo sabe lo que es la presión social (o de grupo): aquella que nos hace decir cosas, no porque estemos de acuerdo con ellas, sino porque el colectivo al que pertenecemos quiere que las digamos, como cuando aseguramos que un determinado grupo de música nos encanta (a pesar de que lo detestemos) porque se supone que es lo que les gusta a quienes están «en la onda», o como cuando pasamos horas ponderando las bondades de una película que nuestros amigos han disfrutado mucho pero que a nosotros nos ha aburrido hasta la exasperación. Ese es un fenómeno científicamente reconocido como tal y se conoce por el nombre de influencia social normativa, que es lo que ocurre cuando nuestro cerebro se toma la molestia de formarse una conclusión o una opinión sobre algo, pero la abandona porque el grupo con el que nos identificamos discrepa de ese parecer inicial nuestro. Con preocupante frecuencia, nuestros cerebros priorizan el «gustar» al «tener razón».

Eso es algo que se ha demostrado en condiciones experimentales científicas. En 1951, Solomon Asch dirigió un estudio para el que repartió a varios sujetos entre una serie de grupos reducidos a los que se les formularon unas preguntas muy básicas. Por ejemplo, se les mostraban tres líneas diferentes y se les preguntaba: «¿Cuál es la más larga?»[29]. Quizá les sorprenda si les digo que la mayoría de participantes dieron la respuesta más incorrecta de todas. No tan sorprendidos estaban los investigadores, pero eso tenía una explicación: solo una persona de cada grupo era «realmente» un sujeto de aquel experimento. El resto eran participantes ficticios a quienes se les habían facilitado las correspondientes instrucciones para que dieran la respuesta incorrecta. El orden de las respuestas estaba organizado de tal forma que los sujetos genuinos siempre eran los últimos en contestar de sus respectivos grupos, después de que todos los demás participantes hubieran respondido ya en voz alta. Pues, bien, un 75 % de las veces, los sujetos reales dieron también la respuesta incorrecta.

Cuando se les preguntó por qué habían contestado de un modo tan manifiestamente equivocado, la mayoría dijeron que no querían «romper la armonía» o expresaron algún otro sentimiento parecido. No «conocían» de nada a los demás componentes de su grupo con anterioridad al experimento y, aun así, quisieron asegurarse la aprobación de esos nuevos compañeros, hasta el punto incluso de anular lo que les indicaban sus propios sentidos. Al parecer, nuestros cerebros dan prioridad al hecho de que nos integremos en un grupo.

No es una prioridad absoluta, en cualquier caso. Aunque lo que respondieron un 75 % de los sujetos de aquel experimento concordó con la respuesta errónea del resto de su grupo, hubo un 25 % de ellos que *no* se dejaron llevar. Y es que podemos estar muy influidos por nuestro grupo, pero nuestros propios orígenes y personalidades son, a menudo, igual de potentes. Además, los grupos están compuestos por diferentes tipos de individuos, no por siervos sumisos. Por eso hay personas que no tienen inconveniente alguno en decir cosas que casi todos los que las rodean criticarían. De hecho, pueden incluso ganar millones haciendo eso mismo en los concursos televisivos de talentos.

La influencia social normativa puede calificarse de conductual en cuanto a su carácter: *actuamos* como si estuviéramos de acuerdo con el grupo, aun cuando no lo estemos. Pero, claro, lo que ya no pueden conseguir las personas que nos rodean es dictar cómo *pensamos*, ¿verdad?

En muchos casos, eso es así. Si todos nuestros amigos y familiares se empecinaran de pronto en decir que $2 + 2 = 7$, o que la gravedad nos impulsa hacia arriba, nosotros no nos dejaríamos convencer y seguiríamos pensando que son ellos los que se equivocan. Tal vez nos preocuparía la posibilidad de que todas las personas que nos importan hubiesen perdido la cordura por completo, pero no estaríamos de acuerdo con ellas, porque nuestros propios sentidos y nuestro criterio nos muestran que no tienen razón. Pero, en esos casos, la verdad es palmaria y manifiesta. En otras situaciones, más ambiguas, sí es posible que otras personas influyan en nuestros procesos de pensamiento.

Hablamos entonces de una influencia social informativa: nuestros cerebros usan a las otras personas como una fuente de información fiable (con independencia de que lo sean o no) a la hora de interpretar ciertas situaciones o escenarios inciertos. Eso puede explicar por qué las pruebas meramente anecdóticas pueden resultarnos tan convincentes. Buscar y encontrar datos correctos sobre un tema complejo requiere mucho trabajo, pero si nos cuenta algo del mismo un tipo cualquiera en el bar de la esquina, o un primo de la madre de un amigo que dice que sabe de esas cuestiones, solemos conformarnos con eso y considerarlo evidencia suficiente. Las medicinas alternativas y las teorías de la conspiración persisten gracias a ese fenómeno.

Tal vez sea algo tan inevitable como previsible. Para un cerebro en desarrollo, la principal fuente de información la constituyen otras personas. La imitación es un proceso fundamental en el aprendizaje de los niños, y los neurocientíficos llevan ya muchos años entusiasmados con las llamadas «neuronas espejo», que son unas que se activan tanto cuando llevamos a cabo una determinada acción como cuando observamos esa acción llevada a cabo por otra persona, lo que indica que el cerebro reconoce y procesa la conducta de otros, y que lo hace a un nivel fundamental. (Las neuronas espejo y sus propiedades constituyen una cuestión un tanto controvertida en la neurociencia, así que no den nada de esto por sentado)[30].

Nuestros cerebros prefieren usar a otras personas como recurso informativo de referencia en situaciones inciertas. El cerebro humano es el resultado de una evolución de millones de años y nuestros congéneres han estado presentes en este planeta desde mucho antes de Google. Es fácil ver la utilidad del tomar a otros individuos humanos como referencia: oímos un gran estruendo y *pensamos* que podría tratarse de un mamut enfurecido, y, entonces, vemos que el resto de miembros de nuestra tribu ha empezado a huir de allí a la carrera y dando gritos, así que ellos probablemente *saben* que es un mamut enfurecido, y nos damos cuenta de que debemos seguir su ejemplo. Sin embargo, hay ocasiones en las que basar nuestras decisiones y nuestros actos en los de otras personas puede acarrear aciagas y desagradables consecuencias.

En 1964, Kitty Genovese, vecina de la ciudad de Nueva York, fue brutalmente asesinada. Aunque el hecho era ya trágico de por sí, aquel crimen adquirió triste fama porque las crónicas del suceso mencionaron que 38 personas presenciaron la agresión y no hicieron nada por ayudar a la víctima ni por intervenir. Aquel asombroso comportamiento movió a los psicólogos sociales Darley y Latané a investigarlo, lo que condujo al descubrimiento del fenómeno conocido como el «efecto espectador»*, que es aquel que se produce cuando las personas son poco dadas a intervenir o a ofrecer asistencia si ya hay otras en el mismo lugar[31]. Esa reacción no (siempre) es debida a un ataque de egoísmo o de cobardía, sino a que tomamos a las demás personas como referencia

---

* Las investigaciones que se ha realizado retrospectivamente sobre aquel caso indican que las informaciones originales no fueron nada exactas y tuvieron más de leyenda urbana (inventada con el propósito de vender más periódicos) que de noticia fiel a los hechos. Pese a ello, el efecto espectador es un fenómeno real. Las consecuencias del asesinato de Kitty Genovese y de la (supuesta) nula disposición de los testigos a intervenir se dejaron sentir también en un plano más propiamente surrealista; fue, por ejemplo, el suceso que se invocó en el innovador cómic de Alan Moore Watchmen como la razón de que el personaje de Rorschach se convirtiese en el antihéroe justiciero que es en dicha serie de novelas gráficas. Muchos dicen que les encantaría que lo que pasa en los cómics de superhéroes se hiciese realidad. Tengan cuidado con lo que desean.

para decidir nuestras acciones en aquellos momentos en que no tenemos claro qué hacer. Son muchos los individuos que, de entrada, están dispuestos a intervenir y echar una mano cuando es necesario, pero allí donde ya hay más personas presentes, el efecto espectador se convierte en un obstáculo psicológico previo que es necesario vencer.

El efecto espectador actúa reprimiendo nuestros actos y decisiones; nos impide hacer algo, simplemente porque estamos en grupo. Pero formar parte de un grupo también puede hacer que pensemos y hagamos cosas que jamás haríamos de estar solos.

Estar en un grupo induce automáticamente a los seres humanos que lo componen a desear la armonía de ese conjunto de personas. Un colectivo dado a las riñas y las discusiones internas no es útil ni agradable para sus miembros, así que es normal que el acuerdo y la concordia generales sean algo que todos ellos quieran lograr y mantener. Si se dan las condiciones correctas, ese deseo de armonía puede ser tan imperioso que las personas acaben por pensar (o por estar de acuerdo con) cosas que, de otro modo, considerarían irracionales o imprudentes. Cuando el bien del grupo adquiere preferencia sobre la lógica o la racionalidad de las decisiones, nos hallamos ante lo que se conoce como «pensamiento grupal» (o de grupo)[32].

El pensamiento grupal solo explica una parte de lo que sucede en esos casos. Tomemos como ejemplo una cuestión polémica: la legislación sobre la venta y el consumo de cannabis (un tema ciertamente candente en estos momentos aquí en Gran Bretaña). Si eligiéramos a treinta personas por la calle y las reuniéramos (con su permiso) para preguntarles qué opinan acerca de la legalización del cannabis, probablemente obtendríamos de ellas todo un abanico de puntos de vista que irían desde «el cannabis es maligno y solo el olerlo ya debería estar castigado con la cárcel» hasta «el cannabis es genial y debería repartirse gratis con el almuerzo de los niños en los comedores escolares», opiniones extremas entre las que se situarían todas las demás.

Si juntáramos a todas esas personas en un corrillo y les pidiéramos que alcanzaran una opinión de consenso en torno a la legislación sobre el cannabis, la lógica nos induciría a esperar que de allí saliera una especie de «media» de las opiniones individuales de todos ellos, algo así como que «no debería legalizarse el cannabis, pero la posesión del mismo para el consumo tampoco debería ser considerada más que una falta leve». Pero, como ya hemos visto, la lógica y el cerebro no tienen por qué estar en sintonía, y, de hecho, los grupos adoptan a menudo una conclusión *más* extrema que la que adoptarían si sus miembros individuales decidieran separadamente por su cuenta y se tomara luego el promedio de sus opiniones.

El pensamiento grupal explica parte de ese fenómeno, pero también está el hecho de que queremos gustar al grupo y alcanzar un estatus elevado en él. De ahí que podamos decir que el pensamiento grupal produce un consenso con el que los miembros individuales están de acuerdo, pero que estos también coinciden más intensamente con ese consenso porque quieren impresionar al grupo. Y dado que los otros miembros hacen eso mismo a su vez, al final, todos terminan tratando de ser más que los demás en su adhesión al pensamiento colectivo.

—Así pues, estamos de acuerdo en que el cannabis no debería legalizarse. Y en que la posesión de cualquier cantidad del mismo debería ser una falta penada con multa.

—¿Multa? Nada de eso: prisión garantizada. ¡Diez años por posesión!

—¿Diez años? ¡Yo digo cadena perpetua!

—¿Perpetua? ¡Pedazo de *hippy*! Pena capital, como mínimo.

Este fenómeno es lo que se conoce como polarización grupal, y es lo que se observa cuando las personas que están en un grupo terminan expresando puntos de vista más extremos que los que tendrían si estuvieran solas*. Es muy común y deforma la toma

---

* Los seguidores de Monty Python recordarán seguramente el sketch de «Los cuatro de Yorkshire» («Four Yorkshiremen»). He ahí (de forma presu-

de decisiones colectivas en innumerables circunstancias. Puede limitarse o, incluso, impedirse permitiendo la expresión pública de opiniones críticas y/o externas, pero el poderoso deseo de armonía en el grupo suele imposibilitar esa diversidad de pareceres expulsando a los detractores y excluyendo de los debates todo análisis racional. Y eso es preocupante, pues son infinidad las decisiones que afectan a millones de vidas y que se toman en el seno de grupos con una afinidad de opinión interna tan elevada como su impermeabilidad a las aportaciones de origen externo. Gobiernos, ejércitos, juntas directivas de grandes empresas: ¿existe algo que pueda inmunizar a semejantes instancias contra la toma de decisiones absurdamente extremas resultante de la polarización grupal?

No, nada: nada en absoluto. De hecho, muchas de las políticas más desconcertantes o inquietantes que aplican los gobiernos de todo el mundo son atribuibles a la polarización grupal precisamente.

Ahora bien, las malas decisiones de los poderosos suelen traducirse en la formación de muchedumbres enfurecidas, que son a su vez otro ejemplo de los alarmantes efectos que formar parte de un grupo puede tener en nuestro cerebro. A las personas se nos da muy bien percibir los estados emocionales de nuestros congéneres. Si alguna vez han entrado en una habitación y se han encontrado allí a una pareja que acababa de tener una discusión, sabrán lo que es notar una palpable «tensión en el ambiente», aun cuando nadie estuviera diciendo ya nada. No se trata de telepatía ni de ningún fenómeno de ciencia ficción, sino simplemente de que nuestros cerebros están adaptados para captar esa clase de información a través de diversas señales o pistas. Pero cuando nos hallamos entre personas que están en

---

miblemente casual) un ejemplo excelente de polarización grupal, aunque no deje de ser bastante surrealista conforme a los parámetros considerados corrientes en la vida real.

un mismo estado emocional, este puede influir mucho en el nuestro propio. Por eso es mucho más probable que riamos un chiste si nos encontramos acompañados de un público que lo ríe también, por ejemplo. Y ya sabemos que estas cosas pueden ir demasiado lejos.

Bajo según qué condiciones, el estado altamente emotivo o excitado de quienes nos rodean en un momento dado reprime nuestra individualidad. Para que algo así pase no se necesita más que un grupo denso o muy unido que nos brinde anonimato, cuyos miembros estén muy excitados (me refiero a las *personas* que lo componen y a la intensidad de sus emociones..., ustedes ya me entienden) y que esté muy centrado en unos determinados hechos externos hasta el punto de que con ello se evite pensar en las acciones del propio grupo. Las turbas indignadas y los disturbios callejeros son entornos perfectos para generar todas esas circunstancias, y cuando dichas condiciones se cumplen, experimentamos un proceso denominado «desindividuación»[33], que es la manera científica de decir «mentalidad gregaria».

Con la desindividuación, perdemos nuestra habitual capacidad para reprimir los impulsos y pensar con racionalidad; nos volvemos más tendentes a detectar (y a reaccionar conforme a) los estados emocionales de otras personas, pero perdemos nuestra normal preocupación por que nos juzguen. La conjunción de todos esos factores hace que las personas se comporten de un modo muy destructivo cuando forman parte de una turba o de una muchedumbre. Exactamente cómo o por qué es algo difícil de decir, porque cuesta mucho estudiar ese proceso de manera científica. Rara vez se consigue reunir a una turba descontrolada en un laboratorio, a menos que sus miembros se hayan enterado de que usted se dedica a robar cadáveres de las tumbas y que se hayan reunido allí para poner fin a su demoniaco propósito de hacer revivir a los muertos.

EL MALO NO SOY YO: ES MI CEREBRO

*(Las propiedades neurológicas que hacen que tratemos mal
a otras personas)*

Por lo dicho hasta aquí parecería que el cerebro humano está orientado a formar relaciones y a comunicarse. En nuestro mundo, no deberíamos ver otra cosa que personas dándose apretones de manos y cantando alegres canciones sobre arco iris y helados de fresa y nata. Y, sin embargo, los seres humanos nos comportamos frecuentemente *fatal* los unos con los otros. Violencia, robo, explotación, agresión sexual, reclusión, tortura, asesinato... estos no son fenómenos inhabituales; es incluso probable que el político típico se haya entregado a muchos de ellos. Hasta el genocidio —el intento de erradicar a toda una población o raza— nos es suficientemente conocido como para que le hayamos dedicado un término propio.

Se atribuye a Edmund Burke aquella famosa frase de que «lo único que se necesita para que triunfe el mal es que los hombres buenos no hagan nada». Pero lo que probablemente facilita aún más el triunfo del mal es el hecho de que muchos hombres buenos estén dispuestos en según qué ocasiones a echar una mano para que triunfe.

Ahora bien, ¿*por qué* harían algo así? Existen numerosas explicaciones que incluyen factores culturales, ambientales, políticos o históricos, pero el funcionamiento mismo del cerebro también contribuye mucho a explicar semejantes comportamientos. En los juicios de Núremberg, donde fueron interrogados los responsables del Holocausto, la línea de defensa más común que estos adoptaron fue la de que «se limitaban a obedecer órdenes». Qué excusa más pobre, ¿no? Seguro que ninguna persona normal haría cosas tan terribles por mucho que le dijeran que las hiciera, pensarán muchos de ustedes. Y, sin embargo, lo preocupante del caso es que bien podría ser que sí las hicieran.

Stanley Milgarm, profesor en Yale, estudió hasta qué punto podía argumentarse que personas así «solo estuvieran obedeciendo órdenes» y para ello llevó a cabo un famoso experimento que consistía en colocar a dos sujetos en habitaciones separadas por un módulo de vidrio. Uno de ellos actuaba como «maestro» formulando preguntas al otro, que actuaba de «alumno». Si el que contestaba daba una respuesta equivocada, el que preguntaba tenía que administrarle una descarga eléctrica. Con cada nueva respuesta errónea, se incrementaba el voltaje de la descarga[34]. Pero el truco del experimento era que las presuntas descargas no eran realmente tales. El sujeto que respondía las preguntas era un actor que contestaba deliberadamente de manera equivocada y que emitía gemidos y gritos de dolor cada vez más fuertes en reacción a cada nueva «descarga» que le administraban desde la otra habitación.

El sujeto real del experimento era quien hacía las preguntas, el «maestro» examinador. El montaje estaba pensado para que ese examinador creyera que, básicamente, estaba torturando a otra persona. Todos los sujetos se mostraban incómodos o disgustados por el hecho de tratar así al otro «sujeto», y ponían objeciones o pedían interrumpir el experimento. El experimentador siempre les respondía entonces que el experimento era muy importante y que debían proseguir. Lo desconcertante del caso es que un 65 % de los sujetos reales hicieron caso al experimentador y siguieron optando por infligir un dolor intenso a la otra persona solo porque les decían que lo hicieran.

Los investigadores no se habían decidido a rebuscar voluntarios para su experimento en las celdas de máxima seguridad de las prisiones del país: todas las personas que tomaron parte en él eran ciudadanos corrientes de a pie que, para su sorpresa, evidenciaron una sorprendente disposición a torturar a otra persona. Podrían haberse negado a hacerlo y, sin embargo, *lo hicieron*, que sería lo verdaderamente importante para un potencial destinatario.

Aquel estudio dio pie a otros muchos que proporcionaron información más específica sobre ese fenómeno*. Se observó, por ejemplo, que los sujetos eran más obedientes si el experimentador estaba con ellos en la misma estancia que si la comunicación con él era por vía telefónica. Sin embargo, si los sujetos reales veían que otros «sujetos» se negaban a obedecer, era más probable que también ellos desobedecieran, lo que indica que las personas sí están dispuestas a rebelarse, pero no a ser las *primeras* en hacerlo. Por su parte, el hecho de que los experimentadores vistieran batas de laboratorio y realizaran los experimentos en salas y despachos de aspecto más profesional también incrementaba la probabilidad de obediencia de los sujetos.

La hipótesis de consenso a este respecto es que estamos dispuestos a obedecer a aquellas figuras de autoridad *legítimas* que consideramos que se responsabilizarán de las consecuencias de las acciones que nos piden que llevemos a cabo. Y que, sin embargo, cuesta mucho más ver ese carácter autoritativo en alguien que se comunica a distancia con nosotros y que está siendo visiblemente desobedecido por otras personas. Milgram postuló que, en situaciones sociales, nuestros cerebros adoptan uno de dos estados posibles: un estado autónomo (en el que tomamos nuestras propias decisiones) u otro *agéntico,* en el que permitimos que sean los otros quienes dicten nuestras acciones, aun cuando esto último no ha sido todavía detectado de manera fiable en ningún estudio con escáneres cerebrales.

Una idea propuesta para explicarlo es la presunta eficiencia —en términos evolutivos— de la tendencia a obedecer sin pen-

---

* Mucho se han criticado estos experimentos. Algunas objeciones han tenido más que ver con la metodología y las interpretaciones, mientras que otras han estado más relacionadas con la ética. ¿Qué derecho tienen los científicos a hacer que unas personas inocentes piensen que están torturando a otras? Esa clase de constataciones pueden ser muy traumáticas para ellas. Los científicos tenemos fama de ser fríos y desapasionados, y a veces es fácil entender por qué.

sar: pelearse para ver quién manda cada vez que se necesita tomar una decisión es muy poco práctico y por eso, hemos heredado una tendencia a seguir el dictado de la autoridad, aun por encima de toda reserva que podamos tener. No hace falta mucha imaginación para hacerse una idea de cómo los líderes corruptos y carismáticos pueden sacar partido de algo así.

No obstante, las personas también son muchas veces crueles con otras personas sin que medie orden alguna de una autoridad tiránica. A menudo, se trata de un grupo de personas que le hace la vida imposible a otro por razones diversas. El elemento «grupal» es importante. Nuestros cerebros nos impelen a formar grupos y a enfrentarnos a quienes sean una amenaza para estos.

Los científicos han estudiado qué tiene el cerebro que nos vuelve tan hostiles a cualquiera que ose molestar a nuestro grupo. En un estudio de Morrison, Decety y Molenberghs se halló que, cuando las personas analizadas consideran la posibilidad de formar parte de un grupo, su cerebro muestra una activación de una red neural compuesta por las estructuras de la línea media cortical, la articulación temporoparietal y el giro temporal anterior[35]. Se ha evidenciado en repetidas ocasiones que esas regiones se vuelven muy activas en aquellos contextos que requieren de la interacción con otras personas y del pensamiento y la opinión de estas. De ahí que algunos autores hayan llamado a esa red en concreto el «cerebro social» *[36].

Otro hallazgo particularmente fascinante fue que, cuando los sujetos participantes tenían que procesar estímulos que implicaban que ellos formaran parte de un grupo, la actividad se detectaba en una red que comprendía el córtex prefrontal medial ventral y el córtex cingular dorsal y anterior. Otros estudios han vinculado esas áreas al procesamiento del «yo personal»[37], lo que indica una coincidencia considerable entre la percepción de uno

---

* No confundir con la hipótesis del cerebro social antes comentada (porque los científicos no perdemos nunca la ocasión de generar confusión).

mismo (o una misma) y la pertenencia a un grupo. Eso significaría que las personas derivan buena parte de su identidad a los grupos en los que están integradas.

Una implicación de tal hallazgo es que toda amenaza a nuestro grupo constituye, en esencia, una amenaza a «nosotros mismos», lo que explica por qué todo aquello que plantee un peligro a la manera de hacer las cosas de nuestro grupo es respondido con tanta hostilidad. Y la principal amenaza para la mayoría de los grupos la constituyen... otros grupos.

Los aficionados de equipos de fútbol rivales se enzarzan en violentas batallas campales con tanta frecuencia que se convierten prácticamente en una continuación del partido en sí. Las guerras entre bandas criminales enfrentadas son un ingrediente básico de las películas o las series televisivas policíacas más crudas y descarnadas. Toda contienda política actual se transforma enseguida en una batalla entre un bando y otro, en la que atacar al contrincante adquiere mayor importancia que explicar los méritos propios por los que el electorado debería votarnos. Internet no ha hecho más que empeorar esas tendencias: basta con publicar hasta la opinión más mínimamente crítica o controvertida en línea sobre cualquier cosa que alguien considere digna de comentar (diciendo, por ejemplo, que las precuelas de *La guerra de las galaxias* no estaban tan mal en el fondo) para acabar con el buzón de entrada del correo electrónico saturado de mensajes despectivos o, incluso, amenazantes en apenas el tiempo de levantarse de la silla y poner la cafetera al fuego. Y yo escribo blogs para un medio de comunicación de alcance internacional, así que fíense de lo que les digo.

Habrá quienes piensen que los prejuicios se deben a una exposición demasiado prolongada a ciertas actitudes que terminan por inculcarlos, y que no nacemos con una aversión inherente a ciertos tipos de personas: que para desarrollarla tenemos que haber estado sometidos previamente a un lento y sistemático goteo de bilis (metafórica) durante años que corroe nuestros principios y hace que terminemos odiando a otras personas de manera totalmente irrazonable. Y eso es así en muchos casos. Pero también puede ser un proceso muy rápido.

El famoso experimento de la prisión de Stanford, realizado por un equipo dirigido por Philip Zimbardo, sirvió para examinar las consecuencias psicológicas de los entornos carcelarios en los guardias de prisiones y en los presos[38]. Para ello se construyó en unos sótanos de la Universidad de Stanford un escenario que reproducía de forma realista el ambiente de un centro penitenciario, y se repartieron entre los sujetos participantes en el experimento papeles de presos o de guardias.

Los guardias se volvieron increíblemente crueles, bruscos, agresivos, groseros y hostiles con los presos. Estos terminaron pensando (con razón) que los guardias no eran más que unos sádicos desquiciados y organizaron un motín, encerrándose tras barricadas en sus dependencias, que los guardias asaltaron y vaciaron. Los presos pronto mostraron tendencias depresivas, ataques de llanto e, incluso, erupciones cutáneas de origen psicosomático.

¿Cuánto duró aquel experimento? Seis días. Había sido previsto para que se prolongara durante dos semanas en total, pero hubo que pararlo antes de tiempo por lo mal que se pusieron las cosas. Es importante recordar que *ninguno de los participantes eran presos ni guardias en la vida real*. Eran simples estudiantes, y de una muy prestigiosa universidad, para más señas. Sin embargo, se les había asignado a grupos claramente identificados, se les había hecho convivir junto a otro grupo con objetivos colectivos diferenciados..., y la mentalidad gregaria se dejó sentir muy pronto. Nuestros cerebros no tardan nada en identificarse con un grupo y, en ciertos contextos, eso es algo que puede alterar seriamente nuestra conducta.

Nuestro cerebro nos vuelve hostiles hacia aquellos que «amenazan» nuestro grupo, aunque sea por una cuestión trivial. La mayoría de nosotros lo sabe ya desde los tiempos del colegio: algún infeliz hace sin querer algo que se desvía de las normas de comportamiento establecidas en el grupo (se hace un corte de pelo novedoso, por ejemplo) y eso mina la uniformidad grupal y se le castiga por ello (con burlas y mofas sin descanso).

Los seres humanos no solo queremos formar parte de un grupo: también queremos un papel de alta categoría en él. El estatus social y la jerarquía son muy comunes en la naturaleza; incluso los pollos tienen una jerarquía (por eso, en inglés se habla del *pecking order,* u «orden de picoteo», que se observa entre esas aves de corral para referirse coloquialmente a una jerarquía). Y los humanos no nos aplicamos con menos empeño que el pollo más orgulloso al propósito de mejorar nuestro estatus social (de ahí que hayamos tenido que inventar términos como «trepa» o «arribista»). Intentamos superarnos unos a otros, transmitir una buena imagen de nosotros mismos (o mejorarla), ser comparativamente los mejores en lo que hacemos. El cerebro facilita ese comportamiento a través de la intervención de regiones que incluyen el lóbulo parietal inferior, el córtex prefrontal dorsolateral y ventrolateral, y los giros fusiforme y lingual. Estas áreas conjuntamente nos proporcionan la conciencia de nuestro estatus social, de tal manera que no seamos solo conscientes de nuestra pertenencia a un grupo, sino también de la posición que ocupamos en él.

Eso significa que cualquiera que haga algo que no cuente con la aprobación del grupo esté poniendo en riesgo la «integridad» de ese colectivo y, al mismo tiempo, esté brindando una oportunidad de que otros miembros suban su estatus a costa de ese pobre imprudente (a base, por ejemplo, de insultos y burlas contra él).

De todos modos, el cerebro humano es tan sofisticado que el del «grupo» al que pertenecemos es un concepto muy flexible. Puede tratarse de todo un país, como bien nos lo demuestran quienes hacen ondear su bandera nacional con entusiasmo. Las personas pueden sentirse incluso «miembros» de una raza determinada, lo que posiblemente sea más lógico si se tiene en cuenta que las diferenciaciones raciales nacen de ciertas características físicas visibles, lo que hace que los miembros de otros grupos raciales sean más fáciles de identificar y de ser señalados como diana de los ataques de aquellos individuos que tienen tan poco de lo que sentirse orgullosos que hacen de sus propios rasgos físicos (que no obedecen a ningún mérito personal suyo) su bien más preciado.

No tengo muy buen concepto del racismo, no sé si lo han notado.

Pero lo cierto es que también hay ocasiones en las que los seres humanos, de forma individual, pueden ser inquietantemente crueles con personas que no merecen tal trato para nada. Las personas sin techo y pobres, las víctimas de agresiones, las personas discapacitadas y enfermas, los refugiados en situación desesperada: en lugar de recibir la ayuda que tanto necesitan, estos seres humanos son a menudo vilipendiados por quienes gozan de mejor situación que ellos. Esto va contra toda noción de la dignidad y la lógica humanas más básicas. Pero, entonces, ¿por qué es tan habitual?

El cerebro tiene un marcado sesgo egocéntrico; hace que tengamos una imagen positiva de él y de nosotros mismos a la mínima oportunidad que se le presenta. Esto puede suponer que nos cueste empatizar con otras personas (porque nosotros no somos ellas). Además, a la hora de tomar decisiones, el cerebro recurre principalmente a aquellas cosas que nos han pasado a nosotros. Sin embargo, se ha observado que una parte del cerebro —sobre todo, el giro supramarginal derecho— reconoce y «corrige» ese sesgo, lo que nos permite empatizar como es debido.

También hay datos que indican que es mucho más difícil empatizar cuando hay alteraciones en esa área o cuando no se nos da el tiempo suficiente para pensárnoslo. Otro fascinante experimento —este dirigido por Tania Singer, del Instituto Max Planck— mostró que ese mecanismo compensatorio tiene también otros límites. Los experimentadores expusieron a varias personas por parejas a sucesivas superficies táctiles diversas (tenían que tocar o bien algo de tacto agradable, o bien algo de tacto repulsivo)[39].

Con ello mostraron que, si dos personas experimentan una sensación desagradable, se les dará muy bien empatizar correctamente la una con la otra, pues reconocerán tanto la emoción como la intensidad de esta en su compañera, pero si una está experimentando una sensación de placer cuando la otra está teniendo que soportar un mal trago, entonces la primera subestimará por mucho el sufrimiento de la segunda. Así que, cuanto más privilegiada y acomodada es la vida de alguien, más le cuesta valorar las necesidades y los problemas de quienes están peor. Pero mientras no cometamos estupideces como colocar a los individuos más mimados y consentidos a cargo del gobierno de un país, todo irá bien, ¿verdad?

Hemos visto que el cerebro evidencia una tendencia al egocentrismo. Otro sesgo cognitivo (relacionado con el anterior) es el que se recoge en la llamada hipótesis del «mundo justo»[40]. Según esta, el cerebro da inherentemente por supuesto que el mundo es equitativo y justo, pues, tarde o temprano, el buen comportamiento tiene recompensa y el no tan bueno es debidamente castigado. En el fondo, este sesgo ayuda a que las personas funcionemos como comunidad porque contribuye a disuadir las malas conductas antes de que se produzcan y hace también que las personas sientan cierta inclinación a ser buenas con las demás (no digo que no lo fueran de todos modos, pero esto sin duda ayuda a que sean así). También nos sirve de motivación: si creyéramos que el mundo es una lotería y que todos los actos no tienen mayor propósito ni sentido en último término, no tendríamos muchos alicientes para levantarnos de la cama a una hora razonable por las mañanas.

Por desgracia, la hipótesis de fondo es falsa. Ni las malas obras reciben siempre castigo, ni las personas buenas se libran de que les pasen cosas malas (y bastantes veces, por cierto). Aun así, el sesgo está tan arraigado en nuestros cerebros que seguimos aferrándonos a él igualmente. Por eso, cuando vemos a alguien que es una víctima inmerecida de algo terrible, se nos dispara una disonancia en nuestro interior: el mundo es justo, pero lo que le ha pasado a esa persona no lo es. Al cerebro no le gustan las disonancias, así que tiene dos opciones para superar una como esa: o bien llegamos a la conclusión de que el mundo es cruel y aleatorio en realidad, o bien decidimos que *algo habrá hecho* la víctima en cuestión para merecer su mala suerte. Esta segunda conclusión es más cruel, sí, pero nos permite mantener intactos nuestros agradables y confortables (a la par que incorrectos) supuestos acerca del funcionamiento del mundo. Así que culpamos a las víctimas de su propio infortunio.

Numerosos estudios han evidenciado ese efecto y sus múltiples manifestaciones. Se ha mostrado, por ejemplo, que las personas son menos críticas con las víctimas si pueden intervenir para aliviar el sufrimiento de estas, o si se les dice que los damnificados serán compensados posteriormente. Pero cuando las personas no disponen de medios para ayudar a las víctimas, tienden a menospreciarlas más. Esto, a pesar de su aparente crudeza, no deja de ser coherente con la hipótesis del «mundo justo»: las víctimas no reciben nada positivo que compense su situación negativa, así que *algo habrán hecho* para merecer estar así, ¿no?

También es mucho más probable que las personas culpen a una víctima de su propia condición de víctima si se identifican fuertemente con ella. Así, si vemos que un árbol cae y golpea a alguien de una edad/raza/género diferente al nuestro, nos será mucho más fácil empatizar con esa persona. Pero si vemos que alguien de nuestra edad, estatura, constitución y género que conduce un coche igualito al nuestro se estrella contra una casa parecida a aquella en la que vivimos, será mucho más probable que carguemos las culpas de lo ocurrido sobre la incompetencia o la estupidez de esa persona, aun cuando no tengamos prueba alguna de que sea ni estúpida ni incompetente.

En el primer caso, ninguno de los factores es aplicable a nuestro caso particular, así que no tenemos problema en culpar a la mera mala suerte de lo ocurrido; es algo que no puede afectarnos a nosotros, pensamos. El segundo caso, sin embargo, sí podría ser aplicable al nuestro propio, así que el cerebro lo racionaliza convirtiéndolo en algo que es culpa del individuo implicado. Debe de ser culpa *de este,* porque, si fuera una cuestión de puro azar, podría ocurrirnos *a nosotros* también. Y esa es una idea intranquilizadora.

Parece, pues, que, a pesar de todas nuestras inclinaciones a la sociabilidad y a la cordialidad, nuestro cerebro se interesa tanto por preservar un cierto sentido de identidad y de tranquilidad que nos hace desear que se fastidien todas las personas y cosas que pudieran ponerlo en peligro. ¿A que es un encanto?

8
CUANDO EL CEREBRO SE AVERÍA...

Los problemas de salud mental y de dónde surgen

¿Qué hemos aprendido hasta el momento sobre el cerebro humano? Pues que enreda y desordena los recuerdos; se sobresalta con las sombras; le aterran cosas inocuas; nos fastidia la dieta, el sueño y hasta los movimientos; nos convence de lo brillantes que somos cuando no es verdad que lo seamos; se inventa la mitad de lo que percibimos; nos induce a hacer cosas irracionales cuando se emociona; y nos induce a formar amistades a una velocidad increíble y a enemistarnos con ellas en un instante.

Preocupante lista de capacidades y discapacidades, ¿no? Pues más preocupante aún es que son las que trae de serie, las que se le aprecian *cuando funciona adecuadamente*. ¿Qué pasa, entonces, cuando el cerebro empieza a funcionar mal, digámoslo así? Pues que es entonces cuando podemos terminar desarrollando un trastorno neurológico o mental.

Las afecciones neurológicas son debidas a la aparición de alteraciones o problemas físicos en el sistema nervioso central, como puede ser una lesión en el hipocampo que provoque amnesia, o una degradación de la sustancia negra del mesencéfalo que desencadene una enfermedad de Parkinson. Son dolencias terribles, pero suelen tener unas causas físicas identificables (aun cuando a menudo no podamos hacer gran cosa para arreglarlas). Se manifiestan mayormente en forma de problemas físicos, como ataques, trastornos del movimiento o dolores (migrañas, por ejemplo).

Los trastornos mentales son anomalías del pensamiento, la conducta o la forma de sentir de las personas y no tienen por qué obedecer a una causa «física» clara. Lo que los provoca está basado en la composición física del cerebro, sí, pero este continúa siendo físicamente normal: lo que ocurre es que hace cosas que no ayudan y que más bien estorban. Invocaré una vez más la dudosa analogía del ordenador para decir que una afección neurológica es un problema de soporte físico, de *hardware,* mientras que un trastorno mental es un problema de soporte lógico, de *software,* si bien no hay que olvidar que existe siempre un amplio solapamiento entre uno y otro tipo de problemas y que nunca es tan nítida la separación entre ambos como puede serlo en un ordenador.

¿Cómo definimos un trastorno mental, entonces? El cerebro está compuesto de miles de millones de neuronas que forman billones de conexiones que producen miles de funciones derivadas, a su vez, de infinidad de procesos genéticos y experiencias aprendidas. No hay dos que sean exactamente iguales, así que ¿cómo determinamos qué cerebro está funcionando bien y cuál no? Todos tenemos hábitos extraños, peculiaridades, tics o excentricidades que, en muchos casos, están incorporados a nuestra identidad y nuestra personalidad. La sinestesia, por ejemplo, no parece causar problemas funcionales a nadie y, de hecho, son muchas las personas que no se dan cuenta de que tengan nada diferente a otras hasta que ven las caras de extrañeza en sus interlocutores cuando les comentan lo mucho que les gusta el olor del color morado[1].

Los trastornos mentales se definen generalmente como patrones de conducta o de pensamiento que ocasionan molestias y padecimiento, o que dificultan la capacidad para funcionar en la sociedad «normal». Esta última parte de la frase es importante, pues significa que, para que una enfermedad mental sea reconocida como tal, tiene que compararse con lo que se considera «normal» y esto puede variar considerablemente con el paso del tiempo. Pensemos que la Asociación Estadounidense de Psiquiatría no descatalogó la homosexualidad como trastorno mental hasta 1973.

Los profesionales del ámbito de la salud mental están reevaluando constantemente la categorización de los trastornos mentales debido a los avances en el conocimiento de los mismos y al descubrimiento y la aplicación de nuevas terapias y enfoques, así como a cambios en las escuelas de pensamiento dominantes o, incluso, a la preocupante influencia de las grandes empresas farmacéuticas, que gustan siempre de tener nuevas dolencias que haya que tratar con medicamentos que ellas puedan comercializar. Todo esto es posible porque, examinada de cerca, la línea divisoria entre el «trastorno mental» y la «normalidad mental» es tremendamente borrosa y se basa a menudo en decisiones arbitrarias basadas en meras normas sociales.

Si añadimos a lo anterior el hecho de que son dolencias muy comunes (casi una de cada cuatro personas experimentan alguna forma de trastorno mental, según los datos disponibles)[2], es fácil comprender por qué los problemas de salud mental representan un tema tan controvertido. Incluso en aquellos casos en que se reconoce que la persona padece alguna de esas afecciones realmente (un reconocimiento que no se puede dar por sentado de antemano, ni mucho menos), es fácil que otros (los afortunados y las afortunadas que no los padecen) resten importancia al carácter debilitante que pueden llegar a tener los trastornos mentales o simplemente lo ignoren. Por ejemplo, muchos hablan de «enfermedades mentales», pero también hay quienes consideran que ese es un término engañoso, ya que implica la existencia de algo que puede curarse, como una gripe o una varicela. Los trastornos mentales no cursan de ese modo: a menudo, no presentan ningún problema físico que haya que «subsanar», lo que significa que cuesta identificar una «cura» para ellos.

Hay quienes también critican el uso del término «trastorno mental», pues hace que parezca algo malo o dañino, cuando bien podría verse en muchos casos como una simple forma alternativa de pensar o de comportarse. Existe un sector amplio en la comunidad de profesionales de la psicología clínica que opina que hablar y pensar de las cuestiones mentales como si fueran enfermedades o problemas es perjudicial en sí mismo, y se muestra a favor de impulsar términos más neutrales y menos connotados a la hora de hablar de esos temas. También crecen las objeciones al dominio que la medicina y las aproximaciones médicas a la salud mental tienen en este campo, y dado el carácter arbitrario con el que muchas veces se determina lo que es «normal» y lo que no, es comprensible que se alcen tantas voces críticas.

Aun teniendo en cuenta la existencia de todos esos argumentos y debates, este capítulo se ceñirá a la perspectiva más propiamente médica-psiquiátrica, pues ese es mi propio campo de origen y de formación y constituye para la mayoría de nosotros, además, la forma de describir este tema con la que estamos más familiarizados. Lo que vendrá a continuación, pues, será un breve repaso general de algunos de los ejemplos más comunes de problemas de salud mental —acompañado de explicaciones de por qué (y cómo) nos fallan nuestros cerebros— dirigido tanto a quienes se ven afectados por los susodichos problemas como a las personas de su entorno que con tanta frecuencia les cuesta reconocer y entender lo que está pasando.

CUANDO TODO SE VE NEGRO
(La depresión y algunas ideas falsas muy generalizadas en torno a ella)

Bien podríamos buscar otro nombre para la depresión en su acepción como trastorno clínico. Actualmente decimos de alguien que está «deprimido» tanto si está un poco cansado y abatido, como si padece un verdadero y debilitante trastorno del estado de ánimo. Eso hace que muchas personas puedan restar importancia a la depresión considerándola un problemilla menor. Y es que, a fin de cuentas, todo el mundo se pone «depre» de vez en cuando, ¿no? Y simplemente lo superamos y listo. Es habitual que solo dispongamos de nuestras propias vivencias a la hora de formarnos un juicio de muchas cosas y ya hemos visto cómo nuestros cerebros agrandan y exageran automáticamente esas experiencias propias, o minimizan la impresión que tenemos de las experiencias de otras personas si difieren de las nuestras.

Eso no significa que tengamos razón. Menospreciar los problemas de una persona afectada por una depresión genuina porque nosotros también nos hemos sentido decaídos alguna vez y lo superamos es como decirle a alguien a quien han amputado un brazo que no es para tanto porque nosotros también nos hemos hecho un cortecito en un dedo alguna vez y hemos seguido adelante con nuestra vida como si nada. La depresión es una dolencia auténtica y muy debilitante, y estar un poquito «depre» no lo es. La depresión puede ser tan grave que quienes la sufren lleguen a la conclusión de que la única opción viable para ellos es poner fin a su propia vida.

Es innegable que todas las personas nos morimos algún día. Pero una cosa es saberlo y otra muy distinta vivirlo de primera mano: una persona puede «saber» que una herida por arma de fuego duele, pero eso no significa que sepa cómo duele, es decir, qué se siente realmente cuando nos alcanza un disparo. Del mismo modo, sabemos que todas las personas que nos son próximas terminarán por fallecer en algún momento, pero eso no evita que sintamos un golpe muy fuerte cuando alguna de ellas muere. Ya hemos visto que el cerebro evolucionó de tal modo que tiende a formar relaciones fuertes y duraderas con otras personas, pero el reverso de esa moneda es lo mucho que nos duele que esas relaciones terminen. Y no hay «terminación» más definitiva que el óbito de la otra persona.

Y si esa experiencia es mala ya de por sí, más terrible todavía resulta cuando la persona querida ha sido quien ha puesto fin a su propia vida. Cómo y por qué alguien acaba por convencerse de que el suicidio es la única salida y decide tomarla finalmente es algo que nunca sabremos a ciencia cierta, pero, fuera cual fuere el razonamiento que le llevó al suicidio, lo cierto es que su decisión deja un rastro de desolación entre los seres queridos que le han sobrevivido. Estas son las personas que el resto de nosotros ve realmente. Es fácil, entonces, que la gente se forme opiniones negativas del fallecido, pensando, por ejemplo, que podría haber hallado otro modo de acabar con su propio sufrimiento si hubiera querido, pero no lo hizo y lo único que ha conseguido es causar ese sufrimiento a otras muchas personas que le querían.

Como vimos en el capítulo 7, el cerebro realiza verdaderos ejercicios de gimnasia mental para no sentir pena por las víctimas y la tendencia a etiquetar de «egoístas» a quienes se suicidan es otra posible manifestación de ello. Es una coincidencia amargamente irónica que uno de los factores que más comúnmente lleve al suicidio sea la depresión clínica, pues quienes la padecen también suelen ser habitualmente tildados de «egoístas», «vagos» u otros calificativos despreciativos. Tal vez sea un ejemplo más del egocentrismo del cerebro: admitir la existencia de un trastorno del estado de ánimo tan grave como para que la persona que lo padece entienda que la única solución aceptable sea ponerse fin a sí misma significa técnicamente admitir (a cierto nivel, al menos) que eso mismo podría pasarnos a nosotros. Y esa es una idea ciertamente desagradable. Pero creeremos, sin embargo, que el problema ha sido sola y exclusivamente de esa persona si pensamos que ha actuado de un modo insensiblemente egoísta y sin preocuparse por nadie más. Y eso hace que nos sintamos mejor, porque estamos convencidos de que a *nosotros* no nos pasaría.

Esa es una posible explicación de por qué la gente se muestra tan insensible con los problemas de depresión de otras personas. Otra sería simplemente el hecho de que hay por ahí mucho idiota ignorante suelto.

Etiquetar de egoístas a quienes sufren depresión y/o a quienes mueren a causa de un suicidio es una práctica tristemente común que se hace especialmente visible cuando se aplica a personas más o menos famosas. El triste fallecimiento de Robin Williams, superestrella internacional y actor y cómico muy querido, es quizá el más obvio ejemplo reciente de ello.

En medio de los innumerables, elogiosos y emotivos homenajes que se rindieron a su figura, en los medios de comunicación e Internet proliferaron también los comentarios del tipo «hacerle algo así a tu familia es muy egoísta» o «suicidarte cuando la vida te ha tratado tan bien es no pensar en nadie más que en ti mismo», etcétera. Y no fueron solo comentaristas anónimos en los medios digitales quienes emitieron esa clase de mensajes; también vinieron de destacadas personalidades famosas y de no pocas cadenas informativas que no destacan precisamente por su compasión, como Fox News.

Si es usted alguno de los que ha expresado esas (o similares) manifestaciones, lo siento, pero se equivoca. Las peculiaridades del funcionamiento de nuestro cerebro tal vez expliquen en parte por qué opina usted algo así, pero tampoco podemos descartar la influencia de la ignorancia y del hecho de estar mal informado sobre el tema. Sí, ya sé que a nuestro cerebro no le gustan las situaciones inciertas ni las desagradables, pero hay que aceptar que la mayoría de trastornos mentales nos enfrentan a montones de ellas. La depresión es un problema real y grave que merece empatía y respeto, y no rechazo y burla.

La depresión se manifiesta de muchos modos distintos. Es un trastorno del estado de ánimo, así que el ánimo se ve afectado, pero lo que varía es el *cómo*. Hay personas de quienes se apodera una desesperación que no logran sacudirse de encima; otras experimentan una intensa ansiedad que infunde en ellas unas sensaciones de fatalidad y alarma inminentes. Otras personas se quedan sin un «ánimo» propiamente dicho del que hablar y no sienten más que un vacío y una ausencia de emociones ante cualquier cosa que ocurra en sus vidas. E incluso hay algunas (hombres en su mayoría) de quienes se apodera una ira y una agitación constantes.

He ahí parte de lo que explica por qué ha resultado tan difícil hasta el momento determinar una causa subyacente de la depresión. Durante un tiempo, la teoría más extendida ha sido la hipótesis de la monoamina[3]. Muchos neurotransmisores empleados por el cerebro son compuestos de la familia de las monoaminas, y las personas con depresión parecen evidenciar una reducción de los niveles de concentración de los mismos. Esto afecta a la actividad cerebral de un modo que puede conducir a una depresión. La mayoría de los antidepresivos más conocidos actualmente actúan incrementando la presencia de monoaminas en el cerebro. Los antidepresivos más utilizados en la actualidad son inhibidores selectivos de la recaptación de serotonina (ISRS). La serotonina (una monoamina) es un neurotransmisor implicado en el procesamiento de la ansiedad, el estado de ánimo, el sueño, etcétera. También se cree que contribuye a regular los sistemas de otros neurotransmisores, por lo que la alteración de sus niveles podría tener un efecto de «reacción en cadena». Los ISRS actúan frenando la remoción de serotonina secretada en las sinapsis, con lo que incrementan sus niveles de concentración generales. Otros antidepresivos hacen cosas parecidas con otras monoaminas como la dopamina o la noradrenalina.

Sin embargo, la hipótesis de la monoamina se enfrenta a críticas cada vez mayores. No sirve para explicar realmente qué sucede en una depresión: es como enfrentarse a la restauración de un viejo cuadro diciendo simplemente que «necesita más verde», lo cual puede ser cierto, pero no aporta suficiente detalle a propósito de lo que se necesita hacer en realidad.

Asimismo, los ISRS incrementan los niveles de serotonina de inmediato, pero el paciente tarda semanas en notar los efectos beneficiosos de ese incremento. Exactamente por qué eso es así, todavía no se ha determinado (aunque existen teorías al respecto, como veremos), pero lo cierto es que es como llenar el depósito de combustible de un coche y tener que esperar un mes a que vuelva a funcionar: el «depósito vacío» tal vez fuera uno de los problemas que explicaban por qué no se ponía en marcha, pero está claro que no era *el único* problema. Si añadimos a esto la falta de pruebas que demuestren qué sistema monoamínico específico se ve dañado o bloqueado durante una depresión, así como el hecho de que algunos antidepresivos eficaces no tienen interacción alguna con las monoaminas, parece claro que en la depresión interviene algo más que un mero desequilibrio químico.

Las otras posibilidades que se apuntan son ciertamente abundantes. El sueño y la depresión también parecen estar interrelacionados: la serotonina es un neurotransmisor clave en la regulación de los ritmos circadianos y la depresión provoca una alteración de las pautas del sueño. El primer capítulo mostró que las alteraciones del sueño son problemáticas: ¿podría la depresión ser otra consecuencia más de ello?

También se ha imputado al córtex cingular anterior un papel relevante en la aparición de depresiones[5]. A fin de cuentas, se trata de una parte del lóbulo frontal que parece desempeñar múltiples funciones, desde el control del ritmo cardiaco hasta la previsión de las recompensas, pasando por la toma de decisiones, la empatía, el control de los impulsos, etcétera. En esencia, vendría a ser algo así como una navaja multiusos cerebral. También se ha evidenciado que está más activo en pacientes deprimidos. Una explicación de ello podría hallarse en el hecho de que sea el área cerebral responsable de la experiencia cognitiva del sufrimiento. Si es la región encargada de la previsión de la gratificación y la recompensa, tiene sentido que esté también implicada en la percepción del placer o, viniendo más al caso de lo que aquí nos ocupa, de la absoluta ausencia de placer.

El eje hipotalámico que regula las respuestas al estrés es también un foco de atención de algunos estudios sobre la depresión[6]. Pero otras teorías sugieren que el mecanismo de la depresión es un proceso extendido que no se circunscribe a áreas cerebrales concretas. La neuroplasticidad, que es la capacidad para la formación de nuevas conexiones físicas entre las neuronas, sustenta tanto el aprendizaje como buena parte del funcionamiento general del cerebro y se ha comprobado que se ve dificultada en personas con depresión[7]. Es posible que esto impida que el cerebro reaccione o se adapte con normalidad a los estímulos adversos y al estrés. Cuando algo malo ocurre, la plasticidad reducida hace que el cerebro esté más «petrificado», como una tarta dejada durante demasiado tiempo al aire de una ventana, lo que le impide avanzar o escapar de ese modo de pensar negativo. Se instala y se enquista así la depresión. De hecho, esto podría explicar por qué las depresiones son tan persistentes, penetrantes y dominantes: la plasticidad perjudicada impide una respuesta de afrontamiento. Los antidepresivos, por su acción acrecentadora de los niveles de neurotransmisores, tienden a incrementar la neuroplasticidad también y posiblemente sea esa la razón real por la que funcionan tal como funcionan, mucho después de haber aumentado los niveles de transmisores en el cerebro. La dinámica no sería parecida a la del repostaje de un automóvil, sino más bien a la del abono de una planta: siempre llevará un tiempo que los elementos útiles terminen siendo absorbidos por el sistema.

Todas estas podrían ser teorías sobre los factores que contribuyen a la depresión, pero también podrían estar haciendo referencia a las consecuencias de esta. La investigación en este campo sigue activa. Lo que está claro es que se trata de una afección muy real y, a menudo, terriblemente debilitante para la persona que la padece. Aparte de unos estados de ánimo atrozmente negativos, la depresión provoca también una reducción de las aptitudes cognitivas. Muchos profesionales médicos han tenido que estudiar e informarse más a fondo de cómo diferenciar entre la depresión y la demencia, dado que. en los resultados de los tests cognitivos comunes, no se apreciaría diferencia alguna entre la presencia en el paciente de problemas graves de memoria y la ausencia real de voluntad alguna de su parte para reunir la motivación mínima necesaria para realizar un test. Y es muy importante diferenciar entre un tipo de casos y el otro: el tratamiento para la depresión varía muchísimo del tratamiento para la demencia, aun cuando sea habitual que un diagnóstico de demencia *derive* en depresión[8], lo que no deja de complicar las cosas más aún.

Hay otros tests y pruebas en los que se evidencia que las personas aquejadas de una depresión prestan mayor atención a los estímulos negativos[9]. Cuando se les muestra una lista de palabras, se centran mucho más en aquellas dotadas de significados desagradables («asesinato», por ejemplo) que en otros más neutrales («hierba»). Ya hemos hablado aquí del sesgo egocéntrico del cerebro y de cómo se las arregla para que centremos más la atención en cosas que hacen que nos sintamos satisfechos de nosotros mismos e ignoremos aquellas que no. La depresión da la vuelta a eso: todo lo positivo es ignorado o minimizado; todo lo negativo es percibido como realista y correcto a carta cabal. Como consecuencia, en cuanto se declara la depresión, puede resultar enormemente difícil erradicarla.

Aunque algunas personas parecen desarrollar una depresión «de la nada», para muchas otras se trata de una consecuencia del hecho de haber sido golpeadas durante demasiado tiempo por la vida. La depresión suele producirse en conjunción con otras dolencias graves, como el cáncer, las demencias o las parálisis. También existen casos caracterizados por una dinámica de «espiral descendente», en la que los problemas de las personas afectadas se van acumulando los unos sobre los otros con el tiempo. Perder el empleo es desagradable, pero difícilmente resultaría soportable para nadie si a ello se le sumara en un periodo de tiempo más o menos breve la pérdida de la pareja, el fallecimiento de un familiar y el hecho de haber sido víctima de un atraco en el camino de regreso a casa tras el funeral. Los cómodos sesgos y supuestos en los que nuestros cerebros están instalados con el propósito de mantenernos motivados —fundamentalmente, que el mundo es justo y que nada malo va a ocurrirnos— quedan hechos añicos de pronto. Carecemos de control alguno sobre los acontecimientos y eso empeora las cosas. Dejamos de vernos con los amigos y de hacer cosas que nos gustan, y puede incluso que recurramos al alcohol y las drogas. Y todo esto, por efímero alivio que pueda proporcionarnos, no hace más que sobrecargar nuestro cerebro. La espiral, pues, continúa.

Los aquí mencionados son factores de riesgo para la depresión que incrementan la probabilidad de que esta ocurra. Disfrutar de una vida de éxitos y popularidad, con la admiración de millones de personas y sin que el dinero sea un obstáculo, implica tener menos factores de riesgo que vivir en una zona desfavorecida y con elevados niveles de delincuencia, al tiempo que se gana apenas lo suficiente para sobrevivir sin apoyo alguno de la familia. Digamos que, si la depresión fuese como el rayo de una tormenta, habría personas que estarían en una situación mucho más segura (tranquilamente guarecidas bajo techo, por ejemplo) mientras que otras estarían en otra que lo sería mucho menos (al aire libre, junto a un árbol o un mástil elevado, digamos), y sería a estas últimas a las que más probablemente alcanzaría el impacto de la descarga.

De todos modos, una vida exitosa no inmuniza a nadie contra la depresión. Si alguien rico y famoso admite que la padece, decir «¿cómo puede ser que esa gente se deprima si la vida los ha tratado de maravilla y no tienen nada de qué quejarse?» es absurdo. Ser fumador implica una mayor *probabilidad* de desarrollar un cáncer de pulmón, pero este no afecta *solamente* a los fumadores. La complejidad del cerebro hace que muchos factores de riesgo para la depresión no estén directamente ligados a la situación en que vivamos. Hay personas que tienen rasgos de personalidad (la tendencia a la autocrítica, por ejemplo) o incluso genes (pues hablamos de una dolencia de la que se sabe que posee un componente heredable)[10] que aumentan la probabilidad de padecer una depresión.

¿Y si la lucha constante contra la depresión fuese el acicate que espoleara a algunas de esas personas para alcanzar el éxito? Conjurar y/o vencer a la depresión suele requerir de una fuerza de voluntad y un esfuerzo considerables, y estos pueden encauzarse hacia direcciones muy interesantes. El tópico del «payaso triste» que se oculta tras la fachada de la figura que hace reír a todos (y que se aplica a menudo a cómicos y humoristas de éxito cuya habilidad para la comedia se atribuye a su necesidad de luchar contra cierto tormento interior) sería un ejemplo perfecto de ello, como también lo serían los muchos genios creativos de gran fama que padecieron esta dolencia (Van Gogh, por ejemplo). Así, lejos de ser un factor preventivo, el éxito podría ser más bien un *efecto* de la depresión.

Además, salvo que se nazca en una familia que ya las tenga en abundancia, conquistar la riqueza y la fama es una misión que requiere de un grandísimo esfuerzo. ¿Quién sabe la clase de sacrificios que una persona determinada ha tenido que realizar hasta alcanzar el éxito? ¿Y si, al final, descubre que no valía la pena? Conseguir por fin algo por lo que se ha trabajado durante años puede hacer que una persona pierda el sentido y el empuje que movían su vida, y que quede a la deriva. O que considere que ha tenido que pagar un precio demasiado elevado por ello si, en su decidida carrera ascendente, pierde a las personas por las que siente una mayor estima. Tampoco transmitir una imagen de persona exitosa a ojos de los demás supone una defensa válida contra la depresión. Un balance bancario saneado no anula los procesos subyacentes a un trastorno depresivo. Y aun en el caso de que sí pudiera anularlos, ¿cuál sería ese punto de solvencia financiera mínima que habría que alcanzar para ello? ¿Quién sería «demasiado triunfador» como para enfermar? Si alguien no pudiera deprimirse por el simple hecho de llevar una vida más acomodada que la de las demás personas, cabría esperar lógicamente que solo los más desfavorecidos del planeta cayeran en el pozo de la depresión.

Pero la realidad es que muchas personas ricas y de éxito no son muy felices, que digamos: riqueza y éxito no son una garantía de felicidad. El funcionamiento del cerebro humano no cambia drásticamente por el hecho de que el individuo en cuestión acumule una triunfal carrera cinematográfica.

La depresión *no* es lógica. Quienes califican el suicidio y la depresión de egoístas parecen tener problemas para entenderlo, como si quienes estuvieran deprimidos escribieran una lista o una tabla con los pros y los contras de suicidarse y, aun a pesar de hallar más contras que pros, optaran egoístamente por el suicidio de todos modos.

Eso es absurdo. Uno de los grandes problemas de la depresión (puede que su gran problema por antonomasia) es que impide a quienes la padecen comportarse o pensar con «normalidad». Una persona con depresión no piensa como otra que no la sufre, del mismo modo que alguien que se está ahogando en un lago no «respira aire» como el individuo que está observando la escena desde la orilla. Todo lo que percibimos y experimentamos es procesado y filtrado por nuestro cerebro, y si este ha decidido que todo es ya un absoluto desastre, esto repercutirá en el resto de lo que hacemos y somos en nuestra vida. Desde la perspectiva de una persona deprimida, su autoestima puede estar tan baja y su actitud ante las cosas puede ser tan sombría que llegue a creer realmente que su familia/sus amigos/sus seguidores estarían mejor si ella no siguiera en el mundo, y que su suicidio sería un verdadero acto de generosidad. Esa es una conclusión sobrecogedora, pero pensemos que la que llega a ella es una mente que no está pensando «con claridad».

Las acusaciones de egoísmo dan también a entender en muchos casos que las personas afectadas por depresión eligen estar en esa situación, que podrían optar por disfrutar la vida y ser felices, pero consideran más cómodo u oportuno no hacerlo. Pero, claro, nadie explica nunca (o casi nunca) cuándo, cómo ni por qué eligen estar así. En casos de suicidio, siempre hay personas que dicen que el fallecido optó por la «solución fácil». Se me ocurre un sinfín de maneras distintas de calificar un sufrimiento como ese, capaz de anular instintos de supervivencia arraigados en nosotros desde hace millones de años, pero, desde luego, «fácil» no sería una de ellas. Quizá nada de esto tenga sentido desde un punto de vista lógico, pero insistir en que alguien que se encuentra atrapado en las garras de una enfermedad mental piense con lógica es como insistir en que alguien con una pierna fracturada camine con normalidad.

La depresión no es visible ni comunicable como una enfermedad típica, por lo que resulta más fácil negar que es un problema que aceptar la dura e impredecible realidad de la misma. La negación de la realidad de la depresión tranquiliza al observador externo haciéndole creer que «eso nunca me pasará a mí», pero ello no impide que sea una dolencia que afecta a millones de personas. Y, desde luego, acusarlas a todas ellas de egoísmo o pereza solo por la comodidad de sentirnos mejor catalogándolas de ese modo, no las ayuda en absoluto. Este sí es un buen ejemplo de conducta egoísta.

Por desgracia, la realidad es que son muchas las personas que perseveran en pensar que es fácil ignorar o hacer caso omiso de un trastorno muy potente y debilitante del estado de ánimo que afecta generalmente a quienes lo padecen hasta en lo más hondo de su ser. Esa actitud es una excelente muestra de lo mucho que el cerebro valora la coherencia y, en concreto, de lo mucho que cuesta que, cuando una persona se ha convencido ya de un determinado punto de vista, lo cambie. Las personas que piden a aquellas otras que padecen una depresión que modifiquen su modo de pensar cuando ellas mismas se niegan a hacerlo, aun en presencia de la más palmaria evidencia son una viva demostración de lo difícil que es ese cambio. Es una verdadera lástima que quienes más sufren tengan que acabar sintiéndose peor todavía por culpa de ello.

Ya es suficiente desgracia que el cerebro de una persona conspire contra ella de forma tan grave. Que los de otras personas también lo hagan es sencillamente obsceno.

Cierre de emergencia
(Las crisis nerviosas y cómo se producen)

Si salimos afuera cuando hace frío y nos dejamos el abrigo en casa, pillaremos un resfriado. La comida basura nos estropea el corazón. Fumar nos arruina los pulmones. Una mesa de trabajo mal colocada nos provoca síndrome del túnel carpiano y dolor de espalda. Los pesos siempre se levantan flexionando las rodillas. Si hacemos crujir los nudillos de los dedos, padeceremos artritis. Y la lista sigue y sigue.

Probablemente no sea la primera vez que leen u oyen muchas de estas cosas y otras parecidas perlas de sabiduría popular acerca de cómo mantenernos lo más sanos posible. Aunque la medida en que esos consejos son correctos varía considerablemente de unos a otros, la que no deja de ser cierta es la idea de que nuestros actos afectan a nuestra salud. Pese a lo maravillosos que son, nuestros cuerpos tienen limitaciones físicas y biológicas, y si las ponemos a prueba o las traspasamos repetidamente, tendremos que apechugar con las consecuencias. Por eso cuidamos qué comemos, adónde vamos o cómo nos comportamos. Pues, bien, si nuestros cuerpos pueden verse seriamente afectados por lo que hacemos, ¿qué impide que nuestros complejos y delicados cerebros no se vean afectados también? La respuesta, lógicamente, es «nada».

En el mundo moderno, la mayor amenaza al bienestar de nuestros cerebros es un viejo conocido nuestro: el estrés.

Todo el mundo sufre estrés con mayor o menor regularidad, pero si se vuelve demasiado intenso o demasiado frecuente, comienzan los problemas de verdad. En el capítulo 1, se explicó que el estrés tiene efectos muy reales y tangibles en nuestra salud. El estrés activa el eje hipotalámico-pituitario-adrenal (HPA) del cerebro, que es el que activa las respuestas de lucha o huida y la secreción de adrenalina y de cortisol, la hormona «del estrés». Estas sustancias tienen numerosos efectos sobre el cerebro y el organismo en general, así que las consecuencias de un estrés constante se hacen bastante evidentes en las personas que lo padecen. Se las ve tensas, con dificultades para pensar con claridad, volátiles, físicamente consumidas o exhaustas, etcétera. Suele decirse que esas personas están al borde de una «crisis nerviosa».

El de crisis nerviosa no es ningún término médico o psiquiátrico oficial. De hecho, no se produce una «crisis» literal de los nervios durante esa clase de episodios. También se habla, en un sentido un poco más técnico, de «colapso mental», pero ese tampoco deja de ser un coloquialismo. De todos modos, la mayoría de personas entienden a qué se refiere. Una crisis nerviosa es lo que le ocurre a un individuo cuando ya no puede afrontar una situación de elevado estrés y, sencillamente, «explota». Se «viene abajo», se «bloquea», se «desmorona», ya no lo puede «soportar». Significa, en definitiva, que la persona deja de ser mentalmente capaz de funcionar con normalidad.

La experiencia de una crisis nerviosa varía considerablemente de un individuo a otro. Algunos sufren una desmoralizadora depresión, otros son presa de una agobiante ansiedad o de ataques de pánico, mientras que los hay que incluso experimentan alucinaciones y psicosis. Así que tal vez les sorprenda leer que hay expertos que consideran que las crisis nerviosas son un mecanismo de defensa del propio cerebro. Por desagradables que resulten para el individuo, son potencialmente una ayuda para él. La fisioterapia puede ser algo extenuante, duro y desagradable para un paciente, pero es sin duda mucho mejor para él que no hacerla. Lo mismo podría decirse entonces de las crisis nerviosas y esa afirmación tiene aún más sentido cuando se valora el hecho de que tales crisis siempre vienen causadas por el estrés.

Sabemos cómo se vive el estrés en nuestro cerebro, pero ¿qué es lo que hace que, de entrada, algo nos provoque estrés? En psicología, las cosas que causan estrés se denominan (lógicamente) *estresores* (o factores estresantes). Los estresores reducen la sensación personal de control que, recordemos, contribuye en la mayoría de nosotros a que nos sintamos más seguros y protegidos. No importa cuánto sea el control del que dispongamos *realmente*. A fin de cuentas, en un sentido puramente técnico, todo ser humano es un insignificante montoncito de carbono depositado sobre una roca esférica que vuela indiferente a nosotros por el vacío a toda velocidad en torno a una hoguera nuclear de trillones de toneladas. Pero esa realidad es demasiado grande para la conciencia de cualquier persona individual. Así que, mientras pidamos leche de soja para nuestro café con leche y nos la traigan, sentiremos un mínimo de control tangible.

Los estresores reducen también las opciones de actuar. Algo nos estresa más cuanto menos podamos hacer para remediarlo. Que empiece a llover cuando vamos por la calle es molesto si llevamos encima un paraguas. Pero que nos atrape un chaparrón cuando se nos ha cerrado la puerta de casa con las llaves dentro y sin que lleváramos protección alguna contra el agua es estresante. Cuando nos entra dolor de cabeza o cuando pillamos un resfriado, podemos acudir a ciertos medicamentos disponibles para minimizar los síntomas. Pero las enfermedades crónicas ocasionan un gran volumen de estrés porque, a menudo, no hay nada que se pueda hacer para remediarlas. Son una fuente constante de desagradables molestias e incomodidades, y, por consiguiente, de situaciones de mucho estrés.

Un estresor también causa fatiga. Tanto si nuestra reacción es correr desesperados para no perder un tren tras habérsenos pegado las sábanas o trabajar sin descanso para terminar a tiempo un encargo de última hora, lo cierto es que lidiar con un factor estresante (y con las consecuencias físicas de este) exige de nosotros energía y esfuerzo, lo que diezma nuestras reservas y, por consiguiente, genera un estrés adicional.

También es estresante la impredecibilidad. La epilepsia, por ejemplo, puede causar ataques incapacitantes en cualquier momento, lo que los hace imposibles de prever. Y esa imprevisibilidad de la propia enfermedad es una situación estresante. Ni siquiera hace falta que hablemos de una dolencia médica: compartir la vida con una pareja proclive a los cambios bruscos de humor o a las conductas irracionales —a riesgo de vernos envueltos en una riña con la persona a quien amamos simplemente por el inesperado ataque de ira que le produce de pronto el hecho de que hayamos puesto el tarro del café en el armario equivocado— puede ser una experiencia increíblemente estresante. Son situaciones que rezuman imprevisibilidad e incertidumbre, lo que nos tiene constantemente en vilo, esperando lo peor en cada momento. ¿Resultado de ello? Estrés.

No todo estrés es debilitante. De hecho, somos capaces de manejar la mayor parte del estrés debido a que disponemos de mecanismos compensatorios con los que equilibrar nuestras reacciones al mismo. Se detiene la secreción de cortisol; se activa el sistema nervioso parasimpático para relajarnos de nuevo; reponemos nuestras reservas de energía; y, luego, proseguimos con nuestras vidas. Sin embargo, en este mundo moderno —complejo e interconectado— que nos ha tocado vivir, son muchas las vías que tiene el estrés de volverse rápidamente abrumador para nosotros.

En 1967, Thomas Holmes y Richard Rahe evaluaron a miles de pacientes médicos a quienes preguntaron acerca de sus vivencias y experiencias vitales con la intención de hallar y confirmar un nexo entre el estrés y el hecho de que hubieran enfermado[11]. Y lo encontraron. Esos datos condujeron a la creación de la «escala del estrés» de Holmes y Rahe, que asigna un determinado número de «unidades de cambio vital» (UCV) a determinados acontecimientos. Cuantas más UCV tiene un determinado hecho o suceso, más estresante resulta. Podemos preguntar entonces a cualquier persona cuántos de los acontecimientos recogidos en la escala le sucedieron el año anterior, por ejemplo, y, en función de su respuesta, asignarle una puntuación media general. Cuanto más alta es esta, más probable será que enferme por culpa del estrés. En la cima de la lista de hechos dotados de una importante trascendencia vital está el «fallecimiento de la pareja», puntuado con 100 UCV. Una lesión física personal importante está puntuada con 53; un despido, con 47; un problema con la familia política, con 29; etcétera. Sorprende ver que el divorcio puntúa 73 y el ingreso en prisión solo puntúa 63. Curiosa manera de homenajear al romanticismo, pensarán algunos.

Hay cosas que no están en esa lista y que pueden ser peores que otras que sí figuran en ella. Un accidente de tráfico, la implicación en un crimen violento, haber vivido una gran tragedia de primera mano: cada uno de esos sucesos puede causar un estrés «agudo», que alcance niveles intolerables. Se trata de incidencias tan inesperadas y traumáticas que elevan la respuesta habitual al estrés a la enésima potencia. Se maximizan entonces las consecuencias físicas de la respuesta de lucha o huida (es habitual ver temblar incontrolablemente a alguien que acaba de padecer un episodio traumático grave), pero es su efecto sobre el cerebro lo que hace que un estrés extremo como ese sea tan difícil de superar. La riada de cortisol y adrenalina que inunda el cerebro potencia brevemente el sistema de la memoria, produciendo recuerdos «destello». Ese es, en realidad, un mecanismo útil desarrollado a lo largo de la evolución: si ocurre algo que induce un estrés severo, no nos interesa para nada volver a vivirlo de nuevo, por lo que es lógico que el cerebro, estresadísimo como está en esas situaciones, lo codifique en forma del recuerdo más vívido y detallado posible para que no lo olvidemos y nunca volvamos a caer en semejante error. Tiene sentido, pero cuando las experiencias son extremadamente estresantes, puede resultar contraproducente: el recuerdo es tan gráfico y se *mantiene* tan presente que el individuo que lo siente no deja de revivirlo, como si volviera a ocurrir de nuevo una y otra vez.

¿Conocen aquella sensación que se experimenta cuando miran un foco de luz muy brillante y el destello permanece en su visión porque era tan intenso que se «grabó» en sus retinas? Pues lo que he explicado en el párrafo anterior es el equivalente memorístico de ese fenómeno visual. O, mejor dicho, lo es salvo por el pequeño detalle de que no se desvanece, sino que persiste, precisamente porque es un *recuerdo*. De hecho, se trataba precisamente de eso, de recordar los hechos negativos; lo que sucede es que, en este caso, el recuerdo es casi tan traumático como el incidente original. El sistema cerebral destinado a impedir que se reproduzcan los episodios traumáticos es curiosamente el que causa la reaparición del propio trauma.

El estrés constante causado por estos *flashbacks* tan vivos suele traducirse en una insensibilización o una disociación, que es lo que sucede cuando las personas se distancian de las demás, o del hecho mismo de experimentar emociones, o incluso de la realidad en sí. También esa disociación está considerada un mecanismo de defensa del cerebro. ¿Que la vida es demasiado estresante? Pues no hay problema: apaguémosla, pongámonos en «modo espera». Pero, aunque eficaz a corto plazo, esa no es una buena estrategia a largo plazo. Supone un perjuicio para toda clase de facultades cognitivas y conductuales. El trastorno por estrés postraumático (TEPT) es la consecuencia más conocida de esa forma de insensibilización[12].

Afortunadamente, la mayoría de personas no llegan nunca a experimentar traumas tan importantes, lo que significa que el estrés tiene que hallar vías más solapadas para incapacitarlas. He ahí, por ejemplo, el estrés crónico, que es el resultado de la acción persistente (más que traumática) de uno o más factores estresantes que termina afectándonos a largo plazo. Un familiar enfermo bajo nuestro cuidado, un jefe tiránico, una ristra interminable de exigentes plazos de entrega, un continuo vivir al día sin llegar nunca a saldar las deudas pendientes: todos esos son estresores crónicos *.

Esto es malo, porque cuando vivimos con un estrés excesivo durante un periodo largo de tiempo, nuestra capacidad para compensarlo se resiente. El mecanismo de lucha o huida se convierte, de hecho, en un problema. Tras un suceso estresante, el cuerpo suele tardar entre veinte y sesenta minutos en recuperar sus niveles normales, lo que significa que el estrés tiende de por sí a hacerse bastante duradero en nosotros[14]. El sistema nervioso parasimpático, que contrarresta la respuesta de lucha o huida cuando esta deja de ser necesaria, tiene que esforzarse mucho para neutralizar definitivamente los efectos del estrés. Cuando unos factores estresantes crónicos determinados continúan provocando un bombeo ininterrumpido de hormonas del estrés en nuestro organismo, el sistema nervioso parasimpático se extenúa hasta el punto de que

---

* La mayoría de personas experimentan el estrés a través de su entorno laboral, lo que no deja de ser extraño. Se diría que estresar a los trabajadores debería de ser terrible para la productividad. Y, sin embargo, lo cierto es que el estrés y la presión incrementan el rendimiento y la motivación. Muchas personas reconocen que trabajan mejor cuando lo hacen bajo presión, o cuando se les ponen fechas límite y plazos de entrega. No es ninguna fanfarronada de su parte: en 1908, los psicólogos Yerkes y Dodson descubrieron que las situaciones estresantes realmente aumentan el rendimiento en el desempeño de una tarea.13 La evitación de unas potenciales consecuencias negativas o el miedo a un castigo, entre otras cosas, son fuente de motivación y de concentración, lo que mejora la capacidad de la persona para realizar el trabajo que se le ha encomendado.

Pero eso solo funciona así hasta un determinado punto. Sobrepasado este, cuando el estrés se vuelve excesivo, el rendimiento decrece y, de hecho, cuanto mayor sea el estrés, peor será el desempeño laboral o profesional. Es lo que se conoce como la ley de Yerkes-Dodson. Muchos jefes y empresas parecen entender el funcionamiento de esa ley aun sin conocerla, de manera puramente intuitiva, excepto en su segunda (y trascendental) mitad: aquella que dice que «el estrés excesivo empeora las cosas». Es como la sal: en dosis moderadas puede mejorar el sabor de la comida, pero en exceso lo estropea todo y echa a perder la textura, el sabor y la salud.

las consecuencias físicas y mentales del estrés pasan a ser «lo normal». Eso significa que las hormonas del estrés dejan de ser reguladas y utilizadas cuando se las necesita: están siempre ahí y, de resultas de ello, la persona se siente constantemente sensibilizada, agitada, tensa y dispersa.

El hecho de que no podamos contrarrestar el estrés en nuestro organismo nos induce a buscar un alivio externo al mismo. Por desgracia, y como era de prever, esto no hace más que empeorar las cosas. Se desencadena así el llamado «ciclo del estrés», en el que los intentos de mitigarlo ayudan en realidad a su incremento y a exacerbar sus consecuencias, lo que induce a nuevos y mayores intentos de reducción del estrés que, a su vez, ocasionan más problemas, y así sucesivamente.

Pongamos por caso que nos toca trabajar para un jefe nuevo que nos encarga más trabajo de lo que sería razonable. Esto nos causa estrés. Pero, como el mencionado jefe no está abierto a atender a razones o a argumentos racionales de ninguno de sus subordinados, optamos por alargar nuestra jornada laboral. Pasamos entonces más tiempo trabajando y estresándonos, lo que hace que terminemos sintiendo un estrés crónico. Enseguida comenzamos a consumir más comida basura y más alcohol para relajarnos. Pero esto incide negativamente en nuestro estado de salud físico y mental (la comida basura nos hace perder la forma y el alcohol es un neurodepresor), lo que nos estresa más aún y nos vuelve vulnerables a nuevos factores estresantes. Esto último nos induce un nuevo nivel de estrés adicional y, así, el ciclo continúa.

Hay infinidad de maneras de interrumpir el ciclo creciente del estrés (ajustando las cargas de trabajo, mejorando el estilo de vida y haciéndolo más saludable, obteniendo ayuda terapéutica, etcétera), pero son muchas las personas que no lo interrumpen. Así que todo eso se va acumulando hasta que se traspasa un límite y el cerebro lisa y llanamente se rinde y actúa entonces como el limitador que interrumpe el suministro eléctrico antes de que una subida de tensión queme el sistema, pues el aumento sin fin del estrés (con las consecuencias para la salud asociadas a dicho estrés) sería terriblemente dañino para el cerebro y para el cuerpo en general. Así que el cerebro pulsa el botón de parada general del sistema. Muchos expertos opinan que, en esos casos, el cerebro induce en nosotros una crisis nerviosa para evitar que la situación se intensifique hasta el punto de que pueda producir un daño duradero e irreparable.

El umbral que separa el estar «estresado» del estar «*demasiado* estresado» es difícil de concretar de antemano, aunque hay hipótesis al respecto. Está, por ejemplo, el modelo de diátesis-estrés (diátesis = «vulnerabilidad»), según el cual, alguien que sea más vulnerable al estrés necesitará de una dosis menor de este para verse sobrepasado y caer en una crisis total en la que experimente un trastorno o un «episodio» mental de alguna clase. Hay personas más susceptibles, pues: aquellas que tienen una situación o una vida más difícil; aquellas que son de por sí más proclives a la paranoia o a la ansiedad; o incluso aquellas que han tendido a evidenciar una mayor seguridad o confianza en sí mismas y que, precisamente por ello, pueden venirse abajo muy rápidamente (cuando un individuo se siente muy seguro de sí mismo, una pérdida brusca de control debida al estrés puede minar por completo el concepto que tenía de su propia persona y causarle en consecuencia un inmenso estrés adicional).

También puede variar entre unas personas y otras el modo exacto en que se desarrolla una crisis nerviosa. Algunos individuos presentan una afección subyacente como una depresión o un trastorno de ansiedad (o una predisposición a padecerlas) que puede encontrar en ciertos sucesos manifiestamente estresantes un potente desencadenante. Dejar caer un manual de mil páginas sobre un dedo del pie duele; dejarlo caer sobre un dedo afectado por una fractura previa duele considerablemente más. En algunas personas, el estrés provoca un hundimiento del ánimo hasta extremos incapacitantes que les abren de par en par las puertas de entrada a la depresión. En otras, la aprensión y la persistencia de sucesos estresantes provoca una ansiedad atroz o activa ataques de pánico. También se sabe que el cortisol liberado por el estrés tiene un efecto sobre los sistemas dopamínicos del cerebro[15], lo que los vuelve más activos y sensibles. Se cree que una actividad anómala en los sistemas de la dopamina es la causa subyacente de las psicosis y las alucinaciones, y lo cierto es que algunas crisis nerviosas dan lugar a episodios psicóticos.

Por suerte, las crisis nerviosas son fenómenos normalmente pasajeros. Mediante la intervención médica o terapéutica se logra muchas veces que las personas afectadas recuperen finalmente la normalidad; en ocasiones basta con una simple desconexión forzada con la fuente del estrés durante un tiempo. Sí, ya sé que no todo el mundo considera que una crisis nerviosa pueda resultar útil en sentido alguno, que no todos los individuos las superan, y que quienes sí lo hacen suelen conservar una sensibilidad al estrés y a la adversidad que aumenta su predisposición a sufrir una nueva crisis nerviosa en el futuro[16]. Pero no es menos cierto que las personas que dejan atrás esa clase de episodios pueden, al menos, retomar su vida de siempre u otra muy parecida. De ahí que se pueda decir también que las crisis nerviosas ayudan potencialmente a prevenir ciertos daños más permanentes que este mundo implacablemente estresante en el que vivimos podría producirnos si no.

Dicho esto, no hay que olvidar tampoco que buena parte de los problemas que las crisis nerviosas nos ayudan a limitar y acotar son causados de entrada por las técnicas que el propio cerebro despliega para lidiar con el estrés, unas técnicas que, a menudo, no están a la altura de las exigencias de la vida moderna. Agradecer al cerebro los servicios prestados por limitar los daños potenciales del estrés recurriendo a las crisis nerviosas es un poco como agradecer a alguien que nos haya ayudado a sofocar un incendio en nuestra casa cuando fue esa misma persona la que dejó encendida la freidora que lo provocó.

Colgado del cuelgue
(Cómo se origina la drogadicción en el cerebro)

En Estados Unidos, en 1987, un anuncio de una campaña de concienciación pública trataba de ilustrar los peligros de las drogas recurriendo —sorpréndanse ustedes— a unos huevos como metáfora. Primero, un hombre tomaba uno de una huevera y decía al espectador: «Esto es tu cerebro». A continuación, tomaba una sartén con la otra mano y añadía: «Esto son las drogas». Finalmente, echaba el huevo cascado sobre la sartén ya caliente y concluía: «Esto es tu cerebro cuando te drogas». Desde un punto de vista estrictamente publicitario, el *spot* fue todo un éxito. Fue galardonado con múltiples premios y, todavía hoy en día, continúa siendo objeto de numerosas alusiones (cierto es que cómicas muchas de ellas) en la cultura popular. Ahora bien, en un sentido puramente neurocientífico, se trató de una campaña bastante nefasta.

Las drogas no calientan el cerebro hasta el punto de destruir la estructura de las proteínas que lo componen. Además, es muy raro que una droga afecte a todas las partes del cerebro de manera simultánea tal y como una sartén afecta a un huevo. Y, por último, cuando administramos droga al cerebro no lo hacemos sacándolo de la «cáscara» que lo protege (es decir, del cráneo). Desde luego, si hubiera que hacerlo, seguro que el consumo de drogas no sería una práctica tan extendida como es.

Eso no quiere decir que las drogas sean buenas para el cerebro, ni mucho menos. Solo significa que la verdad es demasiado compleja como para que pueda explicarse con simples metáforas culinarias.

Se calcula que el volumen de negocio del comercio ilegal de drogas asciende a cerca de *medio billón* de dólares[17] y muchos gobiernos y administraciones gastan infinidad de millones en detectarlas, destruirlas y desincentivar su consumo. Hoy está muy extendida y asentada la idea de que las drogas son peligrosas:

corrompen a sus consumidores, dañan la salud y arruinan vidas. Y esa es una valoración que se tienen muy merecida, porque las drogas hacen muchas veces eso mismo, es decir, porque son *efectivas*. Funcionan muy bien y lo consiguen alterando y/o manipulando los procesos fundamentales de nuestros cerebros. Esto ocasiona problemas como la adicción, la dependencia y los cambios del comportamiento, entre otros, problemas todos ellos que nacen de la manera en que nuestros cerebros lidian con las drogas.

En el capítulo 3 mencionamos el circuito mesolímbico dopaminérgico, también llamado a menudo circuito de «recompensa» o alguna otra denominación similar, porque su función es inusualmente clara: nos gratifica por aquellos actos nuestros que considera positivos causándonos una sensación de placer. Si alguna vez experimentamos algo agradable, desde el sabor de una mandarina satsuma especialmente sabrosa hasta el clímax propio de ciertas actividades de alcoba, el circuito de recompensa nos proporciona sensaciones que hacen que pensemos: «¡Vaya, qué agradable ha sido esto.».

El circuito de recompensa puede ser activado por cosas que consumimos o ingerimos. Nutrirnos, hidratarnos, saciar el apetito, abastecernos de energía: las sustancias comestibles que satisfacen esos propósitos nuestros son reconocidas como placenteras porque sus efectos beneficiosos activan el circuito de recompensa. Por ejemplo, los azúcares proporcionan a nuestros organismos energía fácil de utilizar: de ahí que las cosas dulces sean percibidas como agradables o placenteras. También es importante el estado del individuo en ese momento: un vaso de agua y una rebanada de pan serían considerados normalmente una de las comidas más insulsas imaginables, pero sabrían a ambrosía de los dioses si quien las probara en un momento dado acabara de pisar tierra firme tras haber estado meses a la deriva en el mar.

La mayoría de esas cosas estimulan el circuito de recompensa de forma indirecta, es decir, causando una reacción en el cuerpo que el cerebro reconoce como buena y, por tanto, merecedora de una sensación gratificante. Lo que da ventaja a las drogas (y, de paso, las hace tan peligrosas) es que pueden activar el circuito de recompensa «directamente». Se salta así todo ese otro engorroso proceso de «encontrar un efecto positivo en el organismo que el cerebro reconozca como tal»: es como el empleado de un banco que entrega bolsas de dinero en efectivo a quien se las pida sin reparar en detalles como «números de cuenta bancaria» o «documentos de identidad». ¿Cómo lo consigue?

En el capítulo 2 comentamos cómo se comunican las neuronas entre sí a través de unos neurotransmisores específicos, como la noradrenalina, la acetilcolina, la dopamina o la serotonina. Su función es pasar señales entre neuronas formando un circuito o una red. Las neuronas los rocían en las sinapsis (ese «hueco» reservado para la intercomunicación neuronal). Allí, dichos transmisores interactúan con unos receptores concretos para cada tipo de ellos, como si estos fueran una llave particular que abriera una cerradura específica. La naturaleza y el tipo de receptor con el que interactúa cada transmisor determinan la actividad resultante. Puede tratarse de una neurona excitadora, dedicada a activar otras regiones del cerebro como quien enciende y apaga el interruptor de una lámpara, o podría ser una neurona inhibidora, que reduce o apaga completamente la actividad en las áreas asociadas a ella.

Pero supongamos que tales receptores no fueran tan «fieles» a sus neurotransmisores específicos como cabría esperar de ellos. ¿Y si otros compuestos químicos pudieran emular a ciertos neurotransmisores y activaran receptores concretos en ausencia de aquellos? Si esto fuera posible, sería concebible usar dichas sustancias químicas para manipular la actividad de nuestros cerebros de un modo artificial. Pues, bien, resulta que sí es posible y que lo hacemos con bastante asiduidad.

Son legión los medicamentos cuyo principio activo es un compuesto químico que interactúa con ciertos receptores celulares. Los agonistas hacen que los receptores activen e induzcan actividad: por ejemplo, las medicaciones indicadas para tratar ritmos cardiacos lentos o irregulares suelen consistir en sustancias que imitan la adrenalina, encargada de regular la actividad cardiaca. Los antagonistas ocupan receptores, pero no inducen actividad alguna, pues simplemente los «bloquean» e impiden que los verdaderos neurotransmisores los activen (como una maleta colocada a modo de tope para que no se cierre la puerta de un ascensor). Los fármacos antipsicóticos funcionan normalmente a base de bloquear ciertos receptores de la dopamina, pues se ha relacionado la actividad dopamínica anormal con algunos síntomas psicóticos.

¿Y si hubiera compuestos químicos capaces de inducir «artificialmente» actividad en el circuito de recompensa sin que nosotros tuviéramos que hacer nada más para activarlo? Probablemente serían muy populares, ¿no? Tan populares, de hecho, que las personas harían lo imposible por conseguirlas. Pues eso exactamente es lo que hacen la mayoría de las drogas adictivas.

No es de extrañar que, dada la inverosímil diversidad de cosas beneficiosas que podemos hacer, el circuito de recompensa disponga de una increíblemente amplia variedad de conexiones y receptores, lo que significa que es susceptible a una diversidad similarmente extensa de sustancias. La cocaína, la heroína, la nicotina, las anfetaminas e incluso el alcohol incrementan la actividad en el circuito de recompensa, lo que nos induce un placer tan injustificado como innegable. El propio circuito de recompensa usa dopamina para todas sus funciones y procesos. Eso explica por qué numerosos estudios han mostrado que las drogas adictivas producen invariablemente un aumento de la transmisión de dopamina en el circuito de recompensa. Es lo que hace que sean «placenteras», especialmente, aquellas drogas que remedan la dopamina (como la cocaína, por ejemplo)[18].

Nuestros poderosos cerebros nos dotan de la capacidad intelectual necesaria para comprender rápidamente que algo induce placer en nosotros, decidir enseguida que queremos más de eso y averiguar en un santiamén cómo conseguirlo. Por fortuna, tenemos también regiones en el cerebro superior dedicadas a atenuar o incluso anular impulsos básicos como «esta cosa hace que me sienta bien; debo procurarme más de esta cosa». El funcionamiento de esos centros de control de los impulsos no se conoce aún del todo, pero lo que se cree es que muy probablemente se ubican en el córtex prefrontal, junto con otras funciones cognitivas complejas[19]. Sea como fuere, el hecho es que el control de los impulsos nos permite frenar nuestros excesos y reconocer que, bien pensado, abandonarse al hedonismo puro y duro no es una buena idea.

Otro factor a tener en cuenta es la plasticidad y la adaptabilidad del cerebro. ¿Que una droga ocasiona una actividad excesiva de un determinado receptor? Pues el cerebro responde a ello reprimiendo la actividad de las células que esos receptores activan, o cerrando los receptores, o doblando el número de receptores requeridos para desencadenar una respuesta, o aplicando cualquier método que implique la reanudación de unos niveles «normales» de actividad. Estos procesos son automáticos: no hacen distingos entre droga y neurotransmisor.

Imaginémoslo como si se tratara de una ciudad que acoge la organización de un gran concierto. Todos los elementos de una ciudad están dispuestos para mantener un nivel de actividad normal. Cuando, de pronto, miles de personas excitables llegan allí, la actividad puede alcanzar rápidamente extremos caóticos. Como respuesta, las autoridades incrementan la presencia de policías y fuerzas de seguridad, cierran calles, aumentan la frecuencia de paso de los autobuses urbanos, permiten que los bares abran antes y cierren más tarde, etcétera. Los entusiasmados asistentes al concierto serían la droga, y el cerebro, la ciudad: si hay demasiada actividad, intervienen los mecanismos de defensa. Se produce entonces el fenómeno que conocemos como «tolerancia», que no es otra cosa que el hecho de que el cerebro se adapta a la droga para que esta no vuelva a tener el potente efecto que tenía.

El problema es que el incremento de la actividad (en el circuito de recompensa) es lo que hace que una droga tenga el efecto placentero que se persigue consumiéndola, así que, si el cerebro se adapta para impedirlo, no hay más que una solución: *más droga todavía*. ¿Que se necesita una dosis mayor para obtener la misma sensación? Pues la consumimos y listo. Pero, claro, luego el cerebro se adapta a esa nueva dosis también, con lo que necesitamos otra mayor todavía. Y entonces el cerebro se adapta a esta y la espiral ascendente continúa. Pronto, nuestro cerebro y nuestro organismo son tan tolerantes a la droga en cuestión que nos administramos dosis que podrían perfectamente matar a cualquiera que no la hubiera probado nunca antes, pero con las que el cuerpo humano ya «tolerante» no obtiene más que el mismo «colocón» que lo enganchó la primera vez.

Ese es uno de los motivos por los que es tan difícil dejar de consumir una droga y pasar el correspondiente «mono» o síndrome de abstinencia. Si la persona en cuestión lleva ya tiempo consumiendo una droga (o más de una), dejarla no es una simple cuestión de fuerza de voluntad y disciplina: su cuerpo y su cerebro están tan acostumbrados ya a la droga en cuestión que han experimentado una *modificación física para adaptarse a ella*. Suprimir la droga sin más tendría, pues, graves consecuencias. La heroína y otros opiáceos son buenos ejemplos de ello.

Los opiáceos son unos potentes analgésicos que inhiben los niveles normales de dolor estimulando la endorfina del cerebro (unos neurotransmisores que actúan como analgésicos e inductores de placer naturales) y los sistemas de gestión del dolor, con lo que proporcionan una intensa euforia. Por desgracia, el dolor existe por un motivo (nos hace saber que hay un daño o un perjuicio), así que el cerebro reacciona incrementando la potencia de nuestro sistema de detección de los estímulos dolorosos con el propósito de que atraviese la nube de extasiado placer inducido por el opiáceo de turno. De ahí que los consumidores se administren mayores dosis de opiáceos para cerrar esas grietas y que el cerebro vuelva a reforzar la sensibilidad al dolor, y así sucesivamente.

Si, llegados a ese punto, se retira la droga, el consumidor deja de tener algo que lo calmaba y lo relajaba hasta extremos exagerados. ¡Y se queda con un superpotenciado sistema de detección del dolor! La actividad de su sistema del dolor a esas alturas es suficientemente intensa como para traspasar la capa con la que el «colocón» del opiáceo lo insensibiliza a tales estímulos (tan intensa que, para un cerebro normal, resultaría angustiosamente desesperante, como precisamente lo es para el consumidor de drogas que entra en un periodo de abstinencia). También se ven similarmente modificados por la droga otros sistemas afectados por esta. Por eso el «mono» es tan duro... y decididamente peligroso.

Ya sería suficientemente grave que las drogas causaran estos cambios fisiológicos y nada más. Por desgracia, las alteraciones inducidas en el cerebro cambian también la conducta del individuo. Cabría suponer que las múltiples consecuencias y exigencias desagradables del consumo de droga tendrían que ser suficientes para disuadir a las personas de dicho consumo. Sin embargo, la «lógica» es una de las primeras víctimas que sucumbe cuando alguien se aficiona a las drogas. Hay partes del cerebro que seguramente actúan incrementando la tolerancia y manteniendo un funcionamiento normal, pero este órgano es tan diverso que otras áreas cerebrales contribuyen simultáneamente a que sigamos ingiriendo la droga. Puede causar, así, lo contrario de la tolerancia: los consumidores de droga pueden sensibilizarse a los efectos de esta por medio de la supresión de los sistemas de adaptación[20], con lo que el estupefaciente en cuestión se vuelve *más* potente y empuja a quien lo consume a buscarlo con más ahínco si cabe. Ese es uno de los factores que conduce a la adicción*.

---

* Que conste que también podemos volvernos adictos a cosas que no son drogas. Las compras, los videojuegos... todo aquello capaz de activar el circuito de recompensa por encima de sus niveles normales. La adicción al juego es

Hay más. La comunicación entre el circuito de recompensa y la amígdala contribuye a proporcionar una fuerte respuesta emocional ante todas aquellas «pistas» relacionadas con la droga en cuestión que nos la recuerdan[22]. La pipa, la jeringa o el encendedor específicos, o el olor de la sustancia en sí, son elementos que adquieren una intensa carga emocional y que se convierten en estimuladores del consumo por sí solos. Esto significa que los consumidores de droga pueden experimentar los efectos de esta directamente a partir de los objetos *asociados* a ella.

Los adictos a la heroína constituyen otro crudo ejemplo de ello. Uno de los tratamientos contra la adicción a la heroína es la metadona, otro opiáceo que proporciona unos efectos parecidos (aunque amortiguados) y que, en teoría, permite que los consumidores vayan abandonando paulatinamente el consumo sin sufrir síndrome de abstinencia. La metadona se suministra en un formato que solo puede ingerirse por vía oral (de hecho, se parece mucho a un jarabe para la tos de un sospechoso color verde), mientras que la heroína se inyecta casi siempre por vía intravenosa. Pero el cerebro establece una conexión tan fuerte entre la inyección y los efectos de la heroína que el acto mismo de pincharse ya coloca a los heroinómanos. Se conocen casos de adictos que han fingido tragarse la metadona para luego escupirla en una jeringa e inyectársela[23]. Esa es una práctica tremendamente peligrosa (aunque solo sea por razones de higiene), pero la droga deforma hasta tal punto el funcionamiento del cerebro que el

_____

especialmente perniciosa. Ganar mucho dinero con un mínimo esfuerzo es muy gratificante, pero esa es una adicción muy difícil de revertir. Generalmente, para abandonar una adicción, se necesitan prolongados periodos de tiempo sin recompensa a fin y objeto de que el cerebro deje de esperar y desear el estímulo que la provoca. Pero, en el caso del juego, es normal que la persona pase largos periodos de tiempo sin ganar y, por lo tanto, perdiendo dinero[21]. Por consiguiente, cuesta mucho convencer a las personas ludópatas de que dejen de jugar porque el juego es malo, pues lo normal es que ya sean plenamente conscientes de que lo es.

método de administración se convierte en algo casi tan importante como la droga en sí.

La constante estimulación del circuito de recompensa a que nos someten las drogas también altera nuestra capacidad de pensar y comportarnos racionalmente. Concretamente, modifica la interfaz entre el circuito de recompensa y el córtex frontal, que es donde se toman las decisiones conscientes importantes, hasta el punto de que pasan a priorizarse las conductas dirigidas a la adquisición de más droga por encima de otras cosas que, normalmente, serían más importantes (como mantener un puesto de trabajo, obedecer la ley o, simplemente, ducharse). Al mismo tiempo, se minimiza el grado de molestia o preocupación que para la persona adicta podrían suponer las consecuencias negativas del consumo de estupefacientes (los arrestos policiales, la contracción de una enfermedad grave por compartir agujas, el distanciamiento de los amigos y la familia, etcétera). De ahí que un adicto se encoja de hombros con bastante indiferencia ante la posibilidad de perder todas sus posesiones terrenales, pero esté dispuesto a arriesgar repetidamente su propio pellejo con tal de conseguir otra dosis.

El hecho más desconcertante de todos tal vez sea lo mucho que el consumo excesivo de drogas inhibe la actividad del córtex prefrontal y de las áreas del control de impulsos. Disminuye la influencia de aquellas partes del cerebro que nos dicen «no hagas eso», «eso es una insensatez», «lo lamentarás», etcétera. El libre albedrío es posiblemente uno de los más profundos logros del cerebro humano, pero, si se interpone en el camino de un «colocón», tiene todas las de perder[24].

Y todavía hay más malas noticias. Estas modificaciones o alteraciones del cerebro debidas a las drogas, amén de todas las asociaciones de estas con otros objetos, no desaparecen cuando se interrumpe el consumo de estupefacientes: simplemente dejan de usarse. Puede que se atenúen un poco, pero perduran y seguirán estando ahí para cuando el individuo vuelva a probar la droga (si es que la vuelve a probar), por mucho tiempo que se haya abstenido en consumirla de nuevo hasta entonces. Eso explica por qué son tan fáciles las recaídas (y por qué constituyen un muy serio problema).

El modo exacto en que las personas terminan convirtiéndose en consumidores habituales de drogas varía sustancialmente de unas a otras. Puede que sea porque viven en zonas terriblemente desfavorecidas donde lo único que alivia a muchos de la cruda realidad de la vida diaria es la propia droga. Puede que sea porque padecen un trastorno mental no diagnosticado y acaben «automedicándose» probando las drogas para mitigar los problemas que sufren a diario. Se cree incluso que existe un componente genético en el consumo de estupefacientes que se traduciría en un menor desarrollo (o una menor potencia) en algunas personas de la región cerebral dedicada al control de los impulsos.[25] Todos tenemos esa parte nuestra que, ante la oportunidad de probar una experiencia nueva, nos dice: «¿Qué es lo peor que podría pasar?». Desgraciadamente, hay personas que carecen de esa otra parte del cerebro que explica con todo lujo de detalles qué podría pasar realmente. Ahí residiría el motivo por el que muchos individuos pueden tener escarceos con las drogas y apartarse de ellas sin padecer alteración alguna, mientras que otros quedan atrapados desde el primer «pico».

Sea cual sea la causa o las decisiones iniciales que condujeron a ella, la adicción es un trastorno reconocido por los profesionales de la salud que requiere tratamiento, y no un defecto que convenga criticar o condenar. El consumo excesivo de drogas hace que el cerebro sufra cambios alarmantes, muchos de los cuales pueden llegar a ser contradictorios unos con otros. Las drogas parecen volver al cerebro en contra de sí mismo y lanzarlo a una especie de prolongada guerra de desgaste cuyo campo de batalla son nuestras vidas mismas. Eso es una de las peores cosas que alguien puede hacerse a sí mismo, pero las drogas dan la vuelta de tal manera a la situación que al individuo en cuestión no le importa dañarse de ese modo.

Esto es el cerebro de una persona cuando se droga. No me negarán que era muy difícil de expresar solo con unos huevos.

DA IGUAL, LA REALIDAD ESTÁ SOBREVALORADA
(Las alucinaciones, los delirios y lo que el cerebro hace para causarlos)

Una de las incidencias más comunes en relación con los problemas de salud mental es la psicosis: un estado en el que se ve comprometida la capacidad de la persona para distinguir lo que es real de lo que no lo es. Las expresiones más habituales de la psicosis son las alucinaciones (percibir algo que no está ahí realmente) y los delirios (creer incuestionablemente algo que es demostrablemente irreal o falso), entre otras alteraciones de la conducta y el pensamiento. La sola idea de que esas cosas ocurren puede resultarnos muy perturbadora; perder nuestro contacto con la realidad misma: ¿qué se supone que haremos entonces?

Resulta inquietante lo vulnerables que son los sistemas neurológicos encargados de gestionar algo tan fundamental como es la capacidad de mantener la conciencia de la realidad. Todo lo abordado en este capítulo hasta el momento —las depresiones, las drogas y el alcohol, el estrés y las crisis nerviosas— puede acabar desencadenando alucinaciones y delirios en un cerebro sometido a una exigencia mayor de la normal por culpa de esos fenómenos y factores. Hay también otras muchas cosas que los activan, como la demencia, la enfermedad de Parkinson, el trastorno bipolar, la privación de sueño, los tumores cerebrales, el VIH, la sífilis, la enfermedad de Lyme, la esclerosis múltiple, unos niveles anormalmente bajos de azúcar en sangre, el alcohol, el cannabis, las anfetaminas, la ketamina, la cocaína y algunas más. Algunos trastornos están tan asociados a la psicosis que se conocen por el nombre de «trastornos psicóticos», de los que el más conocido es la esquizofrenia. Dejemos clara una cosa: la esquizofrenia no es un trastorno de doble personalidad, pues la escisión o el «cisma» al que hace referencia la raíz griega del término es más bien entre el individuo y la realidad.

Aunque la psicosis se traduce a menudo en síntomas como la sensación de que alguien nos toca cuando no nos está tocando nadie, o de saborear u oler cosas que no están ahí, las alucinaciones más comunes son las auditivas (es decir, el «oír voces»). De este tipo de alucinación se conocen varias clases diferenciadas.

Existen las alucinaciones auditivas en primera persona (cuando «oímos» nuestros propios pensamientos como si alguien más nos los estuviera enunciando), en segunda persona (cuando oímos una voz separada de nosotros que *nos* habla) y en tercera persona (cuando oímos una o más voces que hablan *de nosotros,* como si estuvieran comentando constantemente lo que hacemos). Las voces pueden ser masculinas o femeninas, familiares o desconocidas, amables o críticas. Si esto último es el caso (que lo es con mucha frecuencia), hablamos de alucinaciones «peyorativas». El carácter de las alucinaciones puede ayudar mucho al diagnóstico: por ejemplo, unas alucinaciones peyorativas persistentes en tercera persona son un indicador muy fiable de la presencia de esquizofrenia[26].

¿Cómo se producen? No es fácil estudiar las alucinaciones, porque, para hacerlo, necesitaríamos personas que alucinaran automáticamente a nuestra señal en un laboratorio. Pero las alucinaciones son imprevisibles en general y, si alguien pudiera encenderlas y apagarlas a voluntad, no serían un problema. No obstante, sí se han realizado numerosos estudios centrados principalmente en las alucinaciones auditivas que experimentan los pacientes de esquizofrenia, que tienden a ser muy persistentes.

La teoría más común sobre cómo ocurren las alucinaciones pone el foco en los complejos procesos que emplea el cerebro para diferenciar entre la actividad neurológica generada por el mundo exterior y la actividad que generamos a nivel interno.

Nuestros cerebros están continuamente parloteando, pensando, cavilando, preocupándose, etcétera. Todo eso produce (o es producido por) actividad en el cerebro.

El cerebro suele ser bastante capaz de separar la actividad interna de la externa (que es la producida por la información sensorial), cual gestor de correo electrónico que clasifica los mensajes recibidos y los enviados en carpetas perfectamente separadas. La teoría es que las alucinaciones ocurren cuando esa capacidad se ve alterada. Si alguna vez han acumulado accidentalmente todos sus correos electrónicos en una misma carpeta, comprenderán hasta qué punto puede ser confusa una situación como esa, así que imaginen que eso mismo pasara con sus funciones cerebrales.

En definitiva, el cerebro pierde la pista de cuál es la actividad interna y cuál la externa, y no es un órgano al que se le dé bien resolver esas confusiones. Ya lo demostramos en el capítulo 5, cuando comentamos lo mucho que nos cuesta apreciar diferencia alguna entre el sabor de una manzana y el de una patata cuando las probamos con los ojos cerrados. Y eso suponiendo que el cerebro funcione «normalmente». En el caso de las alucinaciones, los sistemas que separan la actividad interior de la exterior también tienen los ojos vendados (metafóricamente hablando). Así que las personas terminan percibiendo su propio monólogo interior como si fuera otra persona la que está hablando con ellas, pues tanto las cavilaciones como las palabras habladas (y oídas) activan el córtex auditivo y las áreas de procesamiento del lenguaje asociadas. En realidad, varios estudios han mostrado que las alucinaciones persistentes en tercera persona se corresponden con una reducción del volumen de materia gris en esas áreas[27]. La materia gris es la que se encarga de todo ese procesamiento, así que esos datos sugieren que tal reducción implica una disminución en la capacidad para diferenciar entre la actividad generada a nivel interno y la generada a nivel externo.

Las pruebas que apuntan a que esto es así proceden de una fuente inesperada: las cosquillas. La mayoría de personas somos incapaces de provocarnos cosquillas a nosotros mismos. ¿Por qué no? Las cosquillas deberían sentirse igual con independencia de quién las provocara, pero lo cierto es que cosquillearnos a nosotros mismos implica una decisión y una acción conscientes de nuestra parte, y que eso requiere a su vez de cierta actividad neurológica que el cerebro reconoce como de origen interno, por lo que la procesa de manera diferente. El cerebro detecta el cosquilleo, pero la actividad consciente interna ya lo ha señalado de antemano, por lo que lo ignora. Eso hace que sea un ejemplo muy útil de la capacidad cerebral para distinguir entre actividad interna y externa. La profesora Sarah-Jayne Blakemore y sus colaboradores en el Departamento Wellcome de Neurología Cognitiva estudiaron la capacidad de varios pacientes psiquiátricos para hacerse cosquillas a sí mismos[28]. Y hallaron que, en comparación con personas que no padecían ese tipo de afecciones, los pacientes que experimentaban alucinaciones eran mucho más sensibles al autocosquilleo, lo que indicaría una alteración de la capacidad para separar los estímulos internos de los externos.

Aun cuando esa es una interesante manera (no exenta de defectos) de enfocar el estudio de la cuestión, conviene dejar claro que el hecho de que alguien pueda provocarse cosquillas a sí mismo no es un indicador automático de psicosis. Las personas somos asombrosamente diversas. El compañero de piso de mi esposa durante sus años de estudiante universitaria podía hacerse cosquillas a sí mismo y nunca ha tenido afección psiquiátrica alguna. Eso sí, es muy, muy alto; ¿será posible que las señales nerviosas tarden tanto en llegar al cerebro desde el punto concreto del cosquilleo que le dé tiempo de olvidarse simplemente de cómo se originaron? *

---

* No, es del todo imposible que esa sea la respuesta. De hecho, esa fue una teoría que me inventé en mis tiempos de estudiante un día que me pusieron en un aprieto. En aquella época, yo era mucho más arrogante que hoy en día y estaba dispuesto a formular las más absurdas conjeturas con tal de no admitir que no sabía algo.

De los estudios con neuroimágenes se han desprendido nuevas teorías sobre cuál es la forma general en que se originan las alucinaciones. Según una extensa revisión sistemática de las pruebas disponibles, publicada por el doctor Paul Allen y sus colaboradores en 2008[29], las alucinaciones vendrían provocadas por un mecanismo tan intrincado como sorprendentemente lógico.

Como ya se habrán imaginado, la capacidad de nuestro cerebro para diferenciar entre sucesos internos y externos proviene de la actuación conjunta de múltiples regiones. Intervienen, para empezar, ciertas áreas subcorticales fundamentales (especialmente el tálamo) que aportan la información en bruto que les suministran los sentidos. Esta va a parar al córtex sensorial, que es un término genérico que engloba a todas aquellas áreas diversas implicadas en el procesamiento sensorial (el lóbulo occipital en el caso de la vista, los lóbulos temporales en el caso del procesamiento auditivo y olfativo, etcétera). Los investigadores suelen subdividirlo en un córtex sensorial primario y otro secundario; el primario procesa las características en bruto de un estímulo, mientras que el secundario procesa y reconoce detalles más finos (por ejemplo, el córtex sensorial primario reconoce unas líneas, unos bordes y unos colores concretos, mientras que el secundario reconoce que todos ellos forman un autobús que viene hacia nosotros, así que ambos cumplen una función importante).

El córtex sensorial está conectado con varias áreas del córtex prefrontal (decisiones y funciones superiores, pensamiento), el córtex premotor (producción y supervisión del movimiento consciente), el cerebelo (control y mantenimiento de la motricidad fina) y otras regiones con funciones similares. Estas áreas se encargan en general de determinar nuestros actos conscientes y proporcionan información necesaria para determinar qué actividad se genera internamente, como vimos en el ejemplo de las cosquillas. El hipocampo y la amígdala incorporan a su vez los elementos de la memoria y la emoción, de manera que podemos recordar lo que estamos percibiendo y reaccionar en consecuencia.

La actividad entre esas regiones interconectadas sostiene nuestra capacidad para separar el mundo exterior del que se encierra dentro de nuestro cráneo. Cuando algo afecta al cerebro hasta el punto de cambiar esas conexiones, suceden las alucinaciones. Un incremento de la actividad en el córtex sensorial secundario hace que las señales generadas por los procesos internos se intensifiquen y nos afecten más. Una disminución de la actividad de las conexiones que enlazan con el córtex prefrontal, el córtex premotor, etcétera, impide que el cerebro reconozca como interna cierta información que sí se está produciendo internamente. También se cree que todas estas áreas se encargan de supervisar el sistema de detección de lo externo y lo interno, y que con ello garantizan que la información sensorial genuina se procese como tal; por lo tanto, la perturbación de las conexiones con esas áreas conduciría a que más información generada internamente se «percibiera» como información sensorial «auténtica»[30].

La combinación de todos estos factores causa alucinaciones. Si alguno de ustedes se dice a sí mismo «¡menudo descuido!» cuando, tras comprarse un juego de té nuevecito, deja que sea su hijo pequeño de dos años quien lo saque de la tienda y lo transporte de camino a casa, esa nota mental será procesada normalmente por su cerebro como un comentario interno. Pero si su cerebro no fuese capaz de reconocer que vino del córtex prefrontal, la actividad que él mismo ha producido en sus áreas de procesamiento del lenguaje podría ser reconocida como algo dicho o hablado realmente. Si a ello le sumáramos una actividad atípica en la amígdala, resultaría que esta tampoco rebajaría las connotaciones emocionales de esa sensación, con lo que usted podría terminar «oyendo» una voz muy crítica consigo mismo.

El córtex sensorial lo procesa todo y la actividad interna puede estar relacionada con cualquier cosa: de ahí que las alucinaciones puedan producirse en cualquiera de nuestros sentidos. Nuestros cerebros, por puro desconocimiento, incorporan toda esa actividad anómala a los procesos de percepción, con lo que terminamos percibiendo cosas alarmantes e irreales que no están ahí. Y dada la amplísima red de sistemas responsables de nuestra conciencia de lo que es real y lo que no, el cerebro es vulnerable a una larga lista de factores, lo que explica por qué las alucinaciones son tan comunes en los estados de psicosis.

Los delirios, que son creencias falsas en cosas que son demostrablemente no ciertas, constituyen otra característica habitual de las psicosis y evidencian también una alteración de la capacidad para distinguir entre lo real y lo no real. Los delirios pueden adoptar muchas formas: existen los delirios de grandeza (cuando un individuo cree ser alguien mucho más impresionante de lo que realmente es, como, por ejemplo, quien se tiene por un genio de los negocios líder a nivel mundial cuando, en realidad, no pasa de ser el dependiente de una zapatería a tiempo parcial) y existen también los delirios persecutorios (más comunes que los anteriores), que son los que experimenta un individuo cuando cree que está siendo objeto de una persecución implacable (y está convencido de que todas las personas con las que se encuentra forman parte de un oscuro complot urdido con el propósito de secuestrarle).

Los delirios pueden ser tan variados y extraños como las alucinaciones, pero suelen resultar más pertinaces: los delirios tienden a «fijarse» y a ser muy resistentes a la presentación de pruebas claras en su contra. Es más fácil convencer a alguien de que las voces que está oyendo no son reales que convencer a una persona delirante de que no todo el mundo está conspirando contra ella. Y es que, en vez de en un fallo en la regulación de la percepción de la actividad interna y la externa, se cree que el origen de los delirios está en los sistemas cerebrales dedicados a interpretar lo que ocurre y a distinguirlo de lo que *debería* ocurrir.

El cerebro tiene mucha información con la que lidiar en todo momento y, para procesarla de manera efectiva, mantiene un modelo mental de cuál se supone que es el modo de funcionamiento normal del mundo. Las creencias, las experiencias, las expectativas, los supuestos o los cálculos se combinan formando una interpretación general (y constantemente actualizada) de cómo ocurren las cosas, a fin de que sepamos qué esperar y cómo reaccionar sin tener que averiguarlo todo de nuevo cada vez. La consecuencia de ello es que no nos sentimos constantemente sorprendidos por el mundo que nos rodea

Vamos andando por la calle y un autobús se para a nuestra altura. Ese no es un suceso sorprendente porque nuestro modelo mental del mundo reconoce y sabe cómo funcionan los autobuses: sabemos que los autobuses se detienen en las paradas para admitir nuevos pasajeros y dejar salir a otros que transportaban en su interior, así que hacemos caso omiso de ese hecho. Sin embargo, si un autobús se para junto a nuestra casa y no se mueve de allí, la situación nos resultaría atípica. Nuestro cerebro estaría recibiendo en ese momento información nueva y desconocida para él, y tendría que darle un sentido a fin de actualizar y mantener el resto de su modelo mental del mundo.

Así que, en ese momento, investigaríamos el asunto y averiguaríamos que el autobús está allí parado porque se le ha averiado el motor. Sin embargo, antes de descubrir esa verdad, se nos habrían ocurrido una serie de diversas hipótesis posibles. ¿Estará espiándonos el conductor del autobús? ¿Nos habrá comprado alguien un autobús? ¿Habrán convertido nuestra casa en una cochera para autobuses sin que lo supiéramos? Al cerebro se le ocurren todas esas explicaciones, pero reconoce que son muy improbables porque emplea como base el modelo mental, ya existente, de cómo funcionan las cosas, así que las descarta.

Pues, bien, los delirios se producen cuando ese sistema sufre una alteración. Un tipo de delirio muy conocido es el síndrome de Capgras. Quien lo sufre cree realmente que alguien muy próximo a él (su pareja, uno de sus padres, un hermano, un amigo, un animal de compañía) ha sido sustituido por un impostor idéntico al original.[31] Normalmente, cuando vemos a un ser querido se activan en nosotros múltiples recuerdos y emociones: amor, afecto, cariño, frustración, irritación (en función de cuánta haya sido la duración de la relación hasta ese momento).

Pero suponga que ve usted a su pareja y no siente ninguna de las reacciones emocionales asociadas habitualmente a esa visión. Eso es algo que puede venir causado por ciertos daños en algunas áreas de los lóbulos frontales. Basándose en todos sus recuerdos y experiencias, su cerebro prevé una fuerte respuesta emocional ante la visión de su pareja y, sin embargo, esta no se produce. Surge entonces la incertidumbre: he ahí a mi pareja de toda la vida, y yo siento muchas cosas por mi pareja de toda la vida, cosas que ahora mismo no estoy sintiendo. ¿Por qué no? Una manera de resolver esa incongruencia es llegando a la conclusión de que esa persona que está ahí delante no es su pareja, sino un impostor (o una impostora) físicamente idéntico a ella. Esa conclusión hace posible que al cerebro le cuadre la discordancia que está experimentando y que ponga fin así a la incertidumbre. En eso consiste el síndrome (o delirio) de Capgras.

El problema es que es evidentemente falso, pero el cerebro del individuo que lo experimenta no reconoce tal falsedad. Y la presentación de pruebas objetivas de la identidad de la pareja no hace más que empeorar la sensación derivada de la ausencia de esa conexión emocional esperada, con lo que la conclusión de que la otra persona es una impostora es más «convincente» si cabe. Y el delirio se sostiene aun a pesar de toda la evidencia en contra.

Este es el proceso básico que se cree que subyace a los delirios en general: el cerebro *espera* que suceda algo, percibe que lo que sucede es otra cosa *diferente,* el suceso esperado y el acaecido no concuerdan, y busca una solución a esa disparidad. Y la situación comienza a resultar problemática cuando las soluciones se basan en conclusiones absurdas o inverosímiles.

Por culpa de otras tensiones y de otros factores que perturban los delicados sistemas de nuestro cerebro, ciertas cosas que percibimos y a las que normalmente restaríamos importancia por considerarlas inocuas o irrelevantes pueden acabar siendo

procesadas como elementos mucho más significativos para nosotros. Los delirios mismos pueden incluso indicarnos la naturaleza del problema que los está produciendo.[32] Por ejemplo, una
ansiedad excesiva acompañada de paranoia significaría que el
individuo está experimentando una activación inexplicada del
sistema de detección de amenazas y de otros sistemas defensivos
y que intenta hacerla cuadrar buscando una fuente para tan misteriosa amenaza. Eso puede llevarle a interpretar una conducta
inofensiva (por ejemplo, que al pasar al lado de alguien en una
tienda, este esté farfullando algo entre dientes) como sospecho-
sa y amenazadora, hasta el punto de que despierte en él delirios
sobre misteriosos complots en su contra. La depresión, por
ejemplo, concita un estado de ánimo inexplicablemente bajo,
con lo que cualquier experiencia mala, por ligeramente negativa
que sea (algo como que otra persona se marche de una mesa justo en el momento en que el individuo deprimido se estaba sen-
tando a su lado, por poner un caso), adquiere significación y es
interpretada como si el individuo produjera un intenso desagrado en otras personas por culpa de lo horrible o repulsivo que es
(o, mejor dicho, que cree ser), lo que puede propiciar la aparición de delirios.

Lo que no se ajusta a nuestro modelo mental del modo en
que el mundo funciona suele ser minimizado o reprimido: no es
algo que se avenga a nuestras expectativas o predicciones, así que
la mejor explicación posible es que es falso o erróneo y, por lo
tanto, podemos ignorarlo. Puede que una persona crea que no
existen los extraterrestres y que le parezca que todo aquel que
diga haber avistado ovnis o haber sido abducido por alienígenas
está loco de atar. Lo que otros digan no desmentirá sus ideas al
respecto. Pero eso será así hasta cierto punto: si, por una de aquellas extrañas casualidades, los extraterrestres la abdujeran y la
examinaran a fondo con toda clase de sondas, probablemente sus
conclusiones sobre la cuestión cambiarían. Pues, bien, en el caso
de los estados de delirio, las experiencias que contradicen las pro-

pias conclusiones del individuo pueden ser más fuertemente reprimidas por este de lo normal.

En las actuales teorías sobre los sistemas neurológicos responsables de los delirios, se propone la existencia de un esquema terriblemente complejo que surge a partir de otra red extendida de áreas cerebrales (regiones del lóbulo parietal, el córtex prefrontal, el giro temporal, el cuerpo estriado, la amígdala, el cerebelo, regiones mesocorticolímbicas, etcétera)[33]. También hay indicios que sugieren que las personas proclives a los delirios muestran un exceso de glutamato neurotransmisor excitatorio (productor de mayor actividad), lo que podría explicar por qué ciertas estimulaciones inocuas adquieren tan excesiva significancia[34]. El exceso de actividad también agota los recursos neuronales y reduce con ello la plasticidad neuronal, por lo que el cerebro es menos capaz de cambiar y de adaptar las áreas afectadas. Todo ello hace que los delirios sean todavía más persistentes.

Una advertencia: esta sección se ha centrado en las alucinaciones y los delirios causados por perturbaciones y problemas en los procesos del cerebro. Y aunque de ello podría deducirse que alucinaciones y delirios obedecen solamente a la acción de trastornos o enfermedades, lo cierto es que no es así. Por ejemplo, podemos pensar que alguien «delira» si cree que la Tierra solo tiene seis mil años de antigüedad y que los dinosaurios jamás existieron, y millones de personas de veras creen cosas así. También hay hombres y mujeres que creen sin lugar a dudas que familiares suyos ya fallecidos hablan con ellos/ellas. ¿Están enfermos? ¿Están pasando un duelo? ¿Se trata de algún mecanismo de afrontamiento? ¿Un tema espiritual? Hay muchas explicaciones posibles que no pasan necesariamente por una «mala salud mental».

Nuestros cerebros deciden lo que es real y lo que no basándose en nuestras experiencias, y si crecemos en un contexto donde cosas objetivamente imposibles son consideradas como lo más normal del mundo, entonces nuestros cerebros fácilmente concluirán que tales cosas *son* normales y juzgarán todo lo demás en consecuencia. Incluso personas no criadas en un sistema de creencias extremo son susceptibles a esa clase de conclusiones: el sesgo del «mundo justo» descrito en el capítulo 7 es asombrosamente común y suele conducir a conclusiones, creencias y supuestos acerca de las personas que padecen situaciones de penuria económica y social que no son correctas.

Por eso, las creencias poco (o nada) realistas solo se clasifican como delirios si no son coherentes con el sistema de creencias y opiniones por el que la persona se regía hasta ese momento. La experiencia de un devoto creyente evangélico de la región estadounidense conocida como el «Cinturón de la Biblia» que vaya por ahí diciendo que puede oír la voz de Dios no está considerada un delirio. Pero ¿y una contable en prácticas agnóstica de Sunderland (que, para que nos hagamos una idea, es la única ciudad inglesa que no tiene catedral) que de pronto empiece a decir que puede oír la voz de Dios? Sí, en ese caso, probablemente clasificaremos su estado como delirante.

El cerebro nos proporciona una impresionante percepción de la realidad, pero, como ya hemos visto repetidamente a lo largo de este libro, buena parte de esa percepción está basada en cálculos, extrapolaciones y, en ocasiones, meras conjeturas del propio cerebro. En vista de todas las cosas posibles que pueden afectar al funcionamiento cerebral, no cabe sorprenderse de que dichos procesos puedan torcerse un poco, sobre todo, si tenemos en cuenta que lo que se considera «normal» es más el resultado de un consenso general que una realidad fáctica fundamental. Resulta asombroso que los seres humanos lleguemos a hacer todo lo que hacemos, la verdad.

Aunque, bueno, eso es suponiendo que realmente *hagamos* algo. Puede que eso sea solamente lo que nos decimos a nosotros mismos para tranquilizarnos. ¿Y si nada fuera real? ¿Habrá sido todo este libro una pura alucinación? Mirándolo bien, espero que no, porque, de lo contrario, habré malgastado una considerable cantidad de tiempo y esfuerzo.

EPÍLOGO

Así que esto es el cerebro. Impresionante, ¿verdad? Bueno, aunque un poquitín estúpido también.

AGRADECIMIENTOS

A mi esposa, Vanita, por apoyarme en otro de mis descabellados proyectos sin apenas entornar los ojos en señal de incredulidad en ningún momento.

A mis hijos, Millen y Kavita, por darme un motivo para querer lanzarme a la aventura de escribir un libro y por ser demasiado pequeños aún como para importarles si triunfaba en mi propósito o no.

A mis padres, sin quienes no sería capaz de hacer esto... Ni, bien pensado, ninguna otra cosa.

A Simon, por ser tan buen amigo como para avisarme del riesgo de que terminara escribiendo tonterías cuando me dejaba llevar demasiado por la emoción.

A mi agente, Chris, de Greene and Heaton, por lo mucho que ha trabajado y, en especial, por haberse puesto inicialmente en contacto conmigo para decirme si había pensado alguna vez en escribir un libro, porque la verdad es que, hasta aquel momento, nunca lo había pensado.

A mi editora, Laura, por todos sus esfuerzos y su paciencia, y, en especial, por repetirme «eres un neurocientífico, así que deberías escribir sobre el cerebro» hasta que comprendí que tenía razón.

A John, Lisa y el resto del personal de Guardian Faber por transformar mis destartalados esbozos en algo que parece que la gente realmente quiere leer.

A James, Tash, Celine, Chris y unos cuantos James más en *The Guardian,* por darme la oportunidad de colaborar en tan importante cabecera periodística, pese a que yo estaba convencido de que su ofrecimiento se debía a un error administrativo.

A todos mis demás amigos y familiares que me brindaron su apoyo, su ayuda y la diversión que tanto necesitaba mientras escribía este libro.

A ustedes. A todos ustedes. Porque, técnicamente hablando, esto es culpa suya.

Notas

1. Controles mentales

[1] S. B. Chapman, *et al.*, «Shorter term aerobic exercise improves brain, cognition, and cardiovascular fitness in aging», *Frontiers in Aging Neuroscience*, 5, 2013.

[2] V. Dietz, «Spinal cord pattern generators for locomotion», *Clinical Neurophysiology*, 114, 8, 2003, págs. 1379-1389.

[3] S. M. Ebenholtz, M. M Cohen y B. J. Linder, «The possible role of nystagmus in motion sickness: A hypothesis», *Aviation, Space, and Environmental Medicine*, 65, 11, 1994, págs. 1032-1035.

[4] R. Wrangham, *Catching Fire: How Cooking Made Us Human*, Basic Books, 2009.

[5] «Two-shakes-a-day diet plan — Lose weight and keep it off», http://www.nutritionexpress.com/article+index/diet+weight+loss/diet+plans+tips/showarticle.aspx?id=1904 (consultado en septiembre de 2015).

[6] M. Mosley, «The second brain in our stomachs», http://www.bbc.co.uk/news/health-18779997 (consultado en septiembre de 2015).

[7] A. D. Milner y M. A. Goodale, *The Visual Brain in Action* (Oxford Psychology Series no. 27), Oxford University Press, 1995.

[8] R. M. Weiler, «Olfaction and taste», *Journal of Health Education*, 30, 1, 1999, págs. 52-53.

[9] T. C. Adam y E. S. Epel, «Stress, eating and the reward system», *Physiology & Behavior*, 91, 4, 2007, págs. 449-458.

[10] S. Iwanir, *et al.*, «The microarchitecture of C. elegans behavior during lethargus: Homeostatic bout dynamics, a typical body posture, and regulation by a central neuron», *Sleep*, 36, 3, 2013, pág. 385.

[11] A. Rechtschaffen, *et al.*, «Physiological correlates of prolonged sleep deprivation in rats», *Science*, 221, 4606, 1983, págs. 182-184.

[12] G. Tononi y C. Cirelli, «Perchance to prune», *Scientific American*, 309, 2, 2013, págs. 34-39.

[13] N. Gujar, *et al.*, «Sleep deprivation amplifies reactivity of brain reward networks, biasing the appraisal of positive emotional experiences», *Journal of Neuroscience*, 31, 13, 2011, págs. 4466-4474.

[14] J. M. Siegel, «Sleep viewed as a state of adaptive inactivity», *Nature Reviews Neuroscience*, 10, 10, 2009, págs. 747-753.

[15] C. M. Worthman y M. K. Melby, «Toward a comparative developmental ecology of human sleep», en M. A. Carskadon (ed.), *Adolescent Sleep Patterns*, Cambridge University Press, 2002, págs. 69-117.

[16] S. Daan, B. M. Barnes y A. M. Strijkstra, «Warming up for sleep? — Ground squirrels sleep during arousals from hibernation», *Neuroscience Letters*, 128, 2, 1991, págs. 265-268.

[17] J. Lipton y S. Kothare, «Sleep and its disorders in childhood», en A. E. Elzouki (ed.), *Textbook of Clinical Pediatrics*, Springer, 2012, págs. 3363-3377.

[18] P. L. Brooks y J. H. Peever, «Identification of the transmitter and receptor mechanisms responsible for REM sleep paralysis», *Journal of Neuroscience*, 32, 29, 2012, págs. 9785-9795.

[19] H. S. Driver y C. M. Shapire, «ABC of sleep disorders. Parasomnias», *British Medical Journal*, 306, 6882, 1993, págs. 921-924.

[20] «5 other disastrous accidents related to sleep deprivation», http://www.huffingtonpost.com/2013/12/03/sleep-deprivation-accidents-disasters_n_4380349.html (consultado en septiembre de 2015).

[21] M. Steriade, *Thalamus*, Wiley Online Library, 2003 [1997].

[22] M. Davis, «The role of the amygdala in fear and anxiety», *Annual Review of Neuroscience*, 15, 1, 1992, págs. 353-375.

[23] A. S. Jansen, *et al.*, «Central command neurons of the sympathetic nervous system: Basis of the fight-or-flight response», *Science*, 270, 5236, págs. 644-646.

[24] J. P. Henry, «Neuroendocrine patterns of emotional response», en R. Plutchik y H. Kellerman (eds.), *Emotion: Theory, Research and Experience*, vol. 3: *Biological Foundations of Emotion*, Academic Press, 1969, págs. 37-60.

[25] F. E. R. Simons, X. Gu y K. J. Simons, «Epinephrine absorption in adults: Intramuscular versus subcutaneous injection», *Journal of Allergy and Clinical Immunology*, 108, 5, 2001, págs. 871-873.

2. LA MEMORIA ES UN REGALO DE LA NATURALEZA (NO TIREN LA FACTURA)

[1] N. Cowan, «The magical mystery tour: How is working memory capacity limited, and why?», *Current Directions in Psychological Science*, 19, 1, 2010, págs. 51-57.

[2] J. S. Nicolis y I. Tsuda, «Chaotic dynamics of information processing: The "magic number seven plus-minus two" revisited», *Bulletin of Mathematical Biology*, 47, 3, 1985, págs. 343-365.

[3] P. J. Burtis, «Capacity increase and chunking in the development of short-term memory», *Journal of Experimental Child Psychology*, 34, 3, 1982, págs. 387-413.

[4] C. E. Curtis y M. D'Esposito, «Persistent activity in the prefrontal cortex during working memory», *Trends in Cognitive Sciences*, 7, 9, 2003, págs. 415-423.

[5] E. R. Kandel y C. Pittenger, «The past, the future and the biology of memory storage», *Philosophical Transactions of the Royal Society of London B: Biological Sciences*, 354, 1392, 1999, págs. 2027-2052.

[6] D. R. Godden y A.D. Baddeley, «Context-dependent memory in two natural environments: On land and underwater», *British Journal of Psychology*, 66, 3, 1975, págs. 325-331.

[7] R. Blair, «Facial expressions, their communicatory functions and neuro-cognitive substrates», *Philosophical Transactions of the Royal Society B: Biological Sciences*, 358, 1431, 2003, págs. 561-572.

[8] R. N. Henson, «Short-term memory for serial order: The start-end model», *Cognitive Psychology*, 36, 2, 1998, págs. 73-137.

[9] W. Klimesch, *The Structure of Long-Term Memory: A Connectivity Model of Semantic Processing*, Psychology Press, 2013.

[10] K. Okada, K. L. Vilberg y M. D. Rugg, «Comparison of the neural correlates of retrieval success in tests of cued recall and recognition memory», *Human Brain Mapping*, 33, 3, 2012, págs. 523-533.

[11] H. Eichenbaum, *The Cognitive Neuroscience of Memory: An Introduction*, Oxford University Press, 2011 (trad. cast.: *Neurociencia cognitiva de la memoria: Una introducción*, Barcelona, Ariel, 2003).

[12] E. E. Bouchery, *et al.*, «Economic costs of excessive alcohol consumption in the US, 2006», *American Journal of Preventive Medicine*, 41, 5, 2011, págs. 516-524.

[13] A. Ameer y R. R. Watson, «The psychological synergistic effects of alcohol and caffeine», en R. R. Watson, *et al.* (eds.), *Alcohol, Nutrition, and Health Consequences*, Springer, 2013, págs. 265-270.

[14] L. E. McGuigan, *Cognitive Effects of Alcohol Abuse: Awareness by Students and Practicing Speech-Language Pathologists*, Wichita State University, 2013.

[15] T. R. McGee, *et al.*, «Alcohol consumption by university students: Engagement in hazardous and delinquent behaviours and experiences of harm», en *The Stockholm Criminology Symposium 2012*, Consejo Nacional Sueco de Prevención de la Delincuencia, 2012.

[16] K. Poikolainen, K. Leppanen y E. Vuori, «Alcohol sales and fatal alcohol poisonings: A time series analysis», *Addiction*, 97, 8, 2002, págs. 1037-1040.

[17] B. M. Jones y M. K. Jones, «Alcohol and memory impairment in male and female social drinkers», en I. M. Bimbaum y E. S. Parker (eds.), *Alcohol and Human Memory (PLE: Memory)*, 2, 2014, págs. 127-140.

[18] D. W. Goodwin, «The alcoholic blackout and how to prevent it», en I. M. Bimbaum y E. S. Parker (eds.), *Alcohol and Human Memory*, 2, 2014, págs. 177-183.

[19] H. Weingartner y D. L. Murphy, «State-dependent storage and retrieval of experience while intoxicated», en I. M. Bimbaum y E. S. Parker (eds.), *Alcohol and Human Memory (PLE: Memory)*, 2, 2014, págs. 159-175.

[20] J. Longrigg, *Greek Rational Medicine: Philosophy and Medicine from Alcmaeon to the Alexandrians*, Routledge, 2013.

[21] A. G. Greenwald, «The totalitarian ego: Fabrication and revision of personal history», *American Psychologist*, 35, 7, 1980, pág. 603.

[22] U. Neisser, «John Dean's memory: A case study», *Cognition*, 9, 1, 1981, págs. 1-22.

[23] M. Mather y M. K. Johnson, «Choice-supportive source monitoring: Do our decisions seem better to us as we age?», *Psychology and Aging*, 15, 4, 2000, pág. 596.

[24] *Learning and Motivation*, 45, 2004, págs. 175-214.

[25] C. A. Meissner y J. C. Brigham, «Thirty years of investigating the own-race bias in memory for faces: A meta-analytic review», *Psychology, Public Policy, and Law*, 7, 1, 2001, pág. 3.

26 U. Hoffrage, R. Hertwig y G. Gigerenzer, «Hindsight bias: A by-product of knowledge updating?», *Journal of Experimental Psychology: Learning, Memory, and Cognition,* 26, 3, 2000, pág. 566.

27 W. R. Walker y J. J. Skowronski, «The fading affect bias: But what the hell is it for?», *Applied Cognitive Psychology,* 23, 8, 2009, págs. 1122-1136.

28 J. Dębiec, D. E. Bush y J. E. Leroux, «Noradrenergic enhancement of reconsolidation in the amygdala impairs extinction of conditioned fear in rats–A possible mechanism for the persistence of traumatic memories in PTSD», *Depression and Anxiety,* 28, 3, 2011, págs. 186-193.

29 N. J. Roese y J. M. Olson, *What Might Have Been: The Social Psychology of Counterfactual Thinking,* Psychology Press, 2014.

30 A. E. Wilson y M. Ross, «From chump to champ: People's appraisals of their earlier and present selves», *Journal of Personality and Social Psychology,* 80, 4, 2001, págs. 572-584.

31 S. M. Kassin, *et al.,* «On the "general acceptance" of eyewitness testimony research: A new survey of the experts», *American Psychologist,* 56, 5, 2001, págs. 405-416.

32 http://socialecology.uci.edu/faculty/eloftus (consultado en septiembre de 2015).

33 E. F. Loftus, «The price of bad memories», Committee for the Scientific Investigation of Claims of the Paranormal (Comité para la Investigación Científica de Elucubraciones sobre lo Paranormal), 1998.

34 C. A. Morgan, *et al.,* «Misinformation can influence memory for recently experienced, highly stressful events», *International Journal* [[309]] *of Law and Psychiatry,* 36, 1, 2013, págs. 11-17.

35 B. P. Lucke-Wold, *et al.,* «Linking traumatic brain injury to chronic traumatic encephalopathy: Identification of potential mechanisms leading to neurofibrillary tangle development», *Journal of Neurotrauma,* 31, 13, 2014, págs. 1129-1138.

36 S. Blum, *et al.,* «Memory after silent stroke: Hippocampus and infarcts both matter», *Neurology,* 78, 1, 2012, págs. 38-46.

37 R. Hoare, «The role of diencephalic pathology in human memory disorder», *Brain,* 113, 1990, págs. 1695-1706.

38 L. R. Squire, «The legacy of patient HM for neuroscience», *Neuron,* 61, 1, 2009, págs. 6-9.

39 M. C. Duff, *et al.,* «Hippocampal amnesia disrupts creative thinking», *Hippocampus,* 23, 12, 2013, págs. 1143-1149.

[40] P. S. Hogenkamp, *et al.*, «Expected satiation after repeated consumption of low-or high-energy-dense soup», *British Journal of Nutrition*, 108, 1, 2012, págs. 182-190.

[41] K. S. Graham y J. R. Hodges, «Differentiating the roles of the hippocampus complex and the neocortex in long-term memory storage: Evidence from the study of semantic dementia and Alzheimer's disease», *Neuropsychology*, 11, 1, 1997, págs. 77-89.

[42] E. Day, *et al.*, «Thiamine for Wernicke-Korsakoff Syndrome in people at risk from alcohol abuse», *Cochrane Database of Systemic Reviews*, 1, 2004.

[43] L. Mastin, «Korsakoff's Syndrome. The Human Memory – Disorders 2010», http://www.human-memory.net/disorders_korsakoffs.html (consultado en septiembre de 2015).

[44] P. Kennedy y A. Chaudhuri, «Herpes simplex encephalitis», *Journal of Neurology, Neurosurgery & Psychiatry*, 73, 3, 2002, págs. 237-238.

3. EL MIEDO, NADA QUE TEMER

[1] H. Green, *et al.*, *Mental Health of Children and Young People in Great Britain, 2004*, Palgrave Macmillan, 2005.

[2] «In the face of fear: How fear and anxiety affect our health and society, and what we can do about it, 2009», http://www.mentalhealth.org.uk/publications/in-the-face-of-fear (consultado en septiembre de 2015).

[3] D. Aaronovitch y J. Langton, *Voodoo Histories: The Role of the Conspiracy Theory in Shaping Modern History*, Wiley Online Library, 2010.

[4] S. Fyfe, *et al.*, «Apophenia, theory of mind and schizotypy: Perceiving meaning and intentionality in randomness», *Cortex*, 44, 10, 2008, págs. 1316-1325.

[5] H. L. Leonard, «Superstitions: Developmental and cultural perspective», en R. L. Rapoport (ed.), *Obsessive-compulsive Disorder in Children and Adolescents*, American Psychiatric Press, 1989, págs. 289-309.

[6] H. M. Lefcourt, *Locus of Control: Current Trends in Theory and Research*, Psychology Press, 2ª ed., 2014.

[7] J. C. Pruessner, *et al.*, «Self-esteem, locus of control, hippocampal volume, and cortisol regulation in young and old adulthood», *Neuroimage*, 28, 4, 2005, págs. 815-826.

[8] J. T. O'Brien, *et al.*, «A longitudinal study of hippocampal volume, cortisol levels, and cognition in older depressed subjects», *American Journal of Psychiatry*, 161, 11, 2004, págs. 2081-2090.

9   M. Lindeman, *et al.*, «Is it just a brick wall or a sign from the universe? An fMRI study of supernatural believers and skeptics», *Social Cognitive and Affective Neuroscience*, 2012, págs.943-949.

10 A. Hampshire, *et al.*, «The role of the right inferior frontal gyrus: Inhibition and attentional control», *Neuroimage*, 50, 3, 2010, págs. 1313-1319.

11 J. Davidson, «Contesting stigma and contested emotions: Personal experience and public perception of specific phobias», *Social Science & Medicine*, 61, 10, 2005, págs. 2155-2164.

12 V. F. Castellucci y E. R. Kandel, «A quantal analysis of the synaptic depression underlying habituation of the gill-withdrawal reflex in Aplysia», *Proceedings of the National Academy of Sciences*, 71, 12, 1974, págs. 5004-5008.

13 S. Mineka y M. Cook, «Social learning and the acquisition of snake fear in monkeys», *Social Learning: Psychological and Biological Perspectives*, 1988, págs. 51-73.

14 K. M. Mallan, O. V. Lipp y B. Cochrane, «Slithering snakes, angry men and out-group members: What and whom are we evolved to fear?», *Cognition & Emotion*, 27, 7, 2013, págs. 1168-1180.

15 M. Mori, K. F. MacDorman y N. Kageki, «The uncanny valley [from the field]», *Robotics & Automation Magazine, IEEE*, 19, 2, 2012, págs. 98-100.

16 M. E. Bouton y R. C. Bolles, «Contextual control of the extinction of conditioned fear», *Learning and Motivation*, 10, 4, 1979, págs. 445-466.

17 W. J. Magee, *et al.*, «Agoraphobia, simple phobia, and social phobia in the National Comorbidity Survey», *Archives of General Psychiatry*, 53, 2, 1996, págs. 159-168.

18 L. H. A. Scheller, «This is what a panic attack physically feels like», http://www.huffingtonpost.com/2014/10/21/panic-attack-feeling_n_5977998.html (consultado en septiembre de 2015) [trad. cast.: «Estas imágenes ilustran perfectamente lo que se siente en un ataque de pánico», *El Huffington Post*, 14 de diciembre de 2014, http://www.huffingtonpost.es/2014/12/14/ataque-panico_n_6275822.html].

19 J. Knowles, *et al.*, «Results of a genome-wide genetic screen for panic disorder», *American Journal of Medical Genetics*, 81, 2, 1998, págs. 139-147.

20 E. Witvrouw, *et al.*, «Catastrophic thinking about pain as a predictor of length of hospital stay after total knee arthroplasty: A prospective study», *Knee Surgery, Sports Traumatology, Arthroscopy*, 17, 10, 2009, págs. 1189-1194.

21   R. Lieb, *et al.*, «Parental psychopathology, parenting styles, and the risk of social phobia in offspring: A prospective-longitudinal community study», *Archives of General Psychiatry*, 57, 9, 2000, págs. 859-866.

22   J. Richer, «Avoidance behavior, attachment and motivational conflict», *Early Child Development and Care*, 96, 1, 1993, págs. 7-18.

23   http://www.nhs.uk/conditions/social-anxiety/Pages/Social-anxiety.aspx (consultado en septiembre de 2015).

24   G. F. Koob, «Drugs of abuse: anatomy, pharmacology and function of reward pathways», *Trends in Pharmacological Sciences*, 13, 1992, págs. 177-184.

25   L. Reyes-Castro, *et al.*, «Pre-and/or postnatal protein restriction in rats impairs learning and motivation in male offspring», *International Journal of Developmental Neuroscience*, 29, 2, 2011, págs. 177-182.

26   W. Sluckin, D. Hargreaves y A. Colman, «Novelty and human aesthetic preferences», *Exploration in Animals and Humans*, 1983, págs. 245-269.

27   B. C. Wittmann, *et al.*, «Mesolimbic interaction of emotional valence and reward improves memory formation', *Neuropsychologia*, 46, 4, 2008, págs. 1000-1008.

28   A. Tinwell, M. Grimshaw y A. Williams, «Uncanny behaviour in survival horror games», *Journal of Gaming & Virtual Worlds*, 2, 1, 2010, págs. 3-25.

29   Véase el capítulo 2, nota 29.

30   R. S. Neary y M. Zuckerman, «Sensation seeking, trait and state anxiety, and the electrodermal orienting response», *Psychophysiology*, 13, 3, 1976, págs. 205-211.

31   L. M. Bouter, *et al.*, «Sensation seeking and injury risk in downhill skiing», *Personality and Individual Differences*, 9, 3, 1988, págs. 667-673.

32   M. Zuckerman, «Genetics of sensation seeking», en J. Benjamin, R. Ebstein y R. H. Belmake (eds.), *Molecular Genetics and the Human Personality*, Washington (D.C.), American Psychiatric Association (Asociación Estadounidense de Psiquiatría), págs. 193-210.

33   S. B. Martin, *et al.*, «Human experience seeking correlates with hippocampus volume: Convergent evidence from manual tracing and [[312]] voxel-based morphometry», *Neuropsychologia*, 45, 12, 2007, págs. 2874-2881.

34   R. F. Baumeister, *et al.,* «Bad is stronger than good», *Review of General Psychology*, 5, 4, 2001, pág. 323.

35   S. S. Dickerson, T. L. Gruenewald y M. E. Kemeny, «When the social self is threatened: Shame, physiology, and health», *Journal of Personality*, 72, 6, 2004, págs. 1191-1216.

[36]   E. D. Weitzman *et al.*, «Twenty-four hour pattern of the episodic secretion of cortisol in normal subjects», *Journal of Clinical Endocrinology & Metabolism*, 33, 1, 1971, págs. 14-22.

[37]   Véase la nota 12 de este mismo capítulo.

[38]   R. S. Nickerson, «Confirmation bias: A ubiquitous phenomenon in many guises», *Review of General Psychology*, 2, 2, 1998, pág. 175.

4.   SE CREEN USTEDES MUY LISTOS, ¿A QUE SÍ?

[1]   R. E. Nisbett, *et al.*, «Intelligence: New findings and theoretical developments», *American Psychologist*, 67, 2, 2012, págs. 130-159.

[2]   H.-M. Süß, *et al.*, «Working-memory capacity explains reasoning ability – and a little bit more», *Intelligence*, 30, 3, 2002, págs. 261-288.

[3]   L. L. Thurstone, *Primary Mental Abilities*, University of Chicago Press, 1938.

[4]   H. Gardner, *Frames of Mind: The Theory of Multiple Intelligences*, Basic Books, 2011 (trad. cast.: *Estructuras de la mente: La teoría de las inteligencias múltiples*, México, Fondo de Cultura Económica, 2ª ed., 1994).

[5]   A. Pant, «The astonishingly funny story of Mr McArthur Wheeler», 2014, http://awesci.com/the-astonishingly-funny-story-of-mr-mcarthur-wheeler (consultado en septiembre de 2015).

[6]   T. DeAngelis, «Why we overestimate our competence», *American Psychological Association*, 34, 2, 2003.

[7]   H. J. Rosen, *et al.*, «Neuroanatomical correlates of cognitive self-appraisal in neurodegenerative disease», *Neuroimage*, 49, 4, 2010, págs. 3358-3364.

[8]   G. E. Larson, *et al.*, «Evaluation of a "mental effort" hypothesis for correlations between cortical metabolism and intelligence», *Intelligence*, 21, 3, 1995, págs. 267-278.

[9]   G. Schlaug, *et al.*, «Increased corpus callosum size in musicians», *Neuropsychologia*, 33, 8, 1995, págs. 1047-1055.

[10]   E. A. Maguire, *et al.*, «Navigation-related structural change in the hippocampi of taxi drivers», *Proceedings of the National Academy of Sciences*, 97, 8, 2000, págs. 4398-4403.

[11]   D. Bennabi, *et al.*, «Transcranial direct current stimulation for memory enhancement: From clinical research to animal models», *Frontiers in Systems Neuroscience*, 8, 2014.

[12]   Y. Taki, *et al.*, «Correlation among body height, intelligence, and brain gray matter volume in healthy children», *Neuroimage*, 59, 2, 2012, págs. 1023-1027.

[13]   T. Bouchard, «IQ similarity in twins reared apart: Findings and responses to critics», *Intelligence, Heredity, and Environment*, 1997, págs. 126-160.

[14]   H. Jerison, *Evolution of the Brain and Intelligence*, Elsevier, 2012.

[15]   L. M. Kaino, «Traditional knowledge in curricula designs: Embracing indigenous mathematics in classroom instruction», *Studies of Tribes and Tribals*, 11, 1, 2013, págs. 83-88.

[16]   R. Rosenthal y L. Jacobson, «Pygmalion in the classroom», *Urban Review*, 3, 1, 1968, págs. 16-20.

5.   ¿SE VEÍAN VENIR ESTE CAPÍTULO?

[1]   R. C. Gerkin y J. B. Castro, «The number of olfactory stimuli that humans can discriminate is still unknown», editado por A. Borst, *eLife*, 4, 2015, e08127, http://www.ncbi.nlm.nih.gov/pmc/articles/PMC4491703 (consultado en septiembre de 2015).

[2]   L. Buck y R. Axel, «Odorant receptors and the organization of the olfactory system», *Cell*, 65, 1991, págs. 175-187.

[3]   R. T. Hodgson, «An analysis of the concordance among 13 US wine competitions», *Journal of Wine Economics*, 4, 1, 2009, págs. 1-9.

[4]   Véase el capítulo 1, nota 8.

[5]   M. Auvray y C. Spence, «The multisensory perception of flavor», *Consciousness and Cognition*, 17, 3, 2008, págs. 1016-1031.

[6]   http://www.planet-science.com/categories/experiments/biology/2011/05/how-sensitive-are-you.aspx (consultado en septiembre de 2015).

[7]   http://www.nationalbraille.org/NBAResources/FAQs (consultado en septiembre de 2015).

[8]   H. Frenzel, *et al.*, «A genetic basis for mechanosensory traits in humans», *PLOS Biology*, 10, 5, 2012.

[9]   D. H. Hubel y T. N. Wiesel, «Brain mechanisms of vision», *Scientific American*, 241, 3, 1979, págs. 150-162.

[10]   E. C. Cherry, «Some experiments on the recognition of speech, with one and with two ears», *Journal of the Acoustical Society of America*, 25, 5, 1953, págs. 975-979.

[11]   D. Kahneman, *Attention and Effort*, Citeseer, 1973 (trad. cast.: *Atención y esfuerzo*, Madrid, Biblioteca Nueva, 1997).

[12]   B. C. Hamilton, L. S. Arnold y B. C. Tefft, «Distracted driving and perceptions of hands-free technologies: Findings from the 2013 Traffic Safety Culture Index», 2013.

[13]   N. Mesgarani, *et al.*, «Phonetic feature encoding in human superior temporal gyrus», *Science*, 343, 6174, 2014, págs. 1006-1010.

[14]   Véase el capítulo 3, nota 14.

[15]   D. J. Simons y D. T. Levin, «Failure to detect changes to people during a real-world interaction», *Psychonomic Bulletin & Review*, 5, 4, 1998, págs. 644-649.

[16]   R. S. F. McCann, D. C. Foyle y J. C. Johnston, «Attentional limitations with heads-up displays», *Proceedings of the Seventh International Symposium on Aviation Psychology*, 1993, págs. 70-75.

6.   LA PERSONALIDAD, UN CONCEPTO DIFÍCIL

[1]   E. J. Phares and W. F. Chaplin, *Introduction to Personality*, Prentice Hall, 4ª edición, 1997.

[2]   L. A. Froman, «Personality and political socialization», *Journal of Politics*, 23, 2, 1961, págs. 341-352.

[3]   H. Eysenck y A. Levey, «Conditioning, introversion-extraversion and the strength of the nervous system», en V. D. Nebylitsyn y J. A. Gray (eds), *Biological Bases of Individual Behavior*, Academic Press, 1972, págs. 206-220.

[4]   Y. Taki, *et al.*, «A longitudinal study of the relationship between personality traits and the annual rate of volume changes in regional gray matter in healthy adults», *Human Brain Mapping*, 34, 12, 2013, págs. 3347-3353.

[5]   K. L. Jang, W. J. Livesley y P. A. Vemon. «Heritability of the big five personality dimensions and their facets: A twin study», *Journal of Personality*, 64, 3, 1996, págs. 577-592.

[6]   M. Friedman y R. H. Rosenman, *Type A Behavior and Your Heart*, Knopf, 1974.

[7]   G. V. Caprara y D. Cervone, *Personality: Determinants, Dynamics, and Potentials*, Cambridge University Press. 2000.

[8]   J. B. Murray, «Review of research on the Myers-Briggs type indicator», *Perceptual and Motor Skills*, 70, 1990. págs. 1187-1202.

[9] A. N. Sell, «The recalibrational theory and violent anger», *Aggression and Violent Behavior*, 16, 5, 2011, págs. 381-389.

[10] C. S. Carver y E. Harmon-Jones, «Anger is an approach-related affect: Evidence and implications», *Psychological Bulletin*, 135, 2, 2009, págs. 183-204.

[11] M. Kazén, *et al.*, «Inverse relation between cortisol and anger and their relation to performance and explicit memory», *Biological Psychology*, 91, 1, 2012, págs. 28-35.

[12] H. J. Rutherford y A. K. Lindell, «Thriving and surviving: Approach and avoidance motivation and lateralization», *Emotion Review*, 3, 3, 2011, págs. 333-343.

[13] D. Antos, *et al.*, «The influence of emotion expression on perceptions [[315]] of trustworthiness in negotiation», *Proceedings of the Twenty-fifth AAAI Conference on Artificial Intelligence*, 2011.

[14] S. Freud, *Beyond the Pleasure Principle*, Penguin, 2003 (trad. cast.: «Más allá del principio de placer», en Sigmund Freud, *Obras completas*, vol. 18, Buenos Aires, Amorrortu, 1979, págs. 1-62).

[15] S. McLeod, «Maslow's hierarchy of needs», *Simply Psychology*, 2007 (actualizado en 2014), http://www.simplypsychology.org/maslow.html (consultado en septiembre de 2015).

[16] R. M. Ryan y E. L. Deci, «Self-determination theory and the facilitation of intrinsic motivation, social development, and well-being», *American Psychologist*, 55, 1, 2000, pág. 68.

[17] M. R. Lepper, D. Greene y R. E. Nisbett, «Undermining children's intrinsic interest with extrinsic reward: A test of the "overjustification" hypothesis», *Journal of Personality and Social Psychology*, 28, 1, 1973, pág. 129.

[18] E. T. Higgins, «Self-discrepancy: A theory relating self and affect», *Psychological Review*, 94, 3, 1987, pág. 319.

[19] J. Reeve, S. G. Cole y B. C. Olson, «The Zeigarnik effect and intrinsic motivation: Are they the same?», *Motivation and Emotion*, 10, 3, 1986, págs. 233-245.

[20] S. Shuster, «Sex, aggression, and humour: Responses to unicycling», *British Medical Journal*, 335, 7633, 2007, págs. 1320-1322.

[21] N. D. Bell, «Responses to failed humor», *Journal of Pragmatics*, 41, 9, 2009, págs. 1825-1836.

[22] A. Shurcliff, «Judged humor, arousal, and the relief theory», *Journal of Personality and Social Psychology*, 8, 4, pt. 1, 1968, pág. 360.

23 D. Hayworth, «The social origin and function of laughter», *Psychological Review*, 35, 5, 1928, pág. 367.

24 R. R. Provine y K. Emmorey, «Laughter among deaf signers», *Journal of Deaf Studies and Deaf Education*, 11, 4, 2006, págs. 403-409.

25 R. R. Provine, «Contagious laughter: Laughter is a sufficient stimulus for laughs and smiles», *Bulletin of the Psychonomic Society*, 30, 1, 1992, págs. 1-4.

26 C. McGettigan, *et al.*, «Individual differences in laughter perception reveal roles for mentalizing and sensorimotor systems in the evaluation of emotional authenticity», *Cerebral Cortex*, 25, 1, 2015, págs. 246-257.

7. ¡ABRAZO DE GRUPO!

1 A. Conley, «Torture in US jails and prisons: An analysis of solitary confinement under international law», *Vienna Journal on International Constitutional Law*, 7, 2013, pág. 415.

2 B. N. Pasley, *et al.*, «Reconstructing speech from human auditory cortex», 10, 1, *PLoS-Biology*, 2012, pág. 175.

3 J. A. Lucy, *Language Diversity and Thought: A Reformulation of the Linguistic Relativity Hypothesis*, Cambridge University Press, 1992.

4 I. R. Davies, «A study of colour grouping in three languages: A test of the linguistic relativity hypothesis», *British Journal of Psychology*, 89, 3, 1998, págs. 433-452.

5 O. Sacks, *The Man Who Mistook His Wife for a Hat, and Other Clinical Tales*, Simon and Schuster, 1998 (trad. cast.: *El hombre que confundió a su mujer con un sombrero*, Barcelona, Muchnik, 1987).

6 P. J. Whalen, *et al.*, «Neuroscience and facial expressions of emotion: The role of amygdala-prefrontal interactions», *Emotion Review*, 5, 1, 2013, págs. 78-83.

7 N. Guéguen, «Foot-in-the-door technique and computer-mediated communication», *Computers in Human Behavior*, 18, 1, 2002, págs. 11-15.

8 A. C.-y. Chan y T. K.-f. Au, «Getting children to do more academic work: Foot-in-the-door versus door-in-the-face», *Teaching and Teacher Education*, 27, 6, 2011, págs. 982-985.

9 C. Ebster y B. Neumayr, «Applying the door-in-the-face compliance technique to retailing», *International Review of Retail, Distribution and Consumer Research*, 18, 1, 2008, págs. 121-128.

10   J. M. Burger y T. Cornelius, «Raising the price of agreement: Public commitment and the lowball compliance procedure», *Journal of Applied Social Psychology*, 33, 5, 2003, págs. 923-934.

11   R. B. Cialdini, *et al.*, «Low-ball procedure for producing compliance: Commitment then cost», *Journal of Personality and Social Psychology*, 36, 5, 1978, pág. 463.

12   T. F. Farrow, *et al.*, «Neural correlates of self-deception and impression-management», *Neuropsychologia*, 67, 2015, págs. 159-174.

13   S. Bowles y H. Gintis, *A Cooperative Species: Human Reciprocity and Its Evolution*, Princeton University Press, 2011.

14   C. J. Charvet y B. L. Finlay, «Embracing covariation in brain evolution: Large brains, extended development, and flexible primate social systems», *Progress in Brain Research*, 195, 2012, pág. 71.

15   F. Marlowe, «Paternal investment and the human mating system», *Behavioural Processes*, 51, 1, 2000, págs. 45-61.

16   L. Betzig, «Medieval monogamy», *Journal of Family History*, 20, 2, 1995, págs. 181-216.

17   J. E. Coxworth, *et al.*, «Grandmothering life histories and human pair bonding», *Proceedings of the National Academy of Sciences*, 112, 38, 2015, págs. 11806-11811.

18   D. Lieberman, D. M. Fessler y A. Smith, «The relationship between familial resemblance and sexual attraction: An update on Westermarck, Freud, and the incest taboo», *Personality and Social Psychology Bulletin*, 37, 9, 2011, págs. 1229-1232.

19   A. Aron, *et al.*, «Reward, motivation, and emotion systems associated with early-stage intense romantic love», *Journal of Neurophysiology*, 94, 1, 2005, págs. 327-337.

20   A. Campbell, «Oxytocin and human social behavior», *Personality and Social Psychology Review*, 2010.

21   W. S. Hays, «Human pheromones: have they been demonstrated?», *Behavioral Ecology and Sociobiology*, 54, 2, 2003, págs. 89-97.

22   L. Campbell, *et al.*, «Perceptions of conflict and support in romantic relationships: The role of attachment anxiety», *Journal of Personality and Social Psychology*, 88, 3, 2005, pág. 510.

23   E. Kross, *et al.*, «Social rejection shares somatosensory representations with physical pain», *Proceedings of the National Academy of Sciences*, 108, 15, 2011, págs. 6270-6275.

24 H. E. Fisher, *et al.*, «Reward, addiction, and emotion regulation systems associated with rejection in love», *Journal of Neurophysiology*, 104, 1, 2010, págs. 51-60.

25 J. M. Smyth, «Written emotional expression: Effect sizes, outcome types, and moderating variables», *Journal of Consulting and Clinical Psychology*, 66, 1, 1998, pág. 174.

26 H. Thomson, «How to fix a broken heart», *New Scientist*, 221, 2956, 2014, págs. 26-27.

27 R. I. Dunbar, «The social brain hypothesis and its implications for social evolution», *Annals of Human Biology*, 36, 5, 2009, págs. 562-572.

28 T. Dávid-Barrett y R. I. Dunbar, «Processing power limits social group size: Computational evidence for the cognitive costs of sociality», *Proceedings of the Royal Society of London B: Biological Sciences*, 280, 1765, 2013, 10.1098/rspb 2013.1151.

29 S. E. Asch, «Studies of independence and conformity: I. A minority of one against a unanimous majority», *Psychological Monographs: General and Applied*, 70, 9, 1956, págs. 1-70.

30 L. Turella, *et al.*, «Mirror neurons in humans: Consisting or confounding evidence?», *Brain and Language*, 108, 1, 2009, págs. 10-21.

31 B. Latané y J. M. Darley, «Bystander "apathy"», *American Scientist*, 1969, págs. 244-268.

32 I. L. Janis, *Groupthink: Psychological Studies of Policy Decisions and Fiascoes*, Houghton Mifflin, 1982.

33 S. D. Reicher, R. Spears y T. Postmes, «A social identity model of deindividuation phenomena», *European Review of Social Psychology*, 6, 1, 1995, págs. 161-198.

34 S. Milgram, «Behavioral study of obedience», *Journal of Abnormal and Social Psychology*, 67, 4, 1963, pág. 371.

35 S. Morrison, J. Decety y P. Molenberghs, «The neuroscience of group membership», *Neuropsychologia*, 50, 8, 2012, págs. 2114-2120.

36 R. B. Mars, *et al.*, «On the relationship between the "default mode network" and the "social brain"», *Frontiers in Human Neuroscience*, 6, 2012, artículo 189.

37 G. Northoff y F. Bermpohl, «Cortical midline structures and the self», *Trends in Cognitive Sciences*, 8, 3, 2004, págs. 102-107.

38 P. G. Zimbardo y A. B. Cross, *Stanford Prison Experiment*, Universidad de Stanford, 1971.

39 G. Silani, *et al.*, «Right supramarginal gyrus is crucial to overcome emotional egocentricity bias in social judgments», *Journal of Neuroscience*, 33, 39, 2013, págs. 15466-15476.

40 L. A. Strömwall, H. Alfredsson y S. Landström, «Rape victim and perpetrator blame and the just world hypothesis: The influence of victim gender and age», *Journal of Sexual Aggression*, 19, 2, 2013, págs. 207-217.

8. Cuando el cerebro se avería...

1 V. S. Ramachandran y E. M. Hubbard, «Synaesthesia – a window into perception, thought and language», *Journal of Consciousness Studies*, 8, 12, 2001, págs. 3-34.

2 Véase el capítulo 3, nota 1.

3 R. Hirschfeld, «History and evolution of the monoamine hypothesis of depression», *Journal of Clinical Psychiatry*, 2000.

4 J. Adrien, «Neurobiological bases for the relation between sleep and depression», *Sleep Medicine Reviews*, 6, 5, 2002, págs. 341-351.

5 D. P. Auer, *et al.*, «Reduced glutamate in the anterior cingulate cortex in depression: An in vivo proton magnetic resonance spectroscopy study», *Biological Psychiatry*, 47, 4, 2000, págs. 305-313.

6 A. Lok, *et al.*, «Longitudinal hypothalamic-pituitary-adrenal axis trait and state effects in recurrent depression», *Psychoneuroendocrinology*, 37, 7, 2012, págs. 892-902.

7 H. Eyre y B. T. Baune, «Neuroplastic changes in depression: A role for the immune system», *Psychoneuroendocrinology*, 37, 9, 2012, págs. 1397-1416.

8 W. Katon, *et al.*, «Association of depression with increased risk of dementia in patients with type 2 diabetes: The Diabetes and Aging Study», *Archives of General Psychiatry*, 69, 4, 2012, págs. 410-417.

9 A. M. Epp, *et al.*, «A systematic meta-analysis of the Stroop task in depression», *Clinical Psychology Review*, 32, 4, 2012, págs. 316-328.

10 P. F. Sullivan, M. C. Neale y K. S. Kendler, «Genetic epidemiology of major depression: Review and meta-analysis», *American Journal of Psychiatry*, 157, 10, 2007, págs. 1552-1562.

11 T. H. Holmes y R. H. Rahe, «The social readjustment rating scale», [[319]] *Journal of Psychosomatic Research*, 11, 2, 1967, págs. 213-218.

12 D. H. Barrett, *et al.*, «Cognitive functioning and posttraumatic stress disorder», *American Journal of Psychiatry*, 153, 11, 1996, págs. 1492-1494.

[13] P. L. Broadhurst, «Emotionality and the Yerkes-Dodson law», *Journal of Experimental Psychology*, 54, 5, 1957, págs. 345-352.

[14] R. S. Ulrich, *et al.*, «Stress recovery during exposure to natural and urban environments», *Journal of Environmental Psychology*, 11, 3, 1991, págs. 201-230.

[15] K. Dedovic, *et al.*, «The brain and the stress axis: The neural correlates of cortisol regulation in response to stress», *Neuroimage*, 47, 3, 2009, págs. 864-871.

[16] S. M. Monroe y K. L. Harkness, «Life stress, the "kindling" hypothesis, and the recurrence of depression: Considerations from a life stress perspective», *Psychological Review*, 112, 2, 2005, pág. 417.

[17] F. E. Thoumi, «The numbers game: Let's all guess the size of the illegal drug industry», *Journal of Drug Issues*, 35, 1, 2005, págs. 185-200.

[18] S. B. Caine, *et al.*, «Cocaine self-administration in dopamine D3 receptor knockout mice», *Experimental and Clinical Psychopharmacology*, 20, 5, 2012, pág. 352.

[19] J. W. Dalley, *et al.*, «Deficits in impulse control associated with tonically-elevated serotonergic function in rat prefrontal cortex», *Neuropsychopharmacology*, 26, 2002, págs. 716-728.

[20] T. E. Robinson y K. C. Berridge, «The neural basis of drug craving: An incentive-sensitization theory of addiction», *Brain Research Reviews*, 18, 3, 1993, págs. 247-291.

[21] R. Brown, «Arousal and sensation-seeking components in the general explanation of gambling and gambling addictions», *Substance Use & Misuse*, 21, 9-10, 1986, págs. 1001-1016.

[22] B. J. Everitt, *et al.*, «Associative processes in addiction and reward the role of amygdala-ventral striatal subsystems», *Annals of the New York Academy of Sciences*, 877, 1, 1999, págs. 412-438.

[23] G. M. Robinson, *et al.*, «Patients in methadone maintenance treatment who inject methadone syrup: A preliminary study», *Drug and Alcohol Review*, 19, 4, 2000, págs. 447-450.

[24] L. Clark y T. W. Robbins, «Decision-making deficits in drug addiction», *Trends in Cognitive Sciences*, 6, 9, 2002, págs. 361-363.

[25] M. J. Kreek, *et al.*, «Genetic influences on impulsivity, risk taking, stress responsivity and vulnerability to drug abuse and addiction», *Nature Neuroscience*, 8, 11, 2005, págs. 1450-1457.

[26] S. S. Shergill, *et al.*, «Functional anatomy of auditory verbal imagery in schizophrenic patients with auditory hallucinations», *American Journal of Psychiatry*, 157, 10, 2000, págs. 1691-1693.

[27]   P. Allen, *et al.*, «The hallucinating brain: A review of structural and [[320]] functional neuroimaging studies of hallucinations», *Neuroscience & Biobehavioral Reviews*, 32, 1, 2008, págs. 175-191.

[28]   S.-J. Blakemore, *et al.*, «The perception of self-produced sensory stimuli in patients with auditory hallucinations and passivity experiences: Evidence for a breakdown in self-monitoring», *Psychological Medicine*, 30, 5, 2000, págs. 1131-1139.

[29]   Véase la nota 27 previa.

[30]   R. L. Buckner y D. C. Carroll, «Self-projection and the brain», *Trends in Cognitive Sciences*, 11, 2, 2007, págs. 49-57.

[31]   A. W. Young, K. M. Leafhead y T. K. Szulecka, «The Capgras and Cotard delusions», *Psychopathology*, 27, 3-5, 1994, págs. 226-231.

[32]   M. Coltheart, R. Langdon y R. McKay, «Delusional belief», *Annual Review of Psychology*, 62, 2011, págs. 271-298.

[33]   P. Corlett, *et al.*, «Toward a neurobiology of delusions», *Progress in Neurobiology*, 92, 3, 2010, págs. 345-369.

[34]   J. T. Coyle, «The glutamatergic dysfunction hypothesis for schizophrenia», *Harvard Review of Psychiatry*, 3, 5, 1996, págs. 241-253.

ÍNDICE ANALÍTICO Y ONOMÁSTICO

lóbulo occipital: 213, 364
lóbulo parietal: 157, 172, 174, 203, 223, 225, 270, 320, 370
lóbulos temporales: 364
luz artificial: 34

mareo por movimiento (cinetosis): 21, 24, 28
   ausencia de: 21
   en los viajes por mar: 24
Maslow, Abraham: 257, 258
materia gris periacueductal: 246
melatonina: 33, 34
memoria/recuerdos: 51-98
   a corto plazo («de trabajo»): 153, 221
   versus a largo plazo: 53-64
   a largo plazo *versus* a corto plazo: 53-64
   comparación entre la memoria de un ordenador y la humana: 51, 52
   cuando se estropea el sistema de la: 88-98
   de caras *versus* de nombres: 64-71
   «destello» tras un trauma: 62, 344
   efecto «de importancia de lo más reciente» *(recency effect)*: 67
   efecto «de primera impresión» *(primacy effect)*: 67
   el alcohol como ayuda potencial para la: 71-78
   el cerebro corrige los: 88-98
   episódicos/autobiográficos: 62

falsos: 89-91
   umbral de recuperación de los: 70
   y el ictus: 93
   y el olfato: 194
   y el sesgo egocéntrico: 81, 87
   y el sesgo retrospectivo: 83
   y el sueño: 36, 37
miedo: 43-50, 99-141
   afición al: 123-134
   y ansiedades sociales/fobias: 111-123
      contribución de la crianza al: 122
   y ataques de pánico: 119, 341, 349
   y películas de terror: 129
   y superstición: 101, 103, 104, 109
   y teorías de la conspiración: 102, 103, 107, 109, 111, 308
   y videojuegos: 106, 128, 130
Milligan, Spike: 24
monoaminas, hipótesis de las: 332, 333
Monty Python: 311
movimiento corporal: 19, 20
multitarea: 221
«mundo justo», hipótesis del: 322, 323, 371
músculos extraoculares: 24. *Véase también* vista

NASA: 230
necesidades, jerarquía de: 257
negging: 141
neocórtex: 18, 28, 283, 382

e hibernación: 35
efectos de la luz artificial en el: 34
parálisis durante el: 37-39
periodo REM: 35-37
sonambulismo: 20, 37, 39
y depresión: 333
y el espasmo mioclónico: 37
y el *jet lag:* 33
y los sueños: 35-38, 40-42
superstición: 101, 103-106, 109, 239
sustancia negra: 325

tálamo: 45, 46, 211, 226, 364
tallo cerebral: 18, 45, 125, 211
telencéfalo: 283
temperatura corporal: 34, 35
teorías de la conspiración: 102, 103, 107, 109, 111, 308
tímpano: 200, 202
tipos y carácter de los puestos de trabajo: 19

trastorno por déficit de atención e hiperactividad (TDAH): 177

«ver las estrellas»: 213. *Véase también* vista
vista: 189-191
periférica: 226
versus gusto: 28, 29
y atención: 225
y mareo por movimiento (o cinetosis): 24
y músculos extraoculares: 24
y sacadas: 211, 212

Wernicke, Carl: 57, 276-278
Wernicke-Korsakoff, síndrome de: 97
Williams, Robin: 331

Zeigarnik, efecto: 263
3D: 215, 216. *Véase también* vista